Quantum Supremacy

How the Quantum Computer Revolution Will Change Everything

量子霸权

量子计算机革命如何改变世界

[美] 加来道雄（Michio Kaku） 著

苏京春　译

中信出版集团 | 北京

图书在版编目（CIP）数据

量子霸权 /（美）加来道雄著；苏京春译 . -- 北京：中信出版社，2024.6

书名原文：Quantum Supremacy

ISBN 978-7-5217-6378-2

Ⅰ . ①量… Ⅱ . ①加… ②苏… Ⅲ . ①量子计算机－普及读物 Ⅳ . ① TP385-49

中国国家版本馆 CIP 数据核字（2024）第 046416 号

量子霸权

著者：　［美］加来道雄

译者：　苏京春

出版发行：中信出版集团股份有限公司

（北京市朝阳区东三环北路 27 号嘉铭中心　邮编　100020）

承印者：　北京通州皇家印刷厂

开本：787mm × 1092mm　1/16　　印张：23.25　　字数：290 千字

版次：2024 年 6 月第 1 版　　印次：2024 年 6 月第 1 次印刷

京权图字：01-2024-1176　　书号：ISBN 978-7-5217-6378-2

定价：79.00 元

服务热线：400-600-8099

投稿邮箱：author@citicpub.com

致我挚爱的妻子静枝，

女儿米歇尔博士、艾莉森博士

重磅推荐

从长期来看，经济增长是依靠内生动力驱动的，其中很重要的一项就是技术进步。如果说我们当下所处的经济增长时代是由硅技术带来的，那么量子技术一旦成功，则将推动我们步入新的增长时代。我对量子纠缠之类的问题很感兴趣，加来道雄的这本书更是激起了我进一步理解这个超越常识的问题的兴趣。苏京春知识丰富、文笔流畅，保证了这本书的可读性。我肯定会再次细读这本书，当然也愿意向学界同仁推荐。

——余永定，中国社会科学院学部委员

人类的信息革命，正在从日新月异的硅时代跨入更为扑朔迷离、令人目不暇接的后硅时代——量子时代。未来世界将会是什么模样，一般人还很难想象。一旦“量子霸权”的新时代真正来临，整个社会将如何运转？全人类的生存和发展将会是怎样的前景？加来道雄的这本书，对这些问题给出了专业人士的系统性阐述，从量子与量子计算机的科普式解说，到社会与人生一系列基本而重大问题的未来解决方案展望，都有所论说。虽然不少细节还只能待考，但书中提供的思路与认识框架和诸多生动案例，均属难能可贵，很值得向读者朋友们推荐。

——贾康，华夏新供给经济学研究院创始院长，
孙冶方经济学奖获得者

在当前和未来一段时期，量子计算研究的核心任务是在量子纠错的辅助下实现量子比特的规模化相干操纵，同时探索解决经典计算机无法胜任的若干重要科学问题。目前，很多大型科技公司对量子计算研究投入巨大，量子计算也得到了公众的广泛关注，但我们还是应该开展严谨的科技传播，消除信息壁垒，并帮助公众构建对量子科技合理的期待。美国物理学家加来道雄在这本书中对量子计算技术的发展历程进行了通俗讲解，对未来应用领域给出了自己的见解和展望。这本书生动有趣、轻松易读，推荐给想了解量子计算的读者。

——潘建伟，中国科学院院士，

中国科学院量子信息与量子科技创新研究院院长

对比硅、石墨烯等信息存储材料，地球上信息存储密度最高的已知载体居然是 DNA，而用 DNA 作为数据永久存储载体的技术已经走进现实。曙光初现的量子计算和呼之欲出的 DNA 存储将从根本上颠覆基于冯・诺依曼架构的计算和硅基存储的生产方式。加来道雄在这本书中对生命科学与量子科技的结合进行了全景式的描绘，当一切从科幻走向科学，再逐步形成技术和产业成果，我们将见证从“电子 + 无极硅”到“量子 + 有机碳”的时代跨越。

——尹烨，《生命密码》系列作者，华大集团 CEO（首席执行官）

这本书梳理了量子的来龙去脉，对量子在未来如何参与并服务个体生命和社会秩序搭建也做出了瞭望和“彩绘”。除此之外，这本书还是一部浓缩的科技史，其中呈现了牛顿、图灵、莱特兄弟等杰出人士，他们的故事与诗意的文字、缜密的逻辑铺就出波澜壮阔的科技图景。感慨作者的洞察、贯通、描绘的力量。

——李成才，著名纪录片导演

别被这本书的书名所迷惑，量子世界观及其带来的可能性远比量子行为本身更加深刻。作者并没有花费太多篇幅解释量子科学的生涩理论，而是为大众描述了未来人类社会因为量子技术的发展而出现的多种可能性。人类在不知不觉中已经进入了量子时代，但是大众对于量子科学的理解尚未普及，充斥坊间的大多是玄幻或者艰深难懂的量子理论介绍。因此，这本专注于量子世界可能性的作品将为读者打开一扇面向未来的认知之门。

——韦青，微软中国 CTO（首席技术官）

人类与技术之间的关系是一直在多线动态演化着的。眼下，我们似乎又要从硅时代迈入新的量子时代了，我们与自然界的关系到底会发生怎样的变化？我们之间的关系到底会发生怎样的变化？我们的生活和生命又将会发生怎样的变化？这本书给出了一种可能的答案，不失精彩。

——綦晓光，剑桥大学沃尔森学院（教授级）终身成员

很高兴看到苏京春博士能把美籍日裔物理学家和科普作家加来道雄先生的这本书介绍给中文世界的读者！如果您有兴趣了解未来人类将会生活在怎样的世界，那么您一定要读这本书！

科技革命是提高人类社会生产力的最大动力。从 17 世纪蒸汽机的发明，到 20 世纪计算机的发明，再到今天人工智能的突破，人类在体力和脑力两方面的能力都得到了指数级的提升，从而创造了巨大的生产力，不仅彻底改变了人类的生存状态和环境，也创造了巨大的经济、文化和社会财富，缔造了璀璨的现代文明！正如李录先生在其《文明、现代化、价值投资与中国》一书中所指出的，现代科技和自由市场使我们人类社会进入一个可持续复利增长的状态，一波又一波的科技革命将不断推动这样的经济增长。

苏京春博士作为一名优秀的经济学家，敏锐地注意到量子计算机的出现将给世界带来的巨大变化，应邀将这样一本科普性的书翻译给中国的读者。加来道雄先生是著名的量子物理学家、弦理论研究先驱，他在书中使用了大量的科学知识和典故，这些知识和典故涉及很多专业名词和用语，要想用中文将英文原意表达清晰，需要良好的科学素养，对像我这样本科为物理专业的非专业人士来说也是挑战。京春博士在翻译中对原文的表述把握准确，行文流畅，读起来完全没有生涩和吃力感。强烈推荐！

加来道雄在书中饱含激情地向读者介绍了量子计算机将如何帮助人类解决能源、材料、健康、生命科学、人工智能及基础科学研究等各方面的难题，以及其对人类所面临的如饥荒、战争和全球变暖等重大挑战所可能带来的巨大改变。我们应该注意到，量子计算机的发展本身还有许多需要逾越的障碍，而我们也不能忽视人类所面临的各种难题和挑战的复杂性以及量子计算机的出现可能给人类带来的重大风险和负面影响。作为理性的读者，我们对新生事物既要保持乐观开放的心态，又要保持审慎怀疑的态度。

——常劲，喜马拉雅资本 COO（首席运营官）

艰深的物理学知识经由加来道雄的阐释而引人入胜，对普通读者来说，以管窥豹，虽未必见得全貌，但五彩斑斓，却也能够激发在日常生活之外玄远的想象。

——陈荣凯

量子计算时代正在飞速向我们靠近，这对我们的生活和周遭的世界意味着什么？在这本书中，博学的加来道雄以深入浅出的笔法，带我们畅游于物理学、化学、生命科学、气候学、天文学、计算机科学……的经典历史和前沿成就之间，为我们展望了量子计算时代的开启将对人类的生老病死、对宇宙的揭秘探索带来怎样的革命性变化。也感谢苏京春博士，她简洁流畅的翻译，为此书增色不少。

——袁宜，富国基金首席经济学家

加来道雄教授用通俗易懂的语言，深入剖析了量子计算的基本原理和商业潜力，生动形象地展现了其在生命科学、新能源开发和人工智能等领域的巨大潜力。对于想要把握科技脉搏、预见未来趋势的读者来说，这本书是一份宝贵的指南。

——米磊，中科创星创始合伙人，硬科技理念提出者

变革无处不在，一切皆有可能！让我们跟随加来道雄对“量子霸权”的阐释与描摹，一起跨入不可思议的大转折时代，看量子计算机革命将如何改变世界。加来道雄知识广博、学养深厚、思想旷达，对科学的本质洞察入微，对科学的思维方式有着精深的理解。这使得他的作品往往立意高远、视野开阔、引人入胜，呈现出多姿多彩的科学景象，读来更添耐人寻味、余韵无穷之感。

——尹传红，中国科普作家协会副理事长，
科普中国专家智库委员会委员

从基础科研的角度来看，结构生物学能告诉我们一种蛋白质为什么会具有特定功能。而从应用的角度来看，结构生物学最大的作用就是助力药物设计与改造。大部分生物学问题都会涉及蛋白质，因为蛋白质是生命的执行器。当蛋白质出了问题，细胞就会出问题，进而人就有可能生病。要想了解蛋白质与疾病的因果关系，就需要研究蛋白质的结构，以及由结构所决定的功能。如今基于人工智能算法的阿尔法折叠已预测出超过 2 亿种蛋白质的大体结构，并且我们已经有一些基于深度生成模型的算法能够设计或优化蛋白质。这些利用人工智能设计的蛋白质，有可能成为治疗癌症的药物，也有可能成为检测病毒的分子探针，还有可能帮助我们获得更紧致的皮肤或更强大的免疫力。不过，即便是在人工智能的加持之下，蛋白质设计仍然是一道难题，面临诸多挑战。在这本书中，加来道雄也前瞻性地讲述了量子计算机结合人工智能，将能够在分子水平上确定缺陷蛋白质是如何运作的，或许人类就能找到治愈不治之症的方法。

——叶盛，北京航空航天大学教授、博士生导师，
科普中国形象大使

科学家的工作是探索世界。这个“世界”可以很“大”，从我们的日常生活直到浩瀚宇宙都包括在内，被称作宏观世界；这个“世界”也可以很“小”，例如比 1 纳米（十亿分之一米）还小的事物和它们的现象，被称作微观世界。一件事物但凡能在某一方面达到极致，它就一定“身怀绝技”。量子小到了极致，它的“本领”堪称“神奇”，作用更是巨大。今天的计算机，在一个确定的时间，1 位存储位只能存储 0 或 1 两种状态中的一种；而对量子计算机来说，1 位存储位则可以同时存储 0 和 1 两种状态的叠加态，“天生更聪明”。有了这种“先天优势”，未来量子计算机的存储和运算功能将比今天的计算机强大不止千百倍！加来道雄的这本书对量子计算机的兴起、发展、未来应用以及颠覆性影响进行了全面的分析，推荐各领域读者阅读。

——陈征，北京交通大学物理科学与工程学院副教授

2023 年 12 月，《自然》杂志上的一篇论文《实现基于可重构原子阵列的逻辑量子处理器》引发了国内外的极大轰动。该论文的作者哈佛大学实验团队及其合作者宣布，他们利用精确的“激光镊子”操纵单个原子以创建“量子电路”，从而可以更有效地纠错，实现了48个逻辑量子比特。相较于昂贵且温度条件苛刻的超导量子计算机，这个新的技术方案成本更低、编码更灵活、纠错效率更高。国内的一些研究团队，如中国科学院精密测量科学与技术创新研究院、清华大学，也在这个方向上取得了重要进展。量子计算机“大爆发”的时代可能就要到来了。在这本书中，加来道雄展望了量子计算机与人工智能结合后，将给人类文明带来的颠覆性变革。推荐对前沿科技话题感兴趣的读者阅读这本书，身临其境地感受一下量子计算机的威力。

——严伯钧，知名科普作家，文津奖得主

与量子有关的技术，如量子计算、量子通信、量子精密测量等正在有力地推动社会进步，造福人类生活。近年来，我国在量子技术方面取得了一系列突破。量子计算方面，“九章”“祖冲之号”均取得了显著进展；量子通信方面，“墨子号”卫星成功发射；量子精密测量方面，研发了具有超高灵敏度的新型核自旋量子测量技术。这本书清晰、简洁地介绍了量子计算机的概念、原理及发展历程，并重点讲述了量子计算机在各领域的前瞻性应用，以及给经济社会带来的变革性影响，能够为关心量子技术的国内读者提供严谨的科普知识与生动的应用案例。

——周思益，重庆大学物理学院副教授，科普达人

加来道雄在这本书中花费大量篇幅讲述了计算机的历史，把听众带回到作为关键基础的图灵机和晶体管的发明。不过，令人心驰神往的未来才是这本书的重点，清晰的叙事和思维过程让我们对这一技术转折点有了充分的认识。

——《纽约时报书评》

专家们认为量子计算技术可能会对社会产生深远影响，加来道雄巧妙地将相关的科学领域融入其中。加来道雄擅长为量子力学和计算的复杂性提出易于理解的比喻，文笔优美，通俗易懂，为读者提供了量子计算及其基本原理和潜力的全面概述。

——《科学》杂志

一位知名物理学家解释了量子计算令人震惊的潜力。将复杂的科学概念转化为普通读者能够理解的语言是一门艺术，纽约城市大学理论物理学教授加来道雄是最好的实践者之一，他探讨了量子计算将如何深刻影响人类活动的方方面面——生物技术、医学、能源、食品生产和环境模拟。作者不时停下来进行总结，鉴于该主题本身的复杂性，这一点非常重要。加来道雄一贯的极富感染力的热情，使这本书成为对未来科技重要组成部分的重要指导。这是一本关于已经开始的计算革命的信息丰富、趣味十足的读物。

——《柯克斯书评》

这本书发人深省，揭示了量子计算的前景、力量和可能性，令人叹为观止。加来道雄将激发对计算机和量子力学之间的联系感兴趣的读者的想象力。

——美国图书馆协会《书单》杂志

译者序

我们生活的世界是具象的。数学建模可以帮我们把熟悉的东西抽象化，从而方便我们透过现象去认识本质，透过历史去预测未来。

建模是抽象化的一种十分有效的方法论。小学一年级的学生会接触到应用题这种题型：

今天小敏的家里计划举办聚会，总共要来 28 位同学，要给每人准备一杯奶茶，小敏自己也要喝一杯，现在已经准备好了 8 杯，请问还需要几杯？

如上题目，借助简单列算术式的方法，可以很容易地算出答案：28+1–8=21（杯）。这是最基本的抽象建模。

题目虽然简单，但是方法论却不简单。我们可以将这种方法论在宏观和微观两个方向上做一个简单延伸。

在宏观方面，我们可以对地球上的气候进行模拟建模。先将地球表面分割成小方块或网格单元，再将这些正方形网格扩展到立体维度，拓展到各个大气层的正方形板块，计算机就可以通过建模分析每个板块的参数，以此来预测天气变化。刚开始，计算机模拟的正方形网格边长是 311 英里；随着计算能力的提高，将逐渐缩小到 68 英里。基于每个板块内湿度、日照、温度、大气压的基础参数，用已知的热力学方程等计算相邻单元的参数，就能覆盖整个地球。所以，分得越细，参数越多，对计算能力的要求也就越高。更不要说，还要考虑地球表面平均覆盖率达到 70% 的云层带来的不确定性，以及温度、湿度、气压、气流和其他因素快速变化对云层的影响。所以，我们看到的天气预报往往不是很准确，其中比较重要的原因在于计算能力制约着预测能力，从而降低了准确性。

在微观方面，我们也可以对引发衰老的基因进行测序。衰老主要是由分子、遗传基因和细胞水平上的错误积累引起的，当这些错误积累的速度更快，快于我们自我更新逆转的速度时，就会表现出皮肤上的皱纹、器官功能的衰竭和神经元的退化，一直到死亡。通过对为细胞提供绝大部分能量来源的线粒体进行 DNA（脱氧核糖核酸）测序，就能知道究竟哪些错误积累正在发生。现在我们已知的是，分子水平的 DNA 错误积累每分钟平均发生 25~115 次，每天每个细胞发生 36 000~160 000 次。从严格意义上来讲，一旦对这些引发衰老的基因进行测序、分析并实现干预，就有可能逆转衰老的过程。可是这样的计算量，显然也不是我们日常使用的电脑甚至是超大型计算设备能够轻松完成的。

不难发现，无论是宏观方面的建模计算，还是微观方面的建模测序，都因为不能做到总是那么精确，所以用处也没有我们所期待的那么大。而不能做到的主要原因是受到两个方面的制约：一个是建模大脑没有完全跟上自我学习更新能力，另一个是算力及算力能源供应方面存在着明显制约。

量子时代有可能一次性解决以上所有问题。

这也是为什么加来道雄教授在本书的开篇就强调“时代”的转换。如果我们现在仅仅讨论“硅时代”到“量子时代”，那么你可能没有太多感觉。而如果我们将历史的视角拉得更久远一些，从石器时代、青铜时代、铁器时代、蒸汽时代、电气时代开始，再过渡到现在的硅时代，以及未来的量子时代，那么量子技术对整个人类带来的改变程度便不言而喻了。

能够利用量子技术完成量子级计算的计算机本身也是一个竞争异常激烈的细分赛道，现在已经至少有超导量子计算机、离子阱量子计算机、光量子计算机、硅光子计算机、拓扑量子计算机、D–wave 量子计算机等技术路线。这些量子计算机拥有非常强大的算力，正在致力于完成一些原来看起来根本不可能完成的终极模拟任务，比如光合作用，再如蛋白质折叠。而与人工智能的结合，使量子计算机非常有希望通过这些终极模拟，实现自我学习，能够应对阿尔茨海默病、癌症等目前人类束手无策的疾病，甚至可以帮助人类抵抗衰老、永葆青春。

支撑这些量子技术的能源是热核聚变。会发光的太阳看上去像一个火球，但我们知道太空这种真空里面是不具备产生火的条件的，所以显然太阳周围没有火。太阳的光来自其释放的能量，这种能量的释放则是量子级别的，具体来自氢原子核融合形成氦原子时产生的质量损失，爱因斯坦的相对论揭示了这种能够照亮整个太阳系的巨大能量的释放。换一个人文社会科学的视角来总结，这不失为量子级别的技术和量子级别的计算，还需要量子级别的能量来与之匹配。

这本书的封面所呈现的是量子纠缠，简单来讲就是我们只能知道两个纠缠在一起的粒子是相同属性，但是它们具体是什么属性，我们不得而知。这也正如这本书和已经打开这本书的你之间的关系。当你打开这本书，接收量子相关的科普知识的同时，就与该领域的知识开启了“纠缠”，而这种纠缠可能带来怎样并行不悖的物理反应或化学变化，你从中获得了什么，而现有知识因为这种获得又发生了怎样同步的改变，这种改变又怎样改变了你，到来的是“欧若拉”还是“潘多拉”，我们也不得而知。

这本书也与我发生了“纠缠”，作为这本书的译者，我是比较幸运地成为较早细致阅读本书的人之一，我的经济学学科背景并未使我在面对这本书时感到畏惧。为了维持高品质，这本书曾印刷了一些审读本，邀请十几位来自不同界别、不同学科背景的专家进行审读，专家们提出了非常宝贵的建议。有鉴于此，我特别想在此解除读者在开卷之前可能因学科领域而产生的畏惧感。

这本书几乎没有阅读门槛，读者会各有所得。

欢迎提前来到由已知为我们开启更多未知的量子霸权时代。

苏京春

目 录

第一篇 量子计算机崛起

第一章 硅时代的终结

第二章 数字时代的终结

第三章 量子的崛起

第四章　量子计算机的黎明

第五章　竞赛开始

第九章　让世界充满能量

第三篇 量子医学

第十章　量子健康

第十一章　基因剪辑与癌症治疗

第十二章　人工智能与量子计算机

第十三章　逆转衰老

第四篇 建模世界及宇宙

第十四章 全球变暖

第十五章 瓶中的太阳

第十六章 模拟宇宙

第十七章　2050 年的一天

结　语　量子谜题

第一篇
量子计算机崛起

第一章

硅时代的终结

一场革命正在来临。

2019—2020 年，科学界被两个重磅发明所震撼：两个研究小组先后宣布其实现了“量子霸权”，成功发明了量子计算机——一种全新型计算机，在处理特定任务时能明显超越普通数字超级计算机。这不仅预示了一场即将改变整个计算领域的剧变，而且将颠覆我们日常生活的方方面面。

首先，谷歌宣称自己研发的量子计算机 Sycamore 可以在 200 秒以内解决世界上最快的数字超级计算机花 1 万年才能完成的数学问题。麻省理工学院主办期刊《技术评论》称谷歌的此次研发是一项重大突破，甚至将其与人造卫星的首次发射或者莱特兄弟的首次飞行相媲美，认为其开创了“让当今最强大的计算机看起来就像是算盘的计算机新时代”[1]。

紧随其后，中国科学院量子创新研究院①更进一步，宣称自己的

① 该机构全称为“中国科学院量子信息与量子科技创新研究院”，简称“量子创新研究院”。——译者注

量子计算机比普通超级计算机快 100 万亿倍。

IBM（国际商业机器公司）副总裁鲍伯·苏托尔在对量子计算机快速崛起发表相关评论时说道："我认为这将是 21 世纪最重要的计算技术。"[2]

量子计算机之所以被冠以"终极计算机"称号，是因为它是技术层面带有决定性意义的一次飞跃，对整个世界都将产生深远影响。量子计算机并不是通过微小的晶体管开展计算的，而是通过更小的媒介，即原子本身，从而能够在计算能力上轻松打败当下最强大的超级计算机。量子计算机有很大可能将为我们的经济、社会以及生活方式开创一个全新的时代。

同时，量子计算机并不仅仅是一种功能十分强大的计算机器，它还代表了一种新型计算方式，可以解决数字计算机永远无法解决的问题，即使在不考虑时间限制这个维度的情况下也是如此。比如，数字计算机没有能力准确计算原子之间是如何结合并发生关键化学反应的，尤其是那些与生命科学相关的化学反应。数字计算机只能够基于一系列 0 和 1 组成的数字开展线性计算，而只基于两个数字来开展计算实在是太粗糙了，根本达不到准确描述出分子内部电子波动所需的精细程度。再如，在对迷宫中的老鼠所走过的路径开展烦琐的计算时，数字计算机是通过一条接一条地分析每一条可能路径的笨拙方式来实现的，而量子计算机则能以闪电般的速度，同时开展对所有可能路径的分析并完成计算。

量子计算机显露出的强大性能，加剧了计算机巨头之间的竞争。这些巨头都想制造出世界上最强大的量子计算机。2021 年，IBM 推出了自己的量子计算机"Eagle"（鹰）。Eagle 的计算能力远超以往所有型号的量子计算机，处于领先地位。

但这些记录其实恰恰就像馅饼皮——只是为了打破而存在。

正因为意识到这场革命即将带来深刻影响，所以世界上许多领头雁公司都选择在这项新技术上斥以巨资，就不足为奇。谷歌、微软、英特尔、IBM、里格蒂计算公司和霍尼韦尔等无一不在开发量子计算原型机。硅谷的这些领头雁已经意识到，自己必须紧跟这场革命的步伐，否则就会被淘汰。

IBM、霍尼韦尔和里格蒂计算公司都已经在互联网上公开了自己研发的第一代量子计算机，因此公众有机会首次与量子计算亲密接触，并不断被激发出对量子计算的好奇和兴趣。人们可以通过连接互联网上的量子计算机亲自体验这场新的量子革命。比如，2016 年发布的名为“IBM Q Experience”的量子计算机，就通过互联网推出了 15 台量子计算机供公众免费使用。三星和摩根大通也是其用户。目前，每个月约有 2 000 人使用量子计算机，使用者包括从小学生到教授的各大群体。

华尔街也对这项技术抱有浓厚兴趣。IonQ 成为量子计算领域的第一家大型上市公司，在 2021 年首次公开募股（IPO）中募集了 6 亿美元。更令人震惊的是，资本竞争似乎比技术竞争更激烈，以至于一家名为 PsiQuantum 的初创公司在没有制造出任何能够看到商业价值的原型机，也没有任何产业业绩记录的情况下，其估值在华尔街一下子就飙升到了 31 亿美元，创造了一夜之间得到 6.65 亿美元的传奇故事。连商业分析师都表示，他们很少见到这种事——一家新公司仅仅靠狂热的投机浪潮以及耸人听闻的头条新闻，就能在短时间内达成如此高的商业价值。

咨询和会计公司德勤预计，量子计算机市场在 21 世纪 20 年代将达到数亿美元，而在 21 世纪 30 年代将达到数百亿美元。尽管没有人能够准确判断量子计算机究竟会在哪个时点踏入商业市场并改变整个经济格局，但相关预测一直在不断调整，以适应该领域前所未有的科学技术发明速度。针对量子计算机迅速崛起这一热潮，萨帕塔计算公司（Zapata Computing）首席执行官克里斯托弗·萨瓦的观点是："不再有'是'或者'否'的问题，只是'何时'的问题。"[3]

对此现象感兴趣的不仅仅是企业，美国国会也表现出愿意帮助启动新兴量子技术的兴趣。在意识到其他国家已经开始对量子计算机研究进行慷慨资助之后，美国国会通过了《国家量子倡议法案》（National Quantum Initiative Act），提供种子基金以激发该领域的创新研究。该法案授权成立 2~5 个新的国家量子信息科学研究中心，每个中心每年可以获得 8 000 万美元的资助。

2021 年，美国政府还宣布将在量子技术领域投资 6.25 亿美元，由美国能源部监管。微软、IBM 和洛克希德·马丁等大公司还为该项目额外捐助了 3.4 亿美元。

动用政府资金来加速量子技术研究的国家不止中国和美国，英国政府目前也正在建设国家量子计算中心，计划设置在牛津郡科学技术设施委员会的哈韦尔实验室，是专门为量子计算研究而设立的。在政府推动下，截至 2019 年底，英国共有 30 家量子计算机初创公司顺利成立。

行业分析人士认识到，一场万亿美元的赌博已经开始。之所以说是一场赌博，是因为这个领域的竞争相当激烈，并且没有任何保障。尽管包括谷歌在内的公司近年来已经取得了令人印象深刻的技术成就，但距离真正造出一台能够切实可行地解决人类世界现实问题的量子计算机，还有很长的路要走。对于我们追求的量子计算机而言，艰巨的工作仍然摆在面前。一些评论家甚至宣称这可能是一场徒劳无功的追逐，但计算机公司早就想明白的是，尽管成功的可能性很小，但只要存在，它们就必须提前做好准备，否则在浪潮来临之后，自己面临的就只有被淘汰。

正如麦肯锡咨询公司的合伙人伊万·奥斯托伊奇所说的那样："凡是量子技术最有可能彻底颠覆的行业，其相关公司都应该尽早参与到量子技术中来。"[4] 同时，化学、医学、石油和天然气、运输、物流、银行、制药和网络安全等领域都已经非常成熟，均有条件开展重大变革。他补充道："原则上，量子技术将会与所有公司及其首席信息官息息相关，因为这种技术可以加速解决与信息相关的一系列问题，所以这些公司需要成为量子能力的所有者。"

加拿大量子计算公司 D-Wave Systems 前任首席执行官维恩·布朗内尔则明确表示："我们坚信，人类正处于突破经典计算所无法提供的功能的浪潮之巅。"

而科学界已经有多位科学家认同当下正步入全新时代，而这个全新时代所带来的冲击力绝不亚于当年晶体管和微芯片出现并开创时代所产生的冲击力。一些看上去甚至和计算机生产毫无关联的公司，如梅赛德斯－奔驰的母公司汽车行业巨头戴姆勒集团，也已经在这项新技术方面开展了投资，意识到量子计算机未来将会为自己在行业中的新发展铺平道路。作为奔驰竞争对手的宝马，其高管尤利乌斯·马尔恰这样写道："我们非常荣幸研究量子计算推动汽车行业变革的潜力，并且致力于扩大工程性能的极限。"[5] 其他大公司，包括大众、空中客车，也都已经成立了自己的量子计算研究部门，正在不断探索这项新技术将会如何彻底改变自己的业务。

制药公司也正密切关注着这一领域的发展，它们意识到量子计算机模拟复杂化学和生物过程的能力远远超出数字计算机。它们现在所用的专门用于测试数百万种药物的庞大设备，也许突然有一天会被在网络空间当中就能完成药物测试的"虚拟实验室"所取代。还有一些人担心，也许药剂师这个行业未来将不复存在。但药物发现领域的博主德里克·洛说："并不是新机器会取代药剂师，而是会使用新机器的药剂师将取代不会使用新机器的同行。”[6]

瑞士日内瓦郊外有一座大型强子对撞机，它是目前世界上最大的科学机器，能够以 14 万亿电子伏特的能量完成质子撞击，从而模拟早期宇宙形成的条件，而即使是这样一个高精尖的大家伙，现在也在借助量子计算机来筛选堆积如山的数据。量子计算机可以在 1 秒钟内完成大约 10 亿次粒子碰撞产生的多达 1 万亿字节的数据的相关处理。也许真的有一天，量子计算机会揭开宇宙诞生的秘密。

量子霸权

2012 年，加州理工学院物理学家约翰·普雷斯基尔首次提出“量子霸权”这一说法，那时许多科学家都不认同。他们认为，量子计算机想要超越数字计算机还有很长的路要走，短则几十年，长则可能几个世纪。毕竟，在单个原子而不是在硅片上完成计算，在科学家看来技术上是极难实现的。哪怕是最轻微的振动或噪声都会扰乱量子计算机中原子的精细工作。但截至目前，一系列关于量子霸权的惊人声明，都粉碎了当年反对者的悲观预测。当下，人们只关注这个领域到底发展到了哪里，而不再怀疑它是否有发展的潜力。

该领域中不断发布的卓越成就引起了广泛的关注和震动，甚至惊动了各国政界以及绝密情报机构。一些告密者提供的资料表明，美国中央情报局和美国国家安全局都在密切关注该领域的发展。这是因为量子计算机的功能非常强大，原则上，成熟的量子计算机可以破解所有已知的网络代码。这就意味着，政府精心保护的秘密，即便是视若珍宝的极端敏感信息，也都非常容易受到攻击，企业或个人的机密就更不用说了。意识到情况的紧迫性之后，负责制定国家政策和标准的美国国家标准与技术研究院（NIST）最近发布了指导方针，主动帮助大公司和机构制订计划，使它们能够更平稳地过渡到这个可能无法避免的新时代。美国国家标准与技术研究院宣称，预计到 2029 年，量子计算机能破解 128 位 AES（高级加密标准）加密，而这也是当前许多公司正在使用的加密算法。

在《福布斯》杂志上，阿里·埃尔·卡法拉尼撰文指出："对任何需要保护敏感信息的机构而言，这都是一个令人望而生畏的前景。"[7]

中国已经在量子信息科学国家实验室投入了 100 亿美元，目标就是成为这一至关重要、快速发展的技术领域的领导者。各国花费数百亿美元甚至更多，来小心翼翼地保护这些密码。有了量子计算机之后，黑客就有能力闯入地球上任何一台数字计算机，从而扰乱工业运转甚至军事行动。所有敏感信息都将有机会被提供给出价最高的人。而一旦量子计算机闯入华尔街的密室，则可能引发金融市场动荡。当然，量子计算机还可能解锁区块链，严重破坏比特币市场。据德勤的估计，大约 25% 的比特币有可能受到量子计算机的黑客攻击。

数据软件信息技术公司 CB Insights 在一份报告中总结："那些运行区块链项目的人可能正密切关注量子计算的每一个进步。"[8]

因此，与数字技术紧密相连的经济世界实际上正处于危险之中。华尔街的银行会使用数字计算机来跟踪数十亿美元大体量的交易。工程师则用数字计算机设计着摩天大楼、桥梁和火箭。艺术家也在通过数字计算机来完成好莱坞大片的动画制作。制药公司会使用数字计算机来开发下一种特效药。孩子也通过使用数字计算机，和朋友一起玩最新的电子游戏。至关重要的是，如今我们严重依赖手机来获取朋友、同事和亲人发来的即时消息，恐怕大家都有过因找不到手机而陷入恐慌的经历。事实上，当前人类的生活很难不依赖数字计算机。人类是如此依赖数字计算机，以至于如果世界上所有的数字计算机突然停止工作了，那么人类文明也就陷入混乱了。这也是为什么科学家如此密切地关注量子计算机发展。

摩尔定律的终结

到底是什么导致这场混乱和争议发生的呢？

量子计算机的兴起实际上标志着硅时代开始接近尾声。过去的半个世纪里，摩尔定律揭示了计算机行业强大的爆发规律，它也正是由英特尔的创始人戈登·摩尔提出并命名的。摩尔定律指出，计算机的计算能力每 18 个月就能翻一番。这个看似简单的定律实际上有效追踪并描述了计算机技术的显著指数级增长。这项发明是人类历史上前所未有的，没有其他任何发明能在如此短的时间内产生如此普遍的影响。

计算机这项发明在登上历史舞台后，已历经许多发展阶段，每一个新阶段的到来都极大地增强了计算机的能力，并且推动了重大的社会变革。事实上，摩尔定律一直可以追溯到 19 世纪的机械计算机时代。那时候，工程师还只能使用旋转的圆柱体、齿轮、传动装置和轮毂来完成简单的算术运算。到了 20 世纪之交，这些计算装置开始使用电力运转，于是继电器和电缆取代了齿轮系统。到第二次世界大战期间，计算机已经可以通过使用大量真空管进行复杂计算来破解政府高级密码。第二次世界大战后，真空管升级为晶体管，而随着晶体管的体积不断实现微缩，计算机的速度和功率也实现了持续进步。

早在 20 世纪 50 年代，只有五角大楼和跨国银行等政府机构或大公司才能买得起大型计算机。这些计算机的功能非常强大（例如，

ENIAC[①] 可以在 30 秒内完成人类可能需要 20 小时才能完成的计算任务），但它们的价格昂贵、体积庞大，常常需要占据办公楼的整整一层。后来，微芯片彻底改变了这个局面，经过几十年的发展，微芯片的尺寸不断减小，直到现在，指甲盖大小的芯片都容纳着大约 10 亿个晶体管。如今，孩子用来玩电子游戏的手机比以前五角大楼用过的要占用一间屋子的笨重家伙的计算功能更强大，我们包袋里的笔记本电脑也比“冷战”时期那些庞大的电脑更先进。

一切都将成为过去。计算机的每一次转折性发展，都让之前的技术遭到创造性破坏的冲击，并最终走向被淘汰的命运。摩尔定律所指出的发展规律，在现实中已经出现放缓趋势，照此下去最终势必将停止。主要原因是，现在的微芯片已经非常紧凑了，最薄的晶体管层大约只有 20 个原子直径那样薄。而当晶体管层继续压缩到大约只有 5 个原子直径时，电子的位置就将变得不确定，电子可能会逃逸出来，从而导致芯片短路，或者可能会产生大量热量而进一步导致芯片熔化，囿于此，晶体管层继续压缩变薄的空间已经不断收窄。换言之，根据物理定律，如果想要在主要材料为硅的基础上继续微缩，那么摩尔定律最终会面临崩溃。由此来看，我们可能已经开始步入见证硅时代终结的阶段。硅时代之后的下一个时代，可能正是我们所说的后硅时代，或者可以直接称之为量子时代。

正如英特尔公司的桑贾伊·纳塔拉詹所说的：“我们认为，我们已经从这个体系结构中挤出了所有你认为能够挤出的空间。”[9]

---

① ENIAC（Electronic Numerical Integrator and Computer，“埃尼阿克”），即电子数字积分计算机，是继 ABC（阿塔纳索夫 – 贝瑞计算机）之后全世界第二台电子计算机和第一台通用计算机。——译者注

下一轮技术浪潮来临后，硅谷最终很有可能变成新“锈带”①。

虽然现在放眼望去，一切似乎都还风平浪静，但是这个新未来迟早会排山倒海而来。正如谷歌人工智能实验室主任哈特穆特·内文所说：“表面上看起来什么都没有发生，没有任何风浪——直到你突然喊出‘哎哟，我怎么就来到这个全新世界了呢’。”[10]

它们为何如此强大?

是什么让量子计算机如此强大，以至于全世界各个国家都迫不及待地想掌握这项新技术?

从本质上讲，所有近现代计算机都是基于数字信息技术的，均采用一系列 0 和 1 的组合进行编码。信息的最小单位，即单个数字，被称为“位”。将 0 和 1 的序列输入数字处理器，随后数字处理器就开始进行计算，计算出结果后再输出。例如，你的互联网连接速度可以用每秒的比特数（缩写为 bps）来衡量，所以 1G 带宽就是指每秒有 10 亿多个字节被发送到你的电脑，因此你可以比较流畅地实时访问电影、电子邮件、文档等。

然而，1959 年诺贝尔奖得主理查德·费曼观察到了一种不同的数字信息方法。在一次名为“底部有足够的空间”的颇具预言性、开创性的演讲，以及后来发表的论文中，费曼都曾提问：“为什么不考虑用原子状态取代 0 和 1 序列从而制造出一台原子计算机呢? 为什么不用尽可能小的物质——原子去代替晶体管呢? ”

① 锈带（Rust Belt），是指随着工业化发展阶段产生变化，发展地位和财富水平均出现下降的地带，最为典型的是美国北部衰败且萧条的工业区，这个地区过去曾经有很多工业，但时至今日已经既不具备发展地位的重要性，也不具备强大的财富积累能力，甚至许多工厂已经关闭。——译者注

原子就像一个一直旋转的陀螺。在磁场中，它们的位置是相对更加灵活的，可以顺应磁场产生向上或向下排列，以此来对应于 0 或 1 的排列。数字计算机的计算能力与计算机中的位数（0 或 1）直接相关。

但亚原子世界的规则是不稳定的，因为原子可能旋转到两者的任意组合当中。例如，可能存在这样一种状态，原子有 10% 的时间是自旋向上的、90% 的时间是自旋向下的，或者有 65% 的时间是自旋向上的、35% 的时间是自旋向下的。事实上，原子自旋的这种规则可能导致无数种状态，从而大大增加了去描述更多数量的各种状态的可能性。因此，原子表现出能够携带更多信息的属性，这时基本单位也不再是一个比特，而是一个量子位，即同步实现向上和向下的不同组合。数字算法下的比特单位，每次只能携带一位信息，从而限制了它们的能力。对比之下，量子位的能力几乎可以说是无限的，这是因为在原子水平上，某一个物质往往可以实现同时以多种不同状态存在，这被称为“量子叠加”。（这就意味着，常见的通用定律在原子水平上不再适用。因为在原子这个特殊维度上，原子中的电子甚至可以同时在两个不同状态下存在，而大型物体是不可能做到这一点的，它们不可能同时出现在两个不同地方。）

此外，这些量子位之间还可以相互作用，而这对于普通的比特来说也是不可能的，这种量子位之间的相互作用叫作“量子纠缠”。与每一个比特都是处于相对独立的存在状态有所不同，每当增加一个新的量子位时，这个量子位都会与之前的所有量子位发生相互作用，从而使原来的量子位之间可能发生相互作用的次数直接增加一倍。也正因有这样的内在属性，量子计算机天生就比数字计算机强大得多，因为每增加一个额外量子位，交互次数就会翻倍。

举个例子，当下的量子计算机已经可以拥有 100 多个量子位。这就意味着，这些量子计算机的计算能力相当于那些只拥有一个量子位

的超级计算机的 2^{100} 倍。

谷歌的 Sycamore 量子计算机就是全球第一台实现量子霸权的计算机，其拥有的 53 个量子位能够处理 720 亿吉字节内存。因此，在 Sycamore 这样的量子计算机面前，任何传统计算机都相形见绌。

无论是对商业还是对科学来说，量子计算机的强大计算能力带来的影响都将是巨大的。当我们从数字经济的世界过渡到量子经济的世界时，更大的风险也将随之而来。

量子计算机的减速带

接下来的一个关键问题就是：到底是什么阻碍了我们在当今时代去营销如此强大的量子计算机呢？为什么那些野心勃勃的发明家不赶快推出一款可以破解任何已知代码的量子计算机呢？

理查德·费曼在首次提出量子计算机概念时就预见到量子计算机有可能需要面对的问题。为了使量子计算机能够保持工作状态，原子必须实现精确排列，以便能够产生一致性的振动，这被叫作“相干性”。然而，原子是非常小且非常敏感的存在，哪怕是外部世界里一个最小的杂质或者一次最微弱的干扰，都可能导致原子阵列发生变化，从而破坏这种相干性，发生所谓的“量子退相干”，导致整个计算过程被破坏。由此产生的脆弱性，就是量子计算机目前所面临的主要问题。那么接下来，这个价值数万亿美元的问题是：我们能控制量子退相干吗？

为了最大限度地减少来自外界的各种干扰，科学家尝试使用一些特殊设备将温度降至接近绝对零度，从而使不必要的干扰降到最低。但要让温度接近绝对零度，就需要使用一些昂贵稀缺的泵和管道等。

这种操作本身就将一个谜题摆在了我们面前。大自然是在室温下顺利地使用量子力学的。比如，光合作用作为地球上最重要的过程之一，就是一个犹如奇迹般的量子过程，但它就发生在常温下。大自然母亲并没有使用一屋子的奇异设备把周遭温度降至接近绝对零度才开始成功运行并完成光合作用。即使是在温暖、晴朗的日子里，外部条件带来的干扰也会导致原子水平上的混乱，但自然界中的原子却能够稳定地保持着一致性，所以其中一定有什么运作机制是我们所不了解的。倘若有一天，我们真正清楚了大自然母亲是如何在室温下施展魔法的，我们才能说自己已经成为真的量子科学大师甚至是生命科学大师。

革新世界经济

尽管短期内量子计算机确实会对各国网络安全形成潜在威胁，但从长远来看，它们的发明具有重大现实意义，或者说它们有能力彻底改变世界经济，并开创量子医学时代，帮助人类治愈以前无法治愈的疾病，从而创造一个可持续发展的未来。

细数起来，量子计算机在许多领域都将超越传统数字计算机。

搜索引擎

在过去的时代，财富往往是用石油或者黄金来衡量的。

发展到现在，财富已经越来越多地开始用数据来衡量。以前，公司往往会把过期的财务数据处理掉；但今日，即使是过去的信息也是非常有价值的，甚至高于贵金属的价值。然而，筛选堆积如山的数据可能会让传统的数字计算机不堪重负。这恰是量子计算机的用武之地。量子计算机通过分析一家公司的财务状况，可能会找到阻碍其发展的一些因素。

事实上，摩根大通已经开始与IBM和霍尼韦尔合作，用这些工具来分析自己的数据，从而更好地预测财务风险和不确定性，提高自己的运营效率。

优化

一旦量子计算机实现了使用搜索引擎对数据中的关键因素进行识别，那么下一个问题便是如何利用这种技术来最大限度地实现一些调整来达成特定目标，比如提升利润。因为至少在利润层面，一些大公司、大学和政府机构都能通过使用量子计算机来最大限度地减少开支，从而提高效率和利润。例如，一家公司的净收益取决于数百个因素，包括工资、销售额、费用等，这些因素随着时间的推移会迅速发生变化。而对所有因素进行实时动态组合，以最大限度地提高利润率，这是传统数字计算机所不能完成的。再如，一家金融公司可以使用量子计算机来预测不同金融产品市场的未来趋势，这些市场每天开展的交易量可能都在数十亿美元，而量子计算机是能够轻松处理这些交易的。这些都是通过量子计算机的强大算力可以实现优化的地方。

模拟

量子计算机还可以解决数字计算机无法解决的复杂方程计算。例如，工程公司可以使用量子计算机来计算飞机和汽车的空气动力学，从而找到最大限度地减少摩擦力、降低成本和最大限度地提高效率的理想状态。再如，政府也可以使用量子计算机来实现对天气变化的预测，从确定飓风的路径到计算全球变暖将如何影响未来几十年的经济和我们的生活方式等，这些都能得以实现。又如，科学家还可以使用量子计算机在巨型核聚变机器中找到磁体的最佳配置，以利用氢聚变的力量，甚至真的做到“把太阳装进瓶子里”。

但和上述优势比起来，也许使用量子计算机的最大优势在于能够实现同时对数百个重要化学过程的模拟。量子计算机能够帮助我们在原子水平上预测任何化学反应的结果，实现根本不需要使用化学物质进行相关计算的梦想。计算化学这一新的科学分支不再是通过传统化学实验来观察和确定所谓的化学性质，而是直接通过量子计算机模拟来完成，这种计算方法总有一天会替代昂贵而耗时的化学测试方法。而届时，生物学、医学和化学也都将被简化成为量子力学。实现计算化学意味着我们要创建一个“虚拟实验室”，从而在量子计算机的内存中实现对新药、治疗方法的快速尝试，而不再需要经历几十年的试错，以及缓慢且不厌其烦的实验室实验等传统方法。因为相较于进行成千上万次复杂、昂贵又耗时的化学实验，简单地按下量子计算机上的按钮会方便得多。

将人工智能与量子计算机融合

人工智能特别擅长从错误中不断实现自我学习，因此这种技术被用于执行复杂困难的任务。人工智能目前已经在工业和医学领域证实了自己的价值。然而，人工智能也是有局限性的，它必须通过大量数据处理来达成自我学习的目标，而这么大体量的数据处理对传统数字计算机的能力提出了很大挑战。与传统数字计算机不同，筛选堆积如山的数据的能力是量子计算机的强项之一。因此，如果能够实现人工智能与量子计算机的交叉融合，那么量子计算机的强大算力必然可以显著提高它们解决各种问题的能力。

量子计算机的进一步应用

量子计算机未来有潜力改变现有的各行各业。甚至可以说，只有量子计算机才有可能最终开创人类期待已久的太阳能时代。近几十年以来，未来学家和梦想家一直在预测可再生能源对化石燃料的逐步淘汰，从而彻底解决使地球不断变暖的温室效应问题。这些未来学家和梦想家一点都不吝惜对可再生能源优点的赞美。

但人类对太阳能时代的追逐已经逐渐偏离轨道。

尽管风力涡轮机和太阳能电池板的成本有所下降，但它们仍然只占据世界能源产出的一小部分。那么问题就来了：究竟发生了什么？

每一项新技术都必须直面一个底线：成本。几十年来，太阳能和风能备受赞誉，但发电商不得不面对这样一个事实，即太阳能和风能的平均价格仍然比化石燃料要高。原因很清楚：当太阳不亮、风也不吹的时候，可再生能源技术设备就只能闲置、积灰，不能转化成任何能源。

太阳能时代的关键瓶颈——电池经常被人们忽略。我们已经被计算机能力一直以来所保持的指数级增长速度宠坏，因此自然而然地认为，所有电子技术的改进速度都应该是一样的。

但值得注意的是，计算机能力的激增，部分原因是我们使用了更短波长的紫外线、在硅片上蚀刻微小的晶体管。但电池和晶体管是截然不同的，它们的内部可以说是杂乱无章的，只是化学物质的一系列复杂的相互作用。电池电量技术只能缓慢而乏力地增长，因为电池需要通过反复的化学试验，而不是通过用波长较短的紫外线进行系统蚀刻这种短平快的技术就能实现的。此外，电池储能的量只能达到汽油储能水平的一小部分。

量子计算机则可以改变这一点。量子计算机有能力模拟数千种可能的化学反应，而不必在实验室中等待这些化学反应的发生，帮助人类以更快的速度找到超级电池最有效的工艺，从而推动人类步入太阳能时代。

公用事业和汽车公司已经在使用IBM的第一代量子计算机来尝试解决电池的相关问题，试图提高下一代锂硫电池的容量和充电速度。然而这只是影响气候的方法之一。与此同时，埃克森美孚公司也正在使用IBM的量子计算机研发用于低能耗处理和碳捕获的新化学品，尤其希望量子计算机能够实现对材料的模拟，并以此确定这些材料的某一些化学性质，例如材料的热容。

量子计算公司PsiQuantum的创始人杰里米·奥布赖恩强调，这场革命绝不仅仅是为了制造更快的计算机。[11]恰恰相反，这场革命真正关注的是如何解决问题，比如对复杂化学反应和生物反应的模拟，这是传统计算机无论花多少时间都无法解决的问题。

他说道："我们谈论的不是如何更快或更好地做事……而是怎样才能做到这些事……解决这些问题已经远远超出了我们所能建造出的任何传统数字计算机的能力范畴……即使我们把地球上的每一个硅原子都变成超级数字计算机，我们仍然无法解决这类难题。"

养活地球

量子计算机的另一个关键应用可能就是养活世界上不断增长的人口。一些特定类型的细菌能够毫不费力地从空气中吸收氮并将其转化为氨，然后将氨转化为化学物质，从而成为肥料。这种固氮过程是地球上生命繁荣的原因，通过给予植被茂盛生长的条件，从而让人类和动物得以存活。化学家用哈伯-博施法复制了这一壮举，从而引发了绿色革命。然而，这个过程的完成需要大量能量。事实上，令人吃惊的是，世界上2%的能源生产都进入了这一过程。

这多少有点儿讽刺。细菌不费吹灰之力就能做成的事，人类却要消耗很多的能量才能实现。

那么问题又来了：量子计算机能否解决高效肥料生产的问题，推动第二次绿色革命呢？一些未来学家预测，如果没有另一场粮食生产革命，那么目前不断增加的世界人口将越来越难以被养活，从而将引发生态灾难，并进一步导致全球范围内大规模的饥荒和粮食短缺，引发社会骚乱问题。

微软的科学家已经首次尝试使用量子计算机来提高肥料产量，并解开了固氮的秘密。最终，也许量子计算机将助力拯救人类文明。大自然的另一个奇迹是光合作用，通过光合作用，阳光和二氧化碳转化为氧气和葡萄糖，从而形成几乎所有动物生命的基础。如果没有光合作用，食物链就会崩溃，地球上的生命就会迅速凋零。

科学家花了几十年的时间，试图从一个分子到另一个分子地梳理光合作用过程背后的所有步骤。然而，将光转化为糖的问题，探索的其实是一个量子力学过程。经过多年的努力，科学家已经分析出量子效应在光合过程中占据主导地位的部分，但是所有模拟都已经超出了传统数字计算机的计算能力范畴。因此，我们最优秀的化学家依然无法模拟出一种可能比天然光合作用更有效的合成光合作用。

量子计算机显然可能助力实现更高效的合成光合作用，那或许可能是一种捕捉阳光能量的全新技术方法。人类未来的粮食供应问题也可能因为这种技术方法的突破而得以解决。

量子医学的诞生

既然量子计算机有能力帮助我们优化生存环境甚至延续植物生命，那么它们也可能有能力帮助我们治愈病人和垂死之人。量子计算机不仅可以比任何传统数字计算机都更加快速地同时完成数百万种潜在药物疗效的分析，而且可以帮助我们探究一些疾病的源头。

量子计算机可以回答以下类似问题：是什么导致健康细胞突然癌变的，如何阻止癌变的发生？阿尔茨海默病的病因到底是什么？为什么帕金森病和肌萎缩侧索硬化（ALS）无法治愈？人类已经知道了冠状病毒会发生变异，但是这些变异病毒的危险性到底有多大，它们对治疗的反应究竟是怎样的？

在当前人类医学领域中，最伟大的两个发现就是抗生素和疫苗。但新的抗生素主要是通过反复试验的方法发现的，所以并不能确切地了解抗生素在分子水平上是怎样作用的，而疫苗只能通过刺激人体产生一些化学物质来达到攻击入侵病毒的目标。这两种情况精确到分子层面的作用机理对于人类而言仍然是个谜，而量子计算机可能为我们如何有效地开发更好的疫苗和抗生素提供新思路。

当谈到人类对自己身体的探索时，首先要提到的具有重大意义的事件就是人类基因组计划，该计划列出了构成人体的 30 亿个碱基对和 2 万个基因。而这仅仅是一个开始。目前的问题是，传统数字计算机主要用于在已知遗传密码的庞大数据库中实现搜索，而一旦涉及准确解释 DNA（脱氧核糖核酸）和蛋白质如何在体内创造奇迹时，传统数字计算机就无能为力了。蛋白质是非常复杂的物质，通常由数千个原子组成，当分子作用魔力般地发生时，这些原子实际上正以某种特定且无法解释的方式折叠成一个个小球。回到最基本的层面上，可以说所有生命都是在量子力学范畴内才能观察的，因此这远远超出了传统数字计算机的能力范畴。

量子计算机则能够引领我们步入一个新阶段。届时，我们将在分子水平上破译作用机理，搞清楚这些原子到底是怎样工作的。科学家也因此能够探索出新的遗传途径和新的治疗方法，征服目前人类无法治愈的一些疾病。

例如，一些制药公司，包括ProteinQure（一家生物技术初创公司）、Digital Health 150（全球数字医疗150强）、默克（Merck）和渤健（Biogen）等，已经在设立一些研发中心，探索如何利用量子计算机来完成药物影响的相关分析。

令科学家感到惊讶的是，大自然母亲能够创造出一个庞大的分子作用机理库，让生命这样的奇迹的发生成为可能。但这些数十亿年来一直运行着的作用机理实际上只是偶然性和随机自然选择的副产品。这就是为什么我们仍然患有某些不治之症，并且无法逃脱人体衰老的过程。而一旦我们了解到这些分子作用的机理到底是怎样的，我们就能够通过量子计算机来实现对这些作用机理的改进或者创建出新版本。

例如，通过DNA基因组学，我们可以使用计算机识别BRCA1（乳腺癌1号基因）和BRCA2（乳腺癌2号基因）等可能导致乳腺癌症的基因，但传统数字计算机没有能力准确地确定这些缺陷基因究竟是如何导致癌变发生的。一旦癌变扩散到全身，目前的研究是无能为力的。但是，通过破译我们免疫系统中分子的复杂性，量子计算机或许能够创造出一些有可能对抗这些疾病的新药和新疗法。

另一个例子是阿尔茨海默病。一些人认为随着世界人口的老龄化，阿尔茨海默病将成为“世纪疾病”。传统数字计算机已经帮助人类证明了某些基因的突变，如ApoE4（载脂蛋白E4）基因，与阿尔茨海默病直接相关。但是传统数字计算机却无法进一步解释这些基因究竟发生了怎样的突变而导致人类患上阿尔茨海默病。

一个主要的相关理论是，阿尔茨海默病由朊病毒引起，而朊病毒是一种在大脑中错误折叠的淀粉样蛋白。当“变节”分子撞上另一个蛋白质分子时，也会导致该分子以错误的方式折叠。因此，即使不涉及细菌和病毒，这种疾病也可以通过接触传播。人们怀疑，“变节”

的朊病毒可能是阿尔茨海默病、帕金森病、肌萎缩侧索硬化和其他一系列针对老年人的不治之症的罪魁祸首。

正因如此，蛋白质折叠问题成为生物学中最大的未知领域之一。甚至可以说，揭开蛋白质折叠问题，就有可能揭开生命的奥秘。但是蛋白质分子折叠方式的精确研究已经超出了任何传统数字计算机的能力范畴，目前只有寄希望于量子计算机来提供新的途径，帮助人类中和"变节"蛋白并提供新的治疗方法。

此外，上文所提到的人工智能与量子计算机的融合，也可能成就未来医学。像 AlphaFold（阿尔法折叠）这样的人工智能程序，目前已经能够绘制出令人震惊的 35 万种不同类型蛋白质的详细原子结构图，包括构成人体的整套蛋白质。那么下一步，便是使用量子计算机的强大算力所助力实现的独特方法，来研究这些蛋白质究竟是如何发挥其魔力的，并利用这些新发现来探索新一代有效药物及疗法。

量子计算机已经可以连接到神经网络，从而有可能创造下一代可以自我改造的学习机器。放在你桌子上的笔记本电脑永远不会通过学习而实现自我改造，所以它并不会变得更强大。直到最近，随着深度学习技术有了新进展，计算机才迈出自动识别错误和学习的第一步。而量子计算机则可以成倍地加速这一学习过程，并对医学和生物学产生不可估量的影响。

谷歌首席执行官孙达尔·皮柴将量子计算机的到来与莱特兄弟 1903 年那次具有历史意义的飞行相提并论。莱特兄弟的试飞本身并没有那么令人惊讶，因为飞行其实只持续了短短 12 秒。但这次短途飞行是引发现代航空业的导火索，而现代航空业的发展又反过来加速了人类文明的进程。

上述这些都关系到人类的未来。谁有能力制造和使用量子计算机，谁就有更大的赢面去争夺人类未来的胜利。但是，要想真正了解这场革命可能对人类日常生活产生的影响，就需要先回顾过去为了实现使用计算机模拟和了解周围世界的梦想所做的一些勇敢的尝试。

而所有这一切，都要从在地中海底部被发现的已有 2 000 年历史的神秘遗迹开始。

第二章

数字时代的终结

古代世界最有趣、最迷人的谜题之一来自爱琴海的海底。1901年，潜水员在安提基西拉岛附近打捞时，意外被勾起了好奇心。在沉船上散落的一众碎陶器、硬币、珠宝和雕像中，潜水员发现了一个十分奇怪的东西。虽然从表面上看，它就是一块毫无特殊价值的镶满珊瑚的岩石。

但当一层层碎片被清理干净之后，考古学家开始意识到他们正在探索一个极其罕见的、独一无二的宝藏。这个物品是一台设计复杂而精巧的仪器，上面布满了齿轮、轮子和各种奇怪的铭文。

根据沉船中发现的其他文物所属年代来推算，这台仪器是在公元前150年至公元前100年之间被制作的。一些历史学家的观点是，这台仪器可能是从希腊罗得岛被带到了罗马，作为恺撒凯旋游行时被呈送的礼物。

2008年，科学家利用X射线断层扫描和高分辨率表面扫描，终于成功穿透到这个有趣物体的内部。当意识到自己看到的是一件先进得令人难以置信的古老机械装置时，科学家感到无比震惊（见图2.1）。

没有任何已有的古代记录中提到过如此复杂的机械装置。科学家恍然大悟，这台伟大的仪器毫无疑问代表了古代世界科学知识的巅峰。这是一颗已经凝望了他们几千年的光彩夺目的"超新星"。这台仪器其实是世界上最古老的计算机，而且在过去 2 000 年的时间里都没有得以复制。

图 2.1 安提基西拉仪器

注：2 000 年前，希腊人创造了安提基西拉仪器，这是计算机进化史上首次现身的雏形，是一种非常基础的原始设备模型。如果说安提基西拉仪器代表了计算机技术的开端，那么量子计算机就很可能代表了其进化的未来。

科学家开始尝试制造这个非凡机械装置的复制品。通过转动曲柄，一系列复杂的齿轮和轮子数千年来第一次被启动了。这个仪器至少包含 37 个青铜齿轮。其中一组齿轮可以计算月球和太阳的运动，另一组齿轮则可以预测下一次日食的到来。它非常灵敏，甚至可以计算出月球沿轨道运转时发生的微小不规则变化。该装置的铭文则记录了古人已知的水星、金星、火星、土星和木星的运动，并且该装置的一个缺失部分甚至很可能可以绘制行星在天空中移动的轨迹。

从那时起，科学家制作了该装置内部的精细模型，从而让历史学家对古人的知识和思想有了前所未有的了解。该装置预示着一个全新科学分支的诞生，该分支使用机械工具模拟宇宙。这是世界上最古老的模拟计算机—— 一种可以使用连续机械运动进行计算的设备。

因此，世界上第一台计算机被发明的目的是模拟天体运动，人类希望用自己手中的设备再现宇宙运转的奥秘。这些古代科学家可不是停留于敬畏地盯着夜空，而是想方设法通过这台仪器了解夜空中天体运动的详细机理，从而前所未有地实现对天空中天体运动的深入了解。

量子计算机：终极模拟

考古学家发现，安提基西拉代表了古代人类模拟宇宙尝试的巅峰。事实上，这种古老的对我们周围世界进行模拟的冲动正是量子计算机背后的驱动力之一，它代表了 2 000 多年来人类对从宇宙到原子本身等万物进行模拟的一种终极努力。

模拟是人类最深层的欲望之一。孩子用玩具人偶来模拟人类行为，从而达成对人类行为的最初理解。当孩子扮演警察和强盗、老师和学生、医生和病人时，他们其实是通过模拟成人社会来尝试了解其中的复杂人际关系。

可悲的是，科学家可能再过几个世纪的时间也未必能制造出一台足够复杂的机器，来真正模拟我们所处的复杂现实世界，就像安提基西拉所追求的那样。

巴比奇与差分机

随着罗马帝国的衰落，包括模拟宇宙在内的许多领域的科学进步都陷入了停滞阶段。

直到 19 世纪，这些领域的研究兴趣才逐渐得以恢复。那个年代，一些紧迫而现实的问题都只能由机械模拟计算机来辅助回答。

例如，航海家需要依靠详细绘制的地图和海图来决定船只的航向，因此需要一些设备来帮助自己绘制尽可能准确的地图和海图。

随着人们积累的财富越来越多，对那些用来跟踪贸易和商业的机器的复杂程度的要求也越来越高。例如，会计师开始被要求手工编制利率和抵押贷款利率的大型数学表。

然而，只要是人类，都往往难以避免代价高昂又至关重要的错误。因此，人们对设计不会犯这些错误的机械加法机产生了浓厚兴趣。随着加法机变得越来越复杂，富有进取心的发明家之间开始出现非正式竞争，大家都想比试一下，看谁能先制造出最先进的机器。

在这些项目中，最雄心勃勃的要数古怪的英国发明家和梦想家查尔斯·巴比奇领导的项目，他也因此被誉为计算机之父。巴比奇涉猎了许多不同领域，包括艺术甚至政治，但他仍然时时会被数字吸引。幸运的是，他出身于一个富裕家庭，他的银行家父亲可以帮助他实现对多种兴趣的广泛追求。

他的梦想是发明他所在时代最先进的计算机，银行家、工程师、水手和军队都可以使用它来准确完成那些烦琐但十分重要的计算工作。与此同时，作为皇家天文学会的创始成员，他对创造一种可以跟踪行星和天体运动的机器也很感兴趣（基本上遵循了建造安提基西拉的人所走过的开创性道路）。他还致力于为海运业制作准确的航海图。英国是一个重要的航海大国，航海图上的错误可能会导致代价高昂的灾难。他的想法是发明同类机器中最强大的机械计算机，能够完成从追踪行星运动到海上船只，再到利率计算的一切计算工作。

他顺利地招募了热心的追随者，来帮助他推进这个雄心勃勃的项目，其中一位便是埃达·洛夫莱斯夫人。她是一位贵族，是拜伦勋爵的女儿，也是一名认真学习数学的学生，这在当时的女性中是十分罕见的。当看到巴比奇项目的一个小型工作模型时，她瞬间就对这个激动人心的项目产生了兴趣。

洛夫莱斯以帮助巴比奇引入计算中的几个新概念而闻名遐迩。通常，机械计算机需要一组齿轮和嵌齿来缓慢而费力地逐个计算数字。但是，如果要一次性生成包含数千个数学数字的完整表格（如对数、利率和导航图），则需要一组指令来指导机器进行多次迭代才能实现。换句话说，就是需要用软件来完成对硬件中计算序列的指导。因此，她编写了一系列详细的指令，通过这些指令，机器可以系统地生成所谓的伯努利数，这对机械计算机完成计算的计算方式至关重要。

从某种意义上说，洛夫莱斯是世界上第一位程序员。历史学家一致认为，巴比奇可能意识到了软件和编程的重要性，但洛夫莱斯在1843 年写下的详细笔记是第一份公开发表的计算机程序记录。

洛夫莱斯还认识到，计算机不仅能够像巴比奇所认为的那样完成数字计算，而且可以被拓展到更广泛的领域，如符号概念领域。作家多伦·斯沃德写道："在某种意义上，埃达看到了巴比奇没有看到的东西。在巴比奇的世界里，他的引擎是被数字绑定的。而洛夫莱斯则看到……数字其实可以代表自身数量以外的任何实体。所以，一旦你有一台可以完成数字计算的机器，如果这些数字具有其他代表性含义，比如字母或者音符，那么这台机器就可以根据既定的程序规则通过数字计算而实现实际上的符号运算。"[1]

例如，洛夫莱斯认为，计算机可以用编程来实现音乐作品的创作。她写道："这个机器可以创作任何复杂程度很高或范围很广的精致且科学的音乐作品。"[2] 此时，计算机不再是一个仅仅实现数字运算的机器或一个比人更出色的加法机，它还可以用于广泛实现对科学、艺术、音乐和文化的探索。但不幸的是，对于这些改变世界的概念，洛夫莱斯未能进行更多详细的阐述。她死于癌症，享年 36 岁。

与此同时，巴比奇由于长期缺乏资金并不断与他人发生纠纷，所以创造当时最先进机械计算机的梦想也未能实现。巴比奇去世后，他的许多蓝图和想法也随之而去。

但从那以后，科学家一直试图更加深入地去研究巴比奇的机器有多先进。他的一个未完成的模型机的蓝图就包含 25 000 个零件。当被建造出来时，这个模型机重达 4 吨、高 8 英尺[①]。巴比奇远远领先于他所在的时代，他发明设计的机器可以处理 1 000 个 50 位数的数字。实际上，直到 1960 年，才有另一台机器能够实现对如此大量的内存进行复制。

但在巴比奇去世大约一个世纪之后，伦敦科学博物馆的工程师根据他在纸面上完成的设计，造出了一个模型机并将其展出。正如巴比奇在 20 世纪预测的那样，这个机器确实能够按照他设计的那样运转。

数学是完整的吗？

当工程师专注于建造越来越复杂的机械计算机，以满足日益工业化的世界的需求时，纯粹的数学家提出了另一个问题。希腊几何学家一直梦想着能够让数学中的所有基本事实都得到严格论证。

但特别值得注意的就是，这个简单的想法已经让数学家沮丧了 2 000 年。几个世纪以来，学习欧几里得《几何原本》的学生一直在努力证明一个又一个关于几何物体的定理。随着时间的推移，杰出的思想家能够证明一些越来越复杂的基本事实。即使在今天，数学家也

① 1 英尺等于 30.48 厘米。——译者注

花了一生的时间来汇编几十个可以用数学证明的基本事实。但在巴比奇时代，数学家在刚刚开始探索时所提出的一个更为基本的问题是：数学是完整的吗？数学规则是否能够确保每一个基本事实都能被证明呢？或者说，有没有避开人类最杰出头脑的基本事实，而事实上只是因为它们是不可被证明的呢？

1900 年，伟大的德国数学家戴维·希尔伯特列出了当时最重要的未经证实的数学问题，挑战了世界上最伟大的数学家。这组引人注目的未解决问题指导了下一个世纪的数学议程，因为每一个未经证实的定理都在逐一被证明。几十年来，年轻的数学家在攻克希尔伯特所提出的一个又一个未完成证明的定理时，获得了名声和荣耀。

但仍然存在一些讽刺的事情。希尔伯特列出的其中一个未解决的古老问题就是，当给定一组公理时，证明数学中所有基本事实。1931 年，在希尔伯特研讨他所发明程序的一次会议上，年轻的奥地利数学家库尔特·哥德尔证明了这是不可能的。

这一结论震动了整个数学界。2 000 年的希腊思想被彻底地、不可挽回地粉碎了。全世界的数学家都难以置信。然而他们必须接受这样一个事实，即数学并不是希腊人曾经假设的那样整洁、完美和可被证明的定理集。即便是构成理解我们周围物理世界基础的数学，也存在混乱和不完整之处。

艾伦·图灵：计算机科学先驱

几年后，一位年轻的英国数学家对哥德尔著名的不完全性定理很感兴趣，他找到了一种巧妙的方法来重新定义整个问题。那个时候，可能还没有人知道这种方法将会深远地改变计算机科学的发展方向。

艾伦·图灵的非凡能力在他小时候就已得到认可。他的小学校长曾写道，在她的学生中，“有聪明的男孩，也有勤奋的男孩，但艾伦则是个天才男孩”[3]。艾伦·图灵后来被誉为“计算机科学和人工智能之父”。

尽管遭到了严厉的反对并遭遇了很多困难，图灵仍下定决心要掌握数学。实际上，他的校长一直都试图打击他对科学的兴趣，称“他只会在公立学校浪费时间”。但这种反对反而进一步坚定了他学习数学的决心。图灵在 14 岁时经历了一场大罢工所导致的全国大范围停课，但他仍然渴望上学，所以当学校再次开学的时候，他甚至独自骑自行车到 60 英里①以外的学校上课。

相较于制造出像巴比奇的差分机那样越来越复杂的加法机，艾伦·图灵最终问自己的是一个与众不同的终极问题：机械计算机的性能有数学极限吗？

换句话说，计算机能证明一切吗？

要做到这一点，他必须使计算机科学领域变得更为严谨，因为毕竟以前计算机只是由一些古怪的工程师松散地整理了一些甚至可能相互脱节的想法所发明的，也没有什么系统的方法尝试讨论诸如“什么是可计算的极限”之类的问题。因此，在 1936 年，他引入了后来被称为“图灵机”的概念。这是一种看似简单的设备，捕捉了计算的本质，使整个领域都坚实地建立在数学基础之上。时至今日，我们可以看到，图灵机其实是所有现代计算机的基础。从五角大楼里的巨型超级数字计算机，到你口袋里的手机，所有这些本质上都是图灵机。可以毫不夸张地说，整个现代社会几乎都建立在图灵机之上。

图灵想象了一个无限长的带子，里面有一系列的方格或单元格。在每个方格里面，你可以放一个 0 或一个 1，也可以把它留白。

① 1 英里约等于 1.61 千米。——译者注

然后，处理器读取这个带子，并只允许对其进行六个简单的操作。总体来看，就是可以用 1 替换 0，也可以用 0 替换 1，然后再将处理器向左或向右移动一个方格：

1. 读出方格中的数字
2. 在方格上写一个数字
3. 向左移动一个方格
4. 向右移动一个方格
5. 更改方格中的数字
6. 停下来

（图灵机是用二进制语言编写的，而不是十进制。在二进制语言中，数字 1 用 1 表示，数字 2 用 10 表示，数字 3 用 11 表示，数字 4 用 100 表示，依此类推。还有一个存储器可以存储数字。）然后，最终的数值作为输出结果出现在处理器中。

换句话解释就是，图灵机可以根据软件中的精确命令将一个数字转换为另一个数字。因此，图灵将数学简化为一个游戏：通过系统地将 0 替换为 1，或者将 1 替换成 0，就可以实现对所有数学进行编码（见图 2.2）。

在阐述这些灵感的相关论文中，图灵用一组简洁的指令阐明，人们可以使用他的机器来完成所有的算术计算，例如可以完成加、减、乘、除。然后，他用这个方法证明了数学中一些最难的问题，从可计算性的角度重新表述了一切。从计算角度来看，所有数学的总和正在被改写。

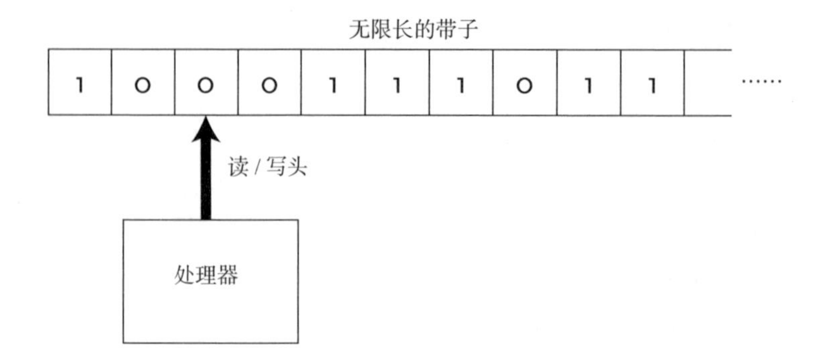

图 2.2　图灵机

注：图灵机由无限长的输入数字带、输出数字带和根据一组固定规则将输入信息转换为输出信息的处理器组成。它是所有现代数字计算机的基础。

例如，让我们来展示一下 2 + 2 = 4 是如何在图灵机上完成的，这可以演示如何对所有算术进行编码。首先在带子上输入数字 2（也就是 010），然后移动到中间的单元格，其中有一个 1，并将其替换为 0。然后向左移动一步，其中有一个 0，并将其替换为 1。数字带现在读取出来的是 100，也就是说，等于 4。通过不断拓展这些命令，便可以完成任何涉及加法、减法和乘除法的运算。只要再简单变换一下，也可以完成分数运算。

然后，图灵又问了自己一个简单但十分重要的问题：哥德尔的不完全性定理虽然涉及高等数学，但能否用图灵机来实现证明呢？图灵机虽然看上去很简单，但是它究竟有没有抓住数学的本质呢？

图灵首先定义了什么是可计算的。他说，从本质上讲，如果一个定理能够在有限的时间内被图灵机证明，那么就可以说它是可计算的。如果一个定理在图灵机上需要无限长的时间才能被证明，那么就可以说该定理是不可计算的，因为我们也不知道该定理是否正确，所以我们就认为它是不可以得到证明的。

简而言之，图灵随后以简洁的形式表达了哥德尔提出的问题：在给定一组公理的情况下，是否存在图灵机在有限的时间内无法计算的基本事实？

就像哥德尔的工作一样，图灵证明了答案是肯定的。

这一结论再次粉碎了证明数学完美性的古老梦想，但这次是以这样一种更为直观且简单的方式。这同时意味着，即使是世界上最强大的数字计算机，也永远无法用一组给定的公理在有限的时间内证明其在数学范畴内的所有基本事实。

计算机在战争中的应用

毫无疑问，图灵已经证明了自己是一个最高水平的数学天才。但他的研究却因第二次世界大战而中断。图灵被招募到伦敦郊外布莱切利公园的英国军事设施执行绝密工作，为战争提供支援。在那里，图灵等人的任务是破译纳粹绝密密码。纳粹科学家创造了一种名为“恩尼格玛”（Enigma）的机器，它可以接收信息，再用看上去根本牢不可破的代码重新编写，然后将加密后的信息发送给遍布全球的纳粹战争机器。代码中包含对当时的世界而言最重要的一整套命令：纳粹军队，特别是海军的作战计划。可以说，当时人类文明的最终命运就取决于能否破解绝密密码。

图灵和他的同事致力于通过计算机来解决这个关键问题，以系统地破解这些人工无法破解的代码。他们的第一个突破被称为“炸弹”（Bombe），在某些方面类似于巴比奇的差分机。“炸弹”密码破译机是通过电力支持的转子、卷筒和继电器来工作的，而不是旧机器所采用的蒸汽驱动结构——齿轮和嵌齿运行缓慢，制造困难，而且经常卡住。

图灵还参与了另一个项目——“巨人计算机”（Colossus）。那是一个更巧妙的设计。历史学家认为，这是世界上第一台可编程数字电子计算机。这个计算机使用的不是差分机或者“炸弹”密码破译机使用的机械部件，而是可以发送接近光速电信号的真空管。真空管就像能够控制水流的阀门。通过转动小阀门，既可以切断很粗的管道中的水流，也可以让很粗的管道中的水流畅通无阻。而切断或者畅通这两个动作，正好可以用数字 0 或 1 来表示。由此，“水管”和“阀门”系统实际上就组成了一台数字计算机的算术机制，而此处所谓的水流其实就是电流。在布莱切利公园的那台机器里面就包括一大排真空管，科学家可以通过打开或关闭真空管中的电流实现极快速度的数字计算。因此，通过图灵等人的工作，数字计算机逐渐取代了模拟计算机。实际上，“巨人计算机”有 2 400 个真空管，可以占据整个房间。

除了速度更快，与模拟系统相比，数字计算机还有另一个巨大优势。试想一下，当你用办公室的复印机反复复印一张照片，每次用复印的图片再进行复印的话，总会丢失一些信息。如果一次又一次地用最新复印出来的图片再去复印，那么图片就会变得越来越模糊，直到最后完全看不清楚。据此总结，如果是模拟信号技术，那么每次复制图像的时候其实都会发生误差。

（现在，将图片数字化，使其变成一系列的 0 和 1。当你第一次将图片数字化时，你会丢失一些信息。然而，数字信息可以一次又一次地复制，而且每次循环几乎不会丢失任何信息。因此，数字计算机比模拟计算机准确得多。此外，编辑数字信号很容易。模拟信号，就像图片一样，是很难更改的。但数字信号只需按下按钮，使用简单的数学运算就可以完成更改。）

在战争的巨大压力下，图灵和他的团队终于在 1942 年前后成功破解了纳粹绝密密码，助力盟军在大西洋战斗中击败了纳粹海军舰队。很快，盟军也得以深入了解纳粹军队最深层的秘密计划，他们可以成功窃听纳粹对其部队的指示，并预先制订更有效的战争计划。“巨人计算机”在1944年完工，正好赶上诺曼底登陆，而纳粹并没有做好充分的准备。这决定了纳粹的命运。

这些都是巨大的突破，其中一些在2014年的电影《模仿游戏》中成了经典画面。如果没有这些关键性成就，战争可能会持续很多年，造成更多难以言喻的痛苦。哈里·欣斯利等历史学家估计，图灵等人在布莱切利公园的工作将战争大约缩短了两年时间，挽救了1 400多万人的生命。图灵的开拓性工作不可逆转地改变了世界局势和无数无辜者的生活。

在美国，制造原子弹的工人被誉为战争英雄和奇迹工作者；但在英国，图灵面临着不同的命运。由于英国国家保密法的规定，图灵的成就被保密了几十年，所以在当时并没有什么人知道他对战争的终结做出过巨大贡献。

图灵与人工智能的诞生

战后，图灵又回到了一个古老的问题上，这个问题在他年轻时就深深地吸引了他：人工智能。1950年，他发表了一篇在人工智能相关研究中具有里程碑意义的论文，论文开篇写道：“我建议思考这样一个问题：机器能像人一样思考吗？”

或者换一种说法，人类的大脑是某一种复杂类型的图灵机吗？

图灵厌倦了数百年前关于意识的意义、灵魂以及是什么使我们成为人的所有哲学层面的讨论。他认为，最终，所有这些讨论都将毫无意义，因为意识层面并没有什么明确的测试或者基准。

因此，图灵提出了著名的图灵测试：把一个人放在一个密封的房间里，把一个机器人放在另一个房间里。你可以向每个人提出任何书面问题，并阅读他们的回答。挑战在于：你能确定哪个房间里是人，哪个房间里是机器人吗？图灵把自己设计的这个测试称为“模仿游戏”。

他在论文中写道：“我相信，在大约50年后，将有可能通过让存储容量约为10^9的计算机进行编程，从而让它在‘模仿游戏’中的表现更好，以至于普通询问者在5分钟的提问后，能判断出回答者是人还是机器的准确率将不会超过70%。”[4]

图灵测试用一个简单、可重复的测试取代了无休止的哲学辩论，这个测试只有一个简单的“是”或“否”的答案。与那些没有答案的哲学问题不同，这个测试是可以有确定性结论的。

此外，这个测试通过简单地将“思考”与人类所能做的任何事情进行比较，回避了“思考”这个棘手的问题。图灵测试告诉我们，也许并没有必要去定义“意识”、“思考”或“智力”等词汇的准确含义。换句话说，如果某个东西的外貌特征和行为特征都像鸭子，那么无论你如何定义它，它可能都会被认定为鸭子。据此，图灵为智力下了一个非同寻常的定义。

到目前为止，还没有一台机器能够始终如一地通过图灵测试。每隔几年，图灵测试就会成为头条新闻，但每次评委都能分辨出人和机器之间的区别，即使它被允许撒谎和编造事实。

但一个不幸事件的发生让图灵所有的开创性工作戛然而止。

1952年，图灵的家被人入室盗窃。当警察来调查时，他们发现了图灵是同性恋的证据。为此，根据1885年《刑法修正案》，图灵被捕并被判刑。惩罚相当严厉。他面临的选择是，要么进监狱，要么接受激素治疗。图灵选择了后者，于是开始服用已烯雌酚，一种合成雌激素类药物，这导致他的乳房增大并开始阳痿。在这些有争议的治疗方法持续一年之后，图灵被发现死在了家里。他死于致命剂量的氰化物中毒。据报道，他身旁有一个被吃了一半的毒苹果，而强迫性的药物治疗被认为是他自杀的主要原因。

图灵——计算机革命的开创者之一、帮助拯救了数百万条生命的人、助力击败了法西斯主义的科学家，最后却在某种意义上被自己的国家彻底摧毁了。这无疑是人类史上的一场悲剧。

但图灵的遗产永远留在了地球上的每一台数字计算机中。时至今日，地球上的每一台计算机的架构依然源于图灵机。可以说，整个世界经济都取决于图灵所做的开拓性工作。

但图灵的故事仅仅是我们所讲述的故事的开端。图灵的工作基于决定论，即未来是提前决定的。这意味着，如果你把一个问题输入图灵机，那么你每次都会得到相同的答案。从这个意义上说，一切都是可以预测的。

因此，如果宇宙是一台图灵机，那么所有的未来事件都已经在宇宙诞生的那一刻就被决定了。

然而，人类对世界认知的另一场革命将推翻这一观点，甚至将推翻决定论。就像哥德尔和图灵帮助证明了其实数学是不完整的一样，也许未来的计算机将不得不处理由物理学引入的不确定性，而不能永远地将假设锚定于决定论。

所以数学家开始关注另一个问题：量子图灵机有可能被制造出来吗？

第三章

量子的崛起

量子理论的创造者马克斯・普朗克是一个充满了矛盾的人。一方面，他是非常保守的人。这可能是由于他父亲是基尔大学的法学教授，同时他的家族秉承了悠久而杰出的诚信和公共服务传统。他的祖父和曾祖父都是神学教授，他的一位叔叔是一名法官。他工作一丝不苟，举止严谨，是当权派的得力干将。因而从外表上看，这个温文尔雅的人绝不可能成为一个推动历史前进的最伟大的革命者。另一方面，他确实为人类打开了量子世界的大门，粉碎了几个世纪以来人类奉为圭臬的几乎所有观念。没错，这正是他完成的。

1900 年，著名的物理学家都坚信，艾萨克・牛顿和詹姆斯・克拉克・麦克斯韦的工作可以充分解释人类所处的世界。牛顿的定律描述了宇宙运动，詹姆斯・克拉克・麦克斯韦则发现了光和电磁定律。从巨型行星在太空中的运动，到炮弹，再到闪电，所有一切似乎都可以用牛顿和麦克斯韦的理论来解释。据说，美国专利局甚至考虑要不要就此关闭，因为所有可以发明的东西似乎都已经被发明了。

根据牛顿的理论，宇宙就是一个时钟。它以一种精确而预先确定的方式遵循着牛顿的三大运动定律。这一被称为牛顿决定论的理论体系风靡了几个世纪。（当下，我们会将此领域称为经典物理学，从而区别于量子物理学。）

而牛顿决定论却有其内在问题，总是存在一些它解决不了的细节问题，而人类正是在长期致力于解决这些问题的过程中，逐渐动摇了看上去设计精密的牛顿决定论。

古代工匠都知道，如果黏土在熔炉里被加热到足够高的温度，它会随着温度变化发出不同颜色的光。这些发热的物质会在开始时变得通红，然后变成黄色，最后变成蓝白色。我们每次点燃火柴都会看到这种现象。在火焰的顶部，火焰是红色的；在中心，火焰是黄色的；如果条件合适，火焰底部是蓝白色的。

物理学家试图推导出物体发热时这一众所周知的属性，但以惨痛的失败告终。他们当然知道发热的现象不过是原子在运动。物体的温度越高，其原子运动的速度就越快。他们也知道原子带有电荷。根据詹姆斯·克拉克·麦克斯韦定律，如果你足够快速地移动一个带电原子，它就会产生电磁辐射（比如无线电或者光）。热物体呈现出的颜色则能够反映出辐射的频率。

因此，利用牛顿的原子理论和麦克斯韦的光理论，就可以计算出热物体发出的光。所以当我们探索到这个层面时，所有的理论还是适用的。

但是在进一步进行实际运算的时候，这两大理论体系就面临巨大难题。人们发现，按照这两大理论的定律，在高频条件下发射的能量应该是无限大的，而这在现实中是根本不可能发生的。这被称为

“瑞利－金斯灾变”[①]。这个现象向物理学家揭示，牛顿力学中是存在巨大漏洞的。

某一天，普朗克试图在他的物理课上推导“瑞利－金斯灾变”，但用了一种奇怪的新颖方法。他厌倦了用墨守成规的方法来推导这一灾变，所以比较纯粹地出于教学原因，做了一个另辟蹊径的假设。他假设原子发射的能量只能在被称为量子的更加微小的离散能量包中找到。这个假设与传统假设相比其实更具颠覆性，因为牛顿方程强调能量是连续的，而不是以一个个离散的能量包为单位。然而，当普朗克另辟蹊径地假设能量以一定大小的包的形式存在时，反而准确地找到了能够正确反映光产生的温度与能量之间的关系曲线。

这成就了一个旷世发现。

量子理论的诞生

这个发现是人类在最终将量子计算机创造出来的漫长征程中迈出的第一步。

普朗克革命性的发现颠覆了牛顿力学的完整性，昭示着一种新物理学的出现。而人类在牛顿力学理论体系基础上对宇宙的原有认知，也势必将被彻底改写。

但是，普朗克是一个十足的保守派，他十分谨慎地用带些外交辞令的表述阐明了自己的学术发现，并且进一步提出，如果把这种离散的能量包作为一种假设基础来开展相关研究，那么人类可能更加准确

---

① 瑞利－金斯灾变，也被称为紫外灾变，指的是19世纪末20世纪初，科学家面对黑体辐射问题，通过以经典物理学为背景的瑞利－金斯定律来计算黑体辐射强度与能量之间的关系，却发现计算出的黑体辐射强度会随辐射频率的增加而增大，趋向于释放出无穷大之能量，其结果与实验数据无法吻合。——译者注

地描述大自然中实际存在的能量变化所遵循的曲线。

为了便于计算，普朗克为这项发现引入了一个能够代表能量量子大小的数字。他称之为 h（即普朗克常数，6.62…… $\times 10^{-34}$ 焦耳秒），这是一个非常小的数字。在这个世界上，人类其实根本无法直接观察到量子效应，因为 h 太小了。但如果你能以某种方式改变 h，那么人类就可以不断地实现从量子世界向我们所熟悉的日常世界的转化。就像可调音收音机的螺旋调控一样，人们可以把普朗克常数调到最低，一直调低到 $h = 0$。在这种条件下，量子世界就转化为我们所熟悉的牛顿力学起作用的常识世界，在那里是没有任何量子效应的。但反过来，如果将普朗克常数调到最高，那么我们就有了始终基于量子效应之上的奇异的亚原子世界，正如物理学家后来相继发现的那样，这个世界类似于物理学学术领域的“阴阳魔界”。

我们当然也可以将其应用于计算机领域。如果我们让 h 归零，那么我们得到的就是经典图灵机。而如果我们让 h 变大，那么量子效应就开始显现，因此我们就可以沿着这一路径逐步地把经典图灵机变成量子计算机。

尽管普朗克的量子理论能够得到几乎无可争议的实验数据的支撑，并且可以说开辟了物理学的一个全新分支，但是多年来，他一直遭受着古典牛顿思想顽固信徒的围追堵截。在描述这场反对风暴的时候，普朗克写道：“一个新兴科学真理，可能并不是通过说服奉旧理论为圭臬之对手并妄想让他们看到理性之光来取得胜利的，只是通过等待信奉旧理论的对手最终死亡，而熟悉这一真理的新生代成长起来。”[1]

事实上，旧理论的信徒无论多么激烈地反对量子理论，都无法扭转越来越多的证据开始成为量子理论佐证的趋势。量子理论无疑是正确的。

例如，当光照射到金属上时，可以击倒一个电子，产生一个小电流，从而产生“光电效应”。而这个效应，正是太阳能电池板能够吸收太阳光的光能并将其转化为电能的原因。（太阳能技术已经广泛应用于多种类型的电器，如用太阳能电池替代传统电池的太阳能计算器，以及将被拍摄物体的光线转换为电信号的现代数码相机。）

为这一效应提供终极版解释的物理学家，身无分文且默默无闻，他在瑞士伯尔尼的一家并不知名的专利局辛勤地工作。在学生时代，他旷课太多，以至于他的教授没在推荐信里为他说什么好话，从而导致他毕业后申请的每一份教职都被拒绝。其实，他还经常陷入失业之中，为了生计也会打一些零工，比如家庭教师、推销员等。他甚至给自己的父母写过一封自暴自弃的信，信中说道，如果他从一开始就没有降生在这个世界上，是不是也许会更好一些。最后，他在专利局成为一名低级职员。听至此，相信绝大多数读者会认为他是个彻头彻尾的失败者。

这位解释光电效应的物理学家就是著名的阿尔伯特·爱因斯坦，其解释也正是基于普朗克理论完成的。继普朗克之后，爱因斯坦声称光能可以离散的能量（后来称为光子）的形式出现，而这些离散的能量可以将电子从金属中“敲”出来。

于是，一种新的物理学原理开始出现。爱因斯坦提出一个叫作“二象性”的概念，即光能具有双重特性。光既可以像光学中的粒子，即光子一样起作用，又可以像波一样起作用。没有人知道这是为什么，但光的确表现出双重的可能形式。

1924 年，年轻的研究生路易斯·德布罗意在普朗克和爱因斯坦已有研究的基础上成功实现了下一个飞跃。如果光既可以作为粒子存在，也可以作为波存在，那么为什么其他物质就不能呢？照此思考，是不是电子也具有波粒二象性呢?

这种认知是颇具颠覆性的，因为当时人类对物质组成的认知还停留在原子层面，这是由德谟克利特在2 000多年前提出的。但是，最终一个有点聪明的实验还是颠覆了这一持续多年的信念。

当你把一块石头扔到池塘里，水面会形成波纹，波纹会逐渐膨胀扩张，然后相互碰撞，从而在池塘表面形成网状干涉图样。这个肉眼可以观察到的现象解释了波的性质，但通常认为物质是由点状粒子组成的，并不涉及波状干涉图样。

现在从两张平行的纸开始。在第一张纸上，剪下两个小切口，并通过切口照射光束。因为光具有波状性质，所以在第二张纸上会出现明显的亮带和暗带图案。当波穿过两个狭缝时，它们在第二张纸上相互干涉，相互放大和抵消，最后会产生干涉图样“光带”。这是众所周知的。

现在我们尝试修改这个实验，用电子束代替光束。当只有一束电子穿过第一张纸上那两个狭缝的时候，人们往往会想当然地认为另一张纸上应该会产生两个不同的明亮狭缝。这是因为电子被认为是一个点状粒子，它可以选择穿过第一个狭缝，或者选择穿过第二个狭缝，它不可能同时穿过第一张纸上的两个狭缝。

实际上，当用电子束来复制这一实验时，研究人员发现了一种类似光效应的波状模式。电子的运动就好像它们是波，而不仅仅是点状粒子。原子长期以来被认为是物质的基本单位。可在这个实验当中，它们像光一样，内部通过某种分解从而形成波。此类实验均表明，原子的性质既可以像波一样，也可以像粒子一样（见图3.1）。

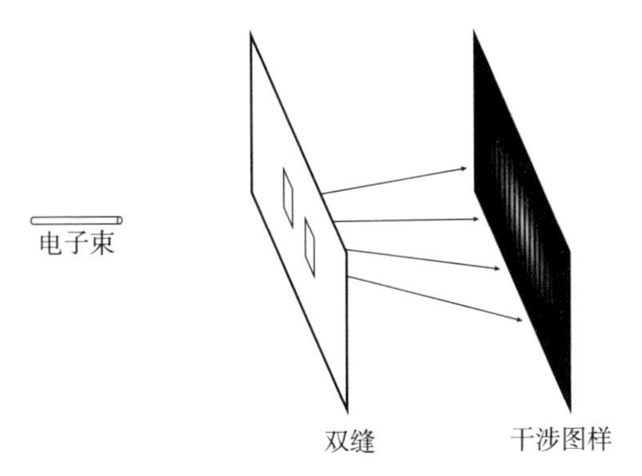

图 3.1 双缝实验

注：如果电子束是通过两条距离很近的狭缝，而不是通过两个距离有点远的狭缝，它就会形成更加复杂的波状干涉图样。即使只有一个电子通过，这个实验仍然成立。这时我们或者可以说，同一个电子同时穿过了两条狭缝。直到现在，这一实验结论仍然在引发物理学家的争论，即同一个电子怎么能做到同时在两个地方存在。

一天，奥地利物理学家埃尔温·薛定谔与一位同事一起讨论物质作为“波”的性质。他的同事问道，如果物质真的可以像波一样运动的话，那么这种运动应该遵循什么方程呢？

薛定谔对这个问题兴趣浓厚。物理学家对波是相当熟悉的，因为波在研究光的光学属性方面很有用，并且经常以海浪或音乐声波的形式来辅助分析。于是薛定谔开始试图寻找电子的波动方程。当时，我们还不知道这个方程将会彻底颠覆人类对宇宙的认知。从某种意义上来说，整个宇宙及其所有的化学元素，包括你和我在内，都是薛定谔波动方程的解。

波动方程的诞生

时至今日，薛定谔波动方程早已成为量子理论的基石，是所有高等物理学研究生的必修课程。薛定谔波动方程是整个量子理论的内核与灵魂。我时不时地在纽约城市大学花费整整一个学期的时间，详细教授这一方程式的内涵。

从那时起，历史学家一直在努力理解薛定谔在发现这个著名方程式——量子理论的基石——的那一刻究竟正在做什么。或者说，究竟是谁或是什么事件激发薛定谔完成了 20 世纪最伟大的发现之一。

传记作家早就知道薛定谔因其女朋友众多而出名。（他信奉自由恋爱，并在自己妥善保管的一个笔记本中列出了他所有的情人，并且为每个人都设计了秘密标识。他还时常携妻子与情妇一起旅行或一起会见来访者。）

在反复查阅薛定谔的笔记本后，历史学家基本达成共识：在薛定谔发现那个著名方程式的周末，他正和一位女友一起在阿尔卑斯山的赫维格别墅里。一些历史学家甚至称她为激发量子革命的缪斯女神。

薛定谔波动方程绝对是一个爆炸性发现，并且以迅雷不及掩耳之势取得了压倒性胜利。在这个方程式问世以前，像欧内斯特·卢瑟福这样的物理学家都认为原子就像一个太阳系，有微小的点状电子围绕着原子核旋转。然而，这种认知显然过于简单，因为它根本不能帮助人类认识原子内部确切的结构，也不能解释为什么会有这么多种元素。

但是，如果电子的运动状态符合波的规律，那么当它围绕原子核旋转的时候，一定频率的离散共振便会产生。当我们对电子可能产生的共振进行计算的时候，我们发现了一种完全符合氢原子描述的波形。

这究竟是怎么回事呢？当我们一边洗澡一边唱歌的时候，只有那些合适频率的波动才能在墙壁之间产生共鸣，从而发出十分悦耳的声音。在洗澡的时候，我们突然变成了专业歌剧演唱家。其他不适合淋浴的波动频率最终会消失。同样，如果我们是在敲鼓或吹小号，则只有特定的频率才能在其表面或管道中产生振动，从而形成美妙的乐曲。这是音乐的基础。

通过将薛定谔波动方程预测的共振与实际元素进行比较，人类发现了显著的一一对应关系。几十年来，物理学家一直试图理解原子但困难重重，而现在他们终于能够窥视原子的内部了。当人类将波动方程与德米特里·门捷列夫等人在自然界中发现的大约 100 种化学元素进行比较时，终于可以使用纯数学来解释这些元素的化学性质了。

这是一项意义非凡的成就。物理学家保罗·迪拉克颇具预言性地写道："因此，对物理学的大部分和整个化学进行数学处理所需的基本定律现在是完全已知的了，困难仅在于应用这些定律会导致方程式过于复杂而无法求解。"[2]

量子原子

化学家花了几个世纪的时间煞费苦心地组建了"元素周期表"，而今只需要用一个简单方程式，通过求解电子在原子核周围旋转时所产生的波状共振，就可以完成对元素的相关解释了。

要了解如何通过薛定谔波动方程来表示元素周期表，可以把每个原子都想象成一个酒店。这个酒店的每层楼都有不同数量的房间，每个房间最多可以容纳 2 个电子。此外，这个酒店的每个房间都必须按照一定的顺序来入住，即一楼的每个房间都被占用之后，才能开始预订二楼的房间。比如，这个酒店的一楼有一个叫作 1S 的房间，或者实际上我们会将其称为"轨道"，可以容纳 1 个或 2 个电子。而如果 1S 这个房间里面容纳了 1 个电子，那么实际上对应的就是氢原子；

而如果 1S 这个房间里面容纳了 2 个电子，那么实际上对应的就是氦原子。

在酒店的二楼，一般会有两种类型的房间，分别为 2S 和 2P，同样我们也将其称为“轨道”。二楼的 2S 房间可以容纳 2 个电子，但是二楼的 P 房间其实包括 3 个套间，分别标记为 Px、Py 和 Pz，每个套间都可以容纳 2 个电子。这就意味着，二楼最多可以容纳 8 个电子。在这些房间按照某种顺序被依次充满的过程中，随着二楼电子数量的变化，依次对应的元素分别是锂、铍、硼、碳、氮、氧、氟和氖了。

当一个电子没有在某一个房间里面形成配对时，这个电子是相对更加活跃的，可以被有可用房间的不同酒店共同享有。因此，当两个原子彼此靠近的时候，尚未配对电子所产生的波状振动，可以被原子所共享，也就是说，这条电子波状振动是可以在两个原子之间来回穿梭的。这种穿梭就产生了一个“键”，将两个原子连接起来，从而形成一个分子。

当我们最终把这个酒店的房间填满时，化学定律就可以解释了。在最低能级上，如果我们在 S 轨道上有 2 个电子，那么 1S 轨道就已经满员了。这也就意味着在 1S 轨道上已经有 2 个电子实现配对的氦不再能够形成任何其他化学键，也就是说氦在化学属性方面呈现出惰性，不能形成任何分子。同理，如果我们在第二能级轨道上已经有 8 个电子了，那么第二能级轨道也就满员了，所以氖也不能形成任何分子。基于此，我们通过方程解释了为什么会有所谓的惰性气体，包括氦、氖和氪。

这种方法论还有助于我们更好地解释形成生命的化学反应。最重要的有机元素是碳，它有 4 个键，因此可以产生碳氢化合物，而碳氢化合物是生命形成的基石。从元素周期表中可以看出，碳在第二能级上有 4 个空轨道，从而便于它与氧、氢等其他原子进行结合，形成蛋白质甚至 DNA。组成人类身体的分子也是这个简单事实的副产品之一。

更为关键的是，通过确定每个能级上有多少个电子，我们就可以使用纯数学简单而优雅地预测元素周期表中所有元素的化学性质。通过这种方式，整个周期表可以在很大程度上根据第一性原理实现预测。元素周期表囊括的所有 100 多种元素都可以用——好比按照某种顺序一层又一层地填满酒店房间那样——围绕原子核产生各种波共振的电子的不同状态来大致描述。

利用一个方程式就可以解释构成整个宇宙的化学元素，甚至包括生命本身。这真是令人叹为观止。好像就在一瞬间，我们面对的浩瀚宇宙一下子变得简单了。

化学被简化成了物理学。

概率波

薛定谔波动方程尽管蔚为壮观且落地有声，但仍然面临着十分重要却让人有点尴尬的问题。那就是，如果说连电子都是波状的话，那么我们究竟应该如何认识波呢？

对这个问题的探索将会把物理学界一分为二，使不同界别的物理学家在未来几十年里相互对立。同时，还将引发整个科学史上最具争议的辩论，直接挑战人类的生存观。即使到了今天，仍然会有一些会议讨论物理学这两个分支之间存在的非常微小的数学及哲学层面的差异。最关键的事实是，量子计算机正是这场重要辩论的一个副产品。

物理学家马克斯·玻恩通过假设物质由粒子组成点燃了这次爆炸性争论的导火索，但发现粒子的概率实际上是由波给出的。

这种情况立即将物理学界一分为二：一方是“陈旧的”保守派创始人（包括普朗克、爱因斯坦、德布罗意和薛定谔，他们都谴责这种新的解释），另一方是创建了哥本哈根量子力学学派的维尔纳·海森伯和尼尔斯·玻尔。

即使对爱因斯坦来说，这种新的解释也显得有点过分了。这种解释就意味着，我们只能计算出一个概率，而永远不能计算出确定性。你永远不知道某一颗粒子在哪里，你只能计算出它在那里的可能性概率是多少。从某种意义上说，电子可以同时在两个地方。维尔纳·海森伯提出了一种替代但等效的量子力学公式，并将其命名为"不确定性原理"。

自此，所有科学都在这个原理面前被颠覆了。以前，数学家还只是被迫去面对"不完全性定理"，而时至今日，物理学家不得不面对"不确定性原理"。与数学类似，物理学在某种程度上也具有不完整性。

因此，在这种新原理作为解释的基础上，量子理论的相关原理终于可以系统性表述出来了。以下是量子力学基本原理（非常简化的版本）的总结：

1. 波函数 $\Psi(x)$，描述了位于点 x 的电子。

2. 将波插入薛定谔波动方程 $H\Psi(x) = i(h/2\pi)\,\partial_t\Psi(x)$。（H 被称为哈密顿量，代表系统能量。）

3. 这个方程的每个解都被标记为指数 n，所以一般来说，$\Psi(x)$ 是所有这些状态的和，或者是所有这些状态的叠加。

4. 当进行测量时，波函数会"坍缩"，只留下一个状态函数 $\Psi(x)_n$，即假设所有其他波都为零。在这种状态下找到电子的概率由 $\Psi(x)_n$ 的绝对值给出。

利用这些简单的规则，原则上可以推导出关于化学和生物学所有已知的知识。而物理学家关于量子力学理论的那些争议则主要集中于如上所说的第三条和第四条。第三条的意思实际上是，在亚原子世界里面，一个电子总是可以作为同时存在于各种不同状态的一个集合而存在。这在牛顿力学的框架下是绝不可能做到的。而实际上，在进行测量之前，电子的确就是作为同时存在于各种不同状态的一个集合而存在于这个世界中的。

然而，这还不是最关键的，更关键或者说更离谱的是第四条。第四条认为只有在进行测量后，波才会最终“坍缩”并给出正确的答案，从而给出电子到底有多大概率正处于这个状态。也就是说，在进行测量之前，我们根本无法知道电子究竟处于哪种状态。

这被称为测量问题。

为了反驳最后一种说法，爱因斯坦说：“上帝不掷骰子。”据说尼尔斯·玻尔对此回击道：“我们不能告诉上帝应该做什么。”

正是如上所述原理的第三条和第四条使得量子计算机成为可能。电子现在被描述为同时位于不同量子态的总和。这恰恰赋予了量子计算机计算能力。经典计算机只在 0 和 1 之间求和，但量子计算机在 0 到 1 之间的所有量子态 $\Psi_n(x)$ 上求和，这大大增加了态的数量，从而拓展了计算机的计算范围和计算能力。

颇具讽刺意味的是，尽管当初是薛定谔波动方程掀起了整个量子力学的潮流，但薛定谔却开始谴责自己这个版本的理论。他甚至后悔自己把这个方程发明出来。他认为，一个简单的悖论只要能证明这种激进解释的荒谬性，就能从根本上永远推翻它，而这一切都始于一只猫。

薛定谔的猫

薛定谔的猫是物理学界最著名的动物。薛定谔相信它会一劳永逸地颠覆传统物理学。他写道，想象一下，有一只猫在一个密封的盒子里，里面装着一小瓶毒气。这个小瓶子被连接到一个锤子上，锤子连接在一定量铀旁边的盖革计数器上。若一个铀原子衰变，它就会激活盖革计数器，触发锤子，从而释放毒气并杀死猫（见图 3.2）。

在过去的一个世纪里，这个问题一直困扰着世界顶级物理学家：在你打开盒子之前，猫是死的还是活的？

牛顿主义者会说答案是显而易见的：常识表明，猫要么死了，要么活了，但不可能两者都是。一次只能处于一个状态。甚至在你打开盒子之前，这只猫的命运就已经注定了。

然而，维尔纳·海森伯和尼尔斯·玻尔有着截然不同的解释。

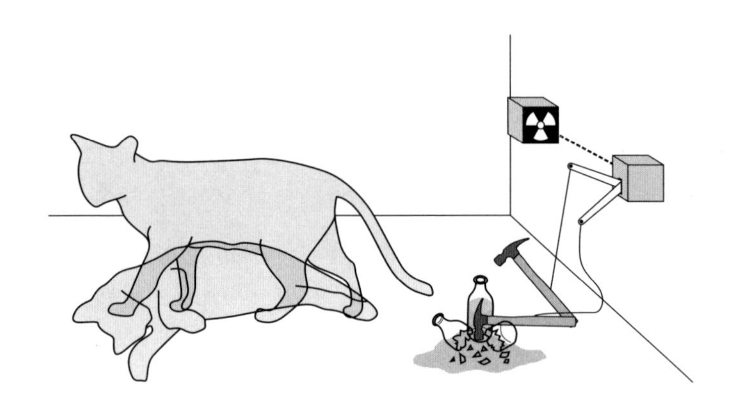

图 3.2　薛定谔的猫

注：在量子力学中，要描述一只猫在一个密封的盒子里，盒子里装着一小瓶有毒气体，还有一把由盖革计数器触发的锤子，必须将死猫的波函数与活猫的波函数相加。在你打开盒子之前，这只猫既没有死也没有活。猫处于两种状态的叠加状态。即使在今天，物理学家也在争论猫如何同时死亡和活着的问题。

他们说，猫最好用两个波的总和来表示：活猫的波和死猫的波。当盒子仍然密封时，猫只能作为同时代表死猫和活猫的两个波的叠加或总和而存在。

但是这只猫究竟是死的还是活的呢？只要盒子是密封的，这个问题就没有任何意义。在微观世界中，事物并不以确定的状态存在，而只是作为所有可能状态的总和存在。最后，当盒子被打开，你观察到这只猫时，波奇迹般地坍缩了，并显示这只猫要么死了，要么活了，但绝对不可能两者都是。因此，测量过程实际上连接着微观世界和宏观世界。

这具有深刻的哲学含义。科学家花了几个世纪的时间反对唯我论，即如乔治·伯克利这样的哲学家认为，除非你观察到物体，否则物体就不存在。哲学可以概括为“存在就是被感知”。如果一棵树倒在森林里，但没有人在那里看到它倒下，那么也许这棵树根本就没有倒下。在这个图景中，现实是一种人类构造。或者，正如诗人约翰·济慈说过的那样：“没有什么是真实的，除非你经历过。”

然而，量子理论使这种哲学反思变得更甚。在量子理论中，在你开始观测一棵树之前，这棵树能够以所有可能的状态存在着，比如木柴、木材、灰烬、牙签、房子或木屑等。然而，当你真正开始观测这棵树的时候，所有代表这些各类状态的波就会奇迹般地坍缩成一个物体，那就是一棵普通的树。

而观察者是需要通过自己的意识来完成这种观测的。那么，这也就意味着，在某种意义上，意识决定了存在。牛顿的追随者对唯我论正悄悄地重新进入物理学感到震惊。

爱因斯坦讨厌这种认知。和牛顿一样，爱因斯坦相信“客观现实”，这意味着物体以确定的、定义明确的状态存在，即一个人不能同时待在两个不同的地方。这也被称为牛顿决定论，正如我们之前看到的，你可以使用基本的物理定律来精确地确定未来。

爱因斯坦经常拿量子理论开玩笑。每当客人来访时，他都会请他们看月亮。他会问，月亮之所以会存在，难道是因为有一只老鼠在观测它吗？

微观世界与宏观世界

数学家约翰·冯·诺依曼帮助发展了量子物理学，他认为有一堵无形的“墙”将微观世界与宏观世界隔开。微观世界与宏观世界各自遵循着并不相同的物理学定律，但如果你可以证明，你自己可以自由地来回移动这堵墙，那么任何实验的结果就都是一样的了。换句话说，微观世界和宏观世界遵循两套不同的物理学，但这并不影响观测，因为你选择在哪里剥离微观世界和宏观世界并不重要。

当被要求澄清这堵墙的含义时，他会说：“你只是习惯了而已。”

但无论量子理论看起来多么疯狂，它的实验成功都是无可争议的。它的许多预测（在所谓的量子电动力学中预测电子和光子的性质时）将数据拟合到 100 亿分之一以内，使其成为有史以来最成功的理论。原子曾经是宇宙中最神秘的物体，突然泄露了它最深的秘密。积极拥抱量子理论的下一代物理学家多次获得诺贝尔奖。没有一个实验违反量子理论。

不可否认，宇宙是一个量子宇宙。

但爱因斯坦总结了量子理论的成功，他说：“量子理论越成功，它看起来就越愚蠢。”

量子力学的批评者最反对的是我们生活的宏观世界和奇怪、荒谬的量子世界之间的人为分离。批评者说，从微观世界到宏观世界必须有一个平稳的连续体。但事实上，并不存在“墙”。

例如，如果我们可以假设生活在一个完全量子化的世界里，那这意味着我们所知道的一切常识都是错误的。例如：

- 我们可以同时出现在两个地方。
- 我们可以消失，也可以在其他地方重现。
- 我们可以毫不费力地穿过墙壁和障碍物，这被称为“隧穿”。
- 在我们的宇宙中死去的人可能在另一个宇宙中还活着。
- 当我们穿过一个房间时，我们实际上同时在房间里走了无数条可能的路，无论这多么奇怪。

正如玻尔所说：“任何不被量子理论震惊的人都不理解它。”

所有这些都是《阴阳魔界》的素材。但神奇的是，这正是电子所做的，只不过所有电子都主要在原子内部运动，我们看不到它们在那里做的这些“体操”。这就是为什么我们有激光器、晶体管、数字计算机和互联网。如果艾萨克·牛顿能以某种方式看到电子为使计算机和互联网成为可能而进行的所有原子旋转，他就会感到震惊。但是，如果我们取缔量子理论并将普朗克常数设为零，现代世界就会崩溃。你客厅里所有神奇的电子设备之所以存在，正是因为电子可以表演这些神奇的把戏。

但我们在生活中从未见过这些效应，因为我们由数万亿个原子组成，这些量子效应相互平均，而且这些量子波动的大小是普朗克常数 h，一个非常小的数字。

量子纠缠

1930 年，爱因斯坦受够了。在布鲁塞尔举行的第六届索尔维会议上，爱因斯坦决定正面挑战量子力学的主要支持者尼尔斯·玻尔。这将是一场泰坦之战，当时最伟大的物理学家正在辩论物理学的命运和现实的本质。关键在于存在的意义。物理学家保罗·埃伦费斯特写道："我永远不会忘记两个对手离开大学俱乐部的情景。爱因斯坦，一个威严的人物，带着淡淡的讽刺的微笑平静地走着，玻尔在他身边小跑，非常沮丧。"[3] 后来，玻尔非常震惊，可以看到他喃喃自语："爱因斯坦……爱因斯坦……爱因斯坦……"

物理学家约翰·阿奇博尔德·惠勒回忆道："这是我所知的知识史上最伟大的辩论。30 年来，我从未听说过两个更伟大的人在更长的时间内就一个更深层次的问题进行辩论，这对理解我们这个奇怪的世界有着更深的影响。"[4]

爱因斯坦一次又一次地用量子理论的悖论攻击玻尔。这是无情的。玻尔会被每一次接二连三的批评弄得晕头转向，但第二天他会梳理自己的想法，做出令人信服的、无懈可击的回应。有一次，爱因斯坦在另一个关于光和引力的悖论中难住了玻尔。玻尔似乎终于被将死了。但讽刺的是，玻尔引用了爱因斯坦自己的引力理论，发现了爱因斯坦推理中的缺陷。

大多数物理学家的结论是，玻尔成功地驳斥了爱因斯坦在著名的索尔维会议上提出的每一个论点。但爱因斯坦，也许是因为这次挫折而痛苦，会再次试图推翻量子理论。

5 年后，爱因斯坦进行了最后的反击。他与自己的学生鲍里斯·波多尔斯基和内森·罗森一起，进行了最后一次勇敢的尝试，试图一劳永逸地粉碎量子理论。这篇"EPR"论文以作者的名字命名，是对量子理论的最后一击。

这一重大挑战的一个意想不到的副产品将是量子计算机。

他们说，想象一下，两个相干电子，意味着它们一致振动，即频率相同，但相位不变。众所周知，电子有自旋（这就是我们有磁铁的原因）。如果我们有两个总自旋为零的电子，我们让一个电子顺时针自旋，那么另一个电子逆时针自旋，因为净自旋为零。

现在把两个电子分开。两个电子的自旋之和必须仍然为零，即使其中一个电子现在在星系的另一边。在测量之前，你无法知道它是如何自旋的。但奇怪的是，如果你测量一个电子的自旋，发现它是顺时针自旋的，那么你就会立刻知道它在星系另一边的同伴一定是逆时针旋转的。这些信息在两个电子之间瞬时传播，比光速还要快。换句话说，当你分离这两个电子时，它们之间会出现一条看不见的“脐带”，使通信能够以比光速更快的速度通过“脐带”（见图 3.3）。

但是，爱因斯坦声称，由于没有什么能比光速更快，这违反了狭义相对论，因此量子力学是不正确的。爱因斯坦认为，这是推翻量子理论的致命论点。他的论据很充分。他声称，纠缠造成的“鬼魅般的超距作用”只是一种幻觉。

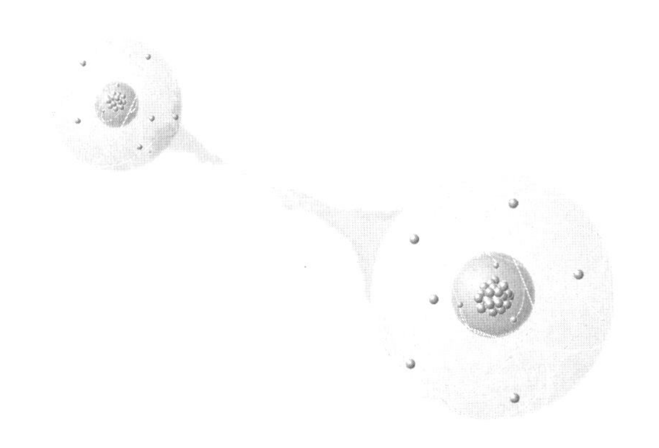

图 3.3 纠缠

注：当两个原子相邻时，它们能够以相同的频率一致地相干振动，但偏移恒定的相位。但如果我们将它们分离并摇动其中一个，它们仍然是相干的，扰动的信息可以在它们之间以比光速更快的速度传播。（但这并不违反相对论，因为打破光障的信息是随机的。）这就是量子计算机如此强大的原因之一，因为它们可以同时计算所有这些混合态。

爱因斯坦认为他发起了一场决战，将一劳永逸地推翻量子理论。

但是，尽管量子理论在实验上取得了巨大成功，但所谓的 EPR 悖论几十年来一直悬而未决，因为它难以在实验室中实现。但多年来，这项实验最终以多种方式进行，分别是在 1949 年、1975 年和 1980 年，每次量子理论都是正确的。

（但这是否意味着信息可以比光传播得更快，违反了狭义相对论？爱因斯坦在这里笑到了最后。不，尽管两个电子之间的信息是瞬间传输的，但传输的是随机信息，因此毫无用处。这意味着，使用 EPR 实验，你无法发送包含比光更快的信息的有用代码。如果你采取行动从根本上分析 EPR 信号，你只会发现胡言乱语。因此，信息可以在相干粒子之间即时传播，但有用信息不能比光传播得更快。）

今天，这一原理被称为纠缠，即当两个物体相互相干（以相同的方式振动）时，即使相隔很远，它们也会保持相干。

这对量子计算机具有重要意义。这意味着，即使量子计算机中的量子位被分离，它们仍然可以相互作用，这也是量子计算机具有神奇的计算能力的原因。

这就是为什么量子计算机如此独特和有用的本质。从某种意义上说，一台普通的数字计算机就像几个会计师在办公室里独立工作，每个人单独做一个计算，并将答案从一个传给另一个。但量子计算机就像一屋子相互作用的会计师，每个人同时计算，重要的是，通过纠缠相互通信。所以我们说，他们正在一致地共同解决这个问题。

战争的悲剧

不幸的是，这场充满活力的学术辩论被日益高涨的世界大战浪潮打断了。突然间，关于量子理论的学术讨论变得极其严肃，因为纳粹德国和美国都制订了研制原子弹的应急计划。第二次世界大战将给物理学界带来毁灭性的后果。

普朗克目睹了犹太物理学家从德国大规模迁移，亲自会见了阿道夫·希特勒，恳求他停止迫害犹太物理学家，这正在摧毁德国物理学。然而，希特勒勃然大怒，并对普朗克大喊大叫。

之后，普朗克说："你不能和这样的人讲道理。"不幸的是，普朗克的一个儿子埃尔温后来参与了暗杀希特勒的行动。他被抓住并遭受酷刑。普朗克试图通过直接向希特勒申诉来挽救他儿子的生命。但埃尔温在 1945 年被处决。

纳粹给爱因斯坦的脑袋定价。他的照片登上了一本纳粹杂志的封面，并配上了"尚未被绞死"的标题。1933 年，爱因斯坦逃离德国，再也没有回来。

埃尔温·薛定谔目睹了一名犹太男子在柏林街头被纳粹殴打，他试图阻止袭击，却被党卫队殴打。他动摇了，离开了德国，接受了牛津大学的一个职位。但他在那里引起了争议，因为他是带着他的妻子和情妇一起来的。随后，普林斯顿大学向他提供了一个职位，但历史学家推测，他拒绝了这个职位是因为他的非正统生活安排。最终，他来到了爱尔兰。

量子力学的创始人之一尼尔斯·玻尔不得不逃命到美国，在逃离欧洲的过程中差点丧命。

维尔纳·海森伯——也许是德国最伟大的量子物理学家——负责为纳粹研制原子弹。然而，由于遭到盟军的轰炸，他的实验室不得不反复搬迁。战争结束后，他被盟军逮捕。（幸运的是，海森伯不知道一个关键数字，即分裂铀原子的概率，所以他很难制造原子弹，纳粹也从未研制出核武器。）

在战争的悲惨后果中，人们开始意识到量子的巨大力量，它在广岛和长崎上空释放出来。突然间，量子力学不再仅是物理学家的玩物，而是可以解开宇宙秘密、掌控人类命运的东西。

但在战争的灰烬中，一项新的量子发明即将问世，它将改变现代文明的结构：晶体管。也许原子的巨大力量可以带来和平。

第四章

量子计算机的黎明

晶体管这项发明本身就是一个悖论。

通常情况下，一项发明的体积越大，威力似乎也就越大。巨大的双层喷气式客机可以在几个小时内载着大量乘客环游半个世界。火箭作为当今一种体积巨大的发明则可以将多吨有效载荷送上火星。大型强子对撞机是一项近 17 英里长、耗资超过 100 亿美元的巨型发明，有朝一日可能会揭开宇宙大爆炸的奥秘。大型强子对撞机的体积是如此巨大，以至于日内瓦市的大部分地区都可以被放入这个机器当中。

然而，晶体管也许可以说是人类在整个 20 世纪最重要的发明，体积却非常小，以至于你的一个指甲盖就能容纳数十亿个晶体管。可以毫不夸张地说，晶体管这项发明彻底改变了人类社会的方方面面。

这么看来，并非所有东西都是越大越好。比如，坐落在你肩膀上的就是已知宇宙中最复杂的物体——大脑。人类大脑由 1 000 亿个神经元组成，每个神经元又与大约 10 000 个其他神经元相连，所以它的复杂性已然超过了科学界已知的任何东西。

因此，由数十亿个晶体管制成的微芯片和由千亿个神经元组成的人类大脑，都小到可以拿在手里，但它们才是人类目前所知的最复杂的物体。

这是为什么？不要被晶体管小巧的体积所蒙蔽，它们可以存储并操作的信息体量大到你根本无法想象。同时，晶体管存储这些信息的方式自带逻辑，类似于图灵机，从而赋予了这些小巧体积的物体以超强计算能力。微芯片是具有有限输入数字带的数字计算机的核心（虽然图灵机的设计在原则上可以无限输入数字带）。大脑则不同，大脑是一个具有学习能力的机器或者说是一个神经网络，能够通过不断学习新事物，不断实现自我调整。如果图灵机可以具备学习能力，那么它也就可以像神经网络一样实现自我调整。

但是，如果晶体管的功率实际上取决于微观的话，那么下一个问题自然便是：你能把计算机做得多小呢？世界上最小的晶体管是什么呢？

晶体管的诞生

1956 年，三位物理学家因发明了这种神奇的装置而获得诺贝尔奖：贝尔实验室的科学家约翰·巴丁、沃尔特·布拉顿和威廉·肖克利。世界上第一个晶体管的复制品目前仍在华盛顿史密森尼博物馆的玻璃箱中展出。这是一个看上去十分粗糙、笨拙的装置，但众所周知，来自世界各地的科学家代表团都以万分敬仰之情来参观这个晶体管，有些人甚至在它面前鞠躬，就好像它是某位神那样。巴丁、布拉顿和肖克利使用了一种新的量子形式的物质，即半导体。（金属是允许电子自由流动的导体；玻璃、塑料或橡胶等绝缘体是不导电的；半导体介于两者之间，既可以携带电子，也可以阻止电子流动。）

晶体管利用了这一关键特性。它是图灵等人巧妙使用的旧真空管的继任者。正如我们所看到的，真空管和晶体管都可以被粗略地比作控制管道中水流的阀门。通过一个小阀门，你可以控制通过管道的更大的水流。你可以关闭它（对应 0），也可以保持打开状态（对应 1）。通过这种方式，可以精确地控制一系列复杂管道中的水流。如果你现在用晶体管代替阀门，用导电的电线代替水管，你就可以制造一台数字晶体管计算机。

虽然晶体管的这种工作方式类似于真空管，但它又与真空管截然不同。真空管性能的不稳定性几乎众所周知。（我记得我小时候不得不拆开旧电视机，用手取下所有的管子，然后在超市里不厌其烦地测试每一根，看看到底是哪一根坏了。）虽然真空管体积更大，但是它的性能却很不稳定，很容易损坏。

与真空管不同，由薄硅片制成的晶体管更加坚固、造价更便宜且尺寸更小。它们甚至可以像制作 T 恤那样实现量产。

在 T 恤上印刷图案通常要通过一块塑料模板辅助，模板上有我们想要印刷在 T 恤上的图案。首先，我们要把塑料模板放在 T 恤上面，然后用一个喷雾器在模板上喷颜色。最后，我们将模板移除，塑料模板上的图案就自然印刷到了 T 恤上。

晶体管的生产流程与上述流程类似。首先，我们还是从一个模板开始的，在这个模板上面，我们想要的电路切面图已经被雕刻出来了。接着，我们将这个模板放置到硅片上，然后用一束紫外线照射到模板上，让模板中的图像转移到硅片上。最后，我们把模板移除，并在硅片中加入酸溶液。硅片事先已经过特殊的化学处理，因此当我们使用酸之后，酸溶液会在晶片上灼烧出我们想要的图形。

采用这种方法的一大优点就是，这些图形甚至可以小到只有紫外线的波长那么长，要知道，紫外线的波长只比原子直径大一点。这也就意味着，计算机中使用的一个微缩芯片可以容纳数十亿个晶体管。时至今日，晶体管的制造已经是一项大生意，甚至可以影响一个国家的宏观经济。全球最先进的晶体管制造工厂的造价高达数十亿美元。

从某种意义上说，可以将微芯片比喻为大城市的道路。电子沿着蚀刻过的电路恒定流动就像是汽车在道路上行进。而在晶体管里面也有调节道路车流量的信号灯，像红灯那样用来停止交通的电流信号是0，而像绿灯那样用来恢复交通的电流信号是1。

随着我们在芯片上蚀刻越来越多的晶体管，就像我们在成比例地缩小每个城市街区的占地面积，而每个城市街区的容量却没有减少，从而就达到了在同等面积下大大增加汽车和红绿灯数量的目标。需要注意的是，在一个特定街区内，你能把道路的密度压得多紧还是有上限的。毕竟，在城市街区变得越来越小之后，汽车最后都被挤到了人行道上。同理，如果硅层被压得过薄，晶体管就会直接短路。

因此，随着硅片组件的宽度被压缩到接近原子大小，海森伯不确定性原理就开始发挥作用了，电子的位置变得不再确定，从而导致电子逸出以及电路短路。此外，数量如此多的晶体管被封装在一个十分狭窄的区域之中，同时工作所产生的热量就足以使芯片熔化。

换句话说，所有时代都将成为历史，包括硅时代。一个新时代即将到来，那就是量子时代。

20世纪最著名的一位物理学家为量子时代的到来铺平了道路。

天才在行动

理查德·费曼这样的天才可谓空前绝后。世间已再无如理查德·费曼这样的物理学家了。

一方面，费曼是一个极具魅力的表演家，特别热衷于用自己过去的一些离谱故事和疯狂滑稽的动作来逗乐观众。其实，当费曼操着一口十分粗犷的口音，津津有味地讲述自己丰富多彩的生活故事时，他看起来就像个卡车司机。

费曼还为自己作为一名开锁和破解保险箱密码的专家而自豪，他在洛斯阿拉莫斯工作时甚至成功解锁了装有原子弹秘密的保险箱（并在这个过程中引发了巨大的警报）。他总是对新奇、古怪的体验特别感兴趣。有一次，他甚至把自己关在了一个高压氧舱里，只是因为想知道自己的意识是否可以成功离开身体，并从远处观察飘浮着的自己。他喜欢一天到晚地玩他的邦戈鼓。

故事讲到这里，可能人们几乎快忘记了，他曾在 1965 年获得诺贝尔物理学奖。他可能也是那一时代最伟大的物理学家之一，为电子与光子相互作用的复杂的相对论理论奠定了坚实基础。费曼创建的理论被称为量子电动力学（QED），能够精确到 100 亿分之一。因此，在所有已经进行的各种量子测量尝试之中，这个理论才是最成功的。其他物理学家总是会聚精会神地听着他说的每一句话，希望能够从费曼的言谈举止中吸收一些可能为自己赢得名声和荣耀的有用见解。

纳米技术的诞生

更为重要的是，费曼还是个有远见的人。

费曼意识到电脑的体积已经越做越小。所以，他问了自己一个终极问题，那就是：我们到底能把一台电脑做到多小？

费曼其实已经意识到，在未来，晶体管会越变越小，最终变成只有原子大小。实际上，费曼推测，物理学的下一个前沿可能就是制造原子机器。这种设想开创了一个不断发展壮大的领域——我们称之为纳米技术。

在量子力学框架下，原子大小的镊子、锤子和扳手面临着哪些限制？在原子大小的晶体管上进行计算的计算机所面临的最终限制是什么？

费曼很早就意识到，在原子领域，新的奇妙发明将成为可能。一直以来我们在宏观尺度上惯例使用的物理定律，在原子尺度上将不起作用，所以我们必须向全新的可能性敞开心扉。1959 年，在加州理工学院举办的美国物理学会上，费曼发表了题为“底部有足够的空间”（There’s Plenty of Room at the Bottom）的演讲，首次系统地表达了他在这方面的观点，从而推动了一门崭新学科的诞生。

在这篇具有开创性的演讲当中，费曼问道：“为什么我们不能把百科全书的全部 24 卷都写在针尖儿上呢？”

他指出达成这一目标的基础路径并不复杂：制造出一台可以“按照我们想要的方式排列原子”的微型机器。我们只要把在车间里使用的任何工具都缩小到基本粒子的大小就可以了。大自然一直都在成功地操纵着各种原子，为什么人类就不能呢？

于是，费曼对自己在量子计算机方面的认知做了一个总结，他说道：“大自然根本就不遵循所谓的经典物理学，所以如果我们想要模拟大自然，那么我们最好把这个理论建立在量子力学的基础上。”

这是一个深刻的观察。经典的数字计算机，无论多么强大，都无法成功地模拟量子过程。（IBM 副总裁鲍勃·苏托尔经常喜欢做一个这样的比较：经典计算机要一比一地模拟重建一个哪怕非常简单的分子，比如咖啡因，至少需要 10^{48} 位信息。这个巨大的数字是组成地球的原子数量的 10%。因此，经典计算机甚至无法成功模拟出哪怕一个简单分子。）

在演讲中，费曼还介绍了许多令人吃惊的想法。他提出了一个小到可以漂浮在你的血液中并解决病理问题的医疗机器人。费曼称之为“吞噬性外科医生”。它的功能就像白细胞一样，在体内漫游，寻找可以消灭的细菌和病毒。它还可以在你体内循环的同时进行手术。因此，医学将直接在体内进行，而不再从体外进行。因为手术是从内部进行的，所以就不必切开皮肤，也无须担心疼痛和感染。

他在愿景当中提出的一些想法颇具预言性，甚至声称，在未来的某一天，我们完全有可能发明一种超级显微镜来“观察”原子。（实际上，在费曼做出这一预测的几十年后的 1981 年，这种仪器就真的以扫描隧道显微镜的形式被发明了。）

他的愿景充满了奇思妙想，以至于超出所有人的认知，导致他的演讲在此后的几十年里一直被人们所忽视。这真是太可惜了，因为费曼远远领先于他所处的时代。然而，时至今日，许多当初看来天马行空的预言都已经成为现实。

费曼甚至建立了两个奖项，向任何能够完成以下两个发明挑战之一的人提供 1 000 美元的奖金：第一个挑战是将一页书缩小，小到只能用电子显微镜才可以看到；第二个挑战是制造一台可以放入 1/64 英寸[①]立方体空间的微型电动机。（后来有两位发明者赢得了这两项大奖，尽管他们可能并没能精准地达到挑战的要求。）

随着石墨烯等纳米材料的发现，费曼的另一个预测也成为可能，因为石墨烯是由厚度仅为一个原子的碳片组成的，非常薄。石墨烯是由两位在英国曼彻斯特工作的俄罗斯科学家安德烈·海姆和康斯坦丁·诺沃肖洛夫发现的，他们注意到用苏格兰胶带可以剥离出一层薄薄的石墨。通过反复进行这种剥离，他们最终发现可以实现成功剥离出只有一个原子那么薄的单层碳。由于这一原理简单但具有非凡突破性的贡献，他们荣获了 2010 年的诺贝尔奖。而由于碳原子紧密地排列在对称的阵列中，所以石墨烯是科学界已知的最坚固的物质之一，比钻石还要坚固。因此，单层石墨烯非常坚固，以至于如果你在铅笔末端放一头大象，再把铅笔放在一层石墨烯上，它都不会出现任何断裂。

---

① 1 英寸等于 2.54 厘米。——译者注

虽然少量的石墨烯很容易制造，但大规模制造纯石墨烯却极其困难。然而，原则上，纯石墨烯足够坚固，坚固到可以用它来建造一座薄到肉眼看不见的摩天大楼或桥梁。石墨烯的长纤维也可以非常坚固，坚固到可以支撑一个只需按下按钮就可以将你带到太空的太空电梯，就好像一个直接可以通往天堂的电梯一样。（太空电梯将悬挂在石墨烯电缆上，石墨烯电缆上挂着太空电梯就好像在绳子上挂着一个旋转球，永远不会掉下来，因为它们会因地球自转而绕地球旋转。）此外，石墨烯还可以导电，甚至可以制成世界上最小的晶体管。

费曼还注意到了量子计算机可能取得的巨大进步，以及量子计算机可能拥有的超强计算能力。早些年以前，我们已经看到，如果为量子计算机添加一个量子位，那么它的计算能力就可以翻倍。因此，一台由 300 个原子组成的量子计算机，其功率将达到仅有一个量子位的量子计算机的 2^{300} 倍。

费曼的路径积分理论

费曼的另一项成就直接改变了物理学的发展进程。他找到了一种惊人的新方法，重新阐述了整个量子力学理论。

这一切都始于他上高中的时候，那时他喜欢计算和解谜。费曼的一个标志性特点就是，他可以用好几种不同的方法快速计算各种谜题的答案。如果他被困在了一个解题思路上，他很快就知道要通过另一种方法来解决问题。他曾经说道，每个物理学家的目标都应该是“尽快证明自己在这条路径上是错误的”。换句话说，就是放下你的骄傲，承认你所选的路径可能就是一条死胡同，尽快证明这一点，然后重新选择一条有可能是正确的路径。

（作为一名研究型物理学家，我常常想起费曼的话。总有那么一些时候，物理学家可能不得不承认，他们最喜欢的想法可能是错误的，他们确实应该迅速证明然后尝试另外一种新方法。)

因为年轻的费曼在科学方面总是在班上名列前茅，所以他的高中老师总是会提出一些看上去更为聪明的方法来引导他，这样他才不会感到无聊。实际上，老师会用一些有趣但深刻的物理课程向费曼发起挑战。

一天，他的老师向他介绍了“最小作用量原理”，该原理提出应当对所有经典物理学进行颠覆性重构。老师指出，如果一个球从山上滚下来，它有无限多种可能的滚动路径，但实际上它最终只会通过一条路径滚下来。那么我们通过什么方法能预测这个球到底会通过哪条路径滚下来呢?

300 年前，牛顿认为自己解决了这个问题。牛顿的方法是：首先计算一瞬间作用在这个球上的合力，然后用方程就可以判断出下一个瞬间这个球滚动的方向，之后重复这个过程，最后通过将所有这些连续的瞬间一微秒接一微秒地连在一起，就可以成功追溯出这个球的整个轨迹。即使在 300 年后的今天，物理学家仍然会通过这样的方法来预测恒星、行星、火箭、炮弹和棒球的运动轨迹。这是牛顿物理学的基础。几乎所有的经典物理学都建立在这个方法论的基础上。把所有这些增量运动加总起来的数学方法叫作微积分，这也是牛顿发明的。

但费曼的老师给他介绍了一种新方法来看待这个问题。他说其实可以画出球可能走的所有路径，无论这个路径有多么奇怪。其中一些路径当然可能会非常荒谬，比如绕月球或火星一圈，有些路径甚至可能会通向宇宙的尽头。然后，基于每条可能的路径，去计算到底是什么导致了这样的作用量（作用量类似于系统中的能量，它是动能与势能的差）。最后，球的最终路径将是作用量最小的那条路径。换句话说，不管是出于什么原因，球总是能够事先“发现”可以选择的所有可能路径，哪怕是相当疯狂的那些路径，最后“决定”走那条作用量最小的路径。

用这种方法进行计算，我们得到的答案和牛顿理论之下计算得到的答案是完全一样的。费曼感到很惊讶。在这个简单的演示中，我们可以在不使用复杂微分方程的情况下，总结出牛顿物理学的全部——所要做的就是找到一条作用量最小的路径。这让费曼感到很高兴，因为现在他有两种等效的方法来求解所有经典力学问题。

换言之，在传统牛顿理论的方法中，球的路径取决于，在某一个精确的空间和时间点上，作用在球上的合力。无论是其他空间还是其他时间点上产生的任何力，根本不会影响当下球的路径选择。但在新的方法中，球突然可以“发现”所有可供自己选择的路径，并可以自行“决定”选择一条作用量最小的路径。那么问题来了：球怎么“知道”如何分析这数十亿条路径，并从中选择那条正确的路径呢？

（例如，关于“一个球为什么会掉到地板上”这个问题，按照牛顿的解释，这是因为地心引力一微秒接一微秒地将球拉向地面。另一种解释是，球不知道出于什么原因可以“发现”所有可以选择的路径，然后经过分析最终“决定”走那条作用量最小的路径，而这条路径就是直着往下掉。）

很多年之后，费曼完成了让他获得诺贝尔奖的实验工作，他回到了高中时代就思考和接触过的新方法。“最小作用量原理”同样适用于经典牛顿物理学。那么为什么不干脆把这个如此与众不同的结果推广到量子理论中呢？

路径上的量子之和

费曼意识到，在量子计算机中，这种解决问题的思路将会产生超强的计算能力。我们首先可以想象一下走迷宫。如果我们把一只经典物理学老鼠放在迷宫里，老鼠就会不厌其烦地依次去尝试各种可能的路径，一条接着一条，这个过程当然是非常漫长的。但是如果我们把一只量子物理学老鼠放在迷宫里，它可以同时“发现”所有可能的路径。如果我们把这一原理应用于量子计算机，那么其计算能力当然会成倍地增加（见图 4.1）。

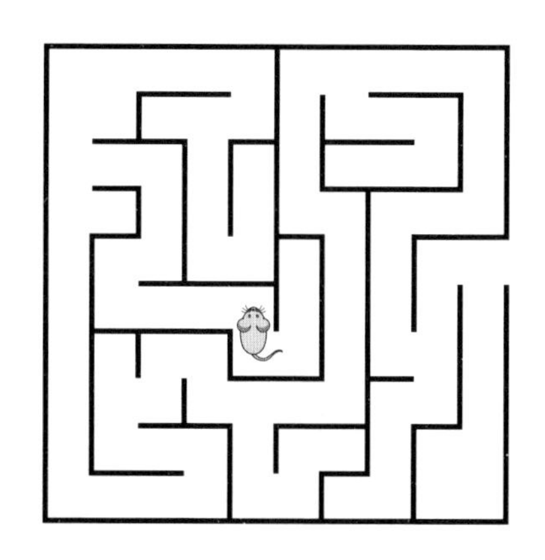

图 4.1 路径求和

注：迷宫中的经典老鼠必须在每个关键节点决定要转向哪条路，一次只能做一个决定。然而，在某种意义上，迷宫中的量子老鼠却可以同时分析所有可能的路径。这就是量子计算机比普通经典计算机的计算能力强数倍的原因之一。

因此，费曼根据“最小作用量原理”改写了量子理论。根据这种观点，亚原子粒子能够“发现”所有可能的路径。在每条路径上，他都加上一个与作用量和普朗克常数有关的因子，然后总结或者综合所有可能路径。这种方法现在被称为“路径积分”，因为我们要将目标对象可能采用的所有路径相加。

更令费曼震惊的是，他发现自己可以推导出薛定谔方程。事实上，费曼发现他可以用这个简单的原理来概括所有的量子物理学。因此，在薛定谔魔术般地为量子物理学引入波动方程的几十年后，费曼利用自己发明的路径积分方法统一解释了整个量子力学，其中也包括薛定谔方程。

通常，当我向物理学博士生教授量子力学时，我往往会从薛定谔方程讲起，就好像它是凭空冒出来的，或者说是从魔术师的帽子里变出来的。当学生问我这个方程从何而来时，我只是耸耸肩说，这个方程就是凭空变出来的。但到课程进行到后半段，当我们终于开始讨论路径积分的时候，我就会向学生解释，所有的量子理论都可以使用费曼路径积分来重新表述，通过对所有可能路径的作用量进行求和，无论这些路径看上去有多疯狂。

我不仅会在专业工作中使用费曼路径积分，有时在家里穿过房间时也会随时想到它。比如，当我在地毯上走动时，我会有一种奇怪的、诡异的感觉，因为我知道许多我的分身也走在同一块地毯上，而且每个分身都认为自己是唯一一个穿过房间的人。其中一些分身甚至曾经往返于火星。

作为一名物理学家，我的工作是钻研薛定谔方程的相对论版本，也被称为"量子场论"，即研究高能亚原子粒子的量子理论。当我用量子场论进行计算的时候，我做的第一件事就是跟随费曼，首先从作用量开始，然后去计算所有可能路径，最后得到运动方程。因此，在某种意义上，费曼的路径积分方法已经成功适用于所有量子场论。

同时，这种看上去有些形式主义的理论不仅停留在理论层面，它对地球上的生命也产生了深刻影响。我们早些时候认为，量子计算机必须保持在接近绝对零度的条件下。但是大自然母亲明明可以在室温下完成奇妙的量子反应（比如光合作用，以及固氮作用）。在经典物理学中，室温下有太多干扰和原子的碰撞，以至于在这些条件下许多化学过程都不可能发生。换句话说，光合作用违反了牛顿定律。

那么，大自然是如何解决量子计算机中最困难的“退相干”问题，从而在室温下实现光合作用的呢？

答案是：通过对所有路径求和。正如费曼所展示的那样，电子可以“发现”所有可能的路径来完成它们看上去有些神奇的工作。换句话说，光合作用以及生命本身，都可以是费曼路径积分方法的副产品。

量子图灵机

1981 年，费曼强调，只有量子计算机才能真正模拟量子过程。但费曼却没有详细说明我们应该如何建造一台量子计算机。下一个在该领域举起火炬的人是牛津大学的大卫·多伊奇。多伊奇的成就其实很多，其中一个成就是他回答了这样一个问题：我们能把量子力学应用于图灵机吗？费曼暗示过这个问题，但从未写下量子图灵机的方程。多伊奇则完成了解决这个问题的所有细节，他甚至设计了一种算法，可以在这种假想的量子图灵机上运行。

正如我们所看到的，图灵机是一种基于处理器的简单经典设备，它可以将无限长数字带上的数字转换为另一个数字，从而执行一系列数学运算。图灵机的美妙之处在于，它以简单紧凑的形式总结了数字计算机的所有特性，让数学家可以通过它完成各种严格的研究。下一步就是将量子理论添加到图灵的发明之中，这将使科学家能够以严谨的方式研究量子计算机的奇异特性。多伊奇认为，在量子图灵机中，可以用量子位取代经典位。这引入了几个重要变化。

首先，图灵机的基本操作（例如，用 1 代替 0，反之亦然，通过向前或向后移动数字带来完成计算）大致保持不变。但比特却被彻底改变了，不再是 0 或者 1。事实上，我们可以利用量子奇异的叠加特性（可以同时处于两种完全不同状态的能力）来创建一个量子位，量子位可以假设为 0 到 1 之间的值。因为量子图灵机中的所有量子位都是纠缠的，一个量子位发生的事情可能将影响远处的其他量子位。最后，如果我们想要在计算结束时得到一个确切的数字，那么就必须“坍缩波”，这样量子位就能再次反馈给我们一个 0 或 1 的集合。通过这种方式，我们就可以从量子计算机中提取实数和答案。

就像图灵通过引入图灵机的精确规则使数字计算机领域变得严谨一样，多伊奇也使量子计算机的基础变得更为严谨。通过从本质上分离量子位的操作，他帮助实现了量子计算机工作的标准化。

平行宇宙

多伊奇不仅因发展量子计算机的概念而闻名遐迩，他还回答了与量子计算机相关的许多深刻的哲学问题。在通常的哥本哈根诠释中，我们必须进行观测才能最终确定电子的位置。在进行观测之前，电子可能处于几个模糊状态的混合状态。但当我们对电子的状态进行观测时，波函数就会神奇地坍缩为一种确定的物理状态。这也是能够从量子计算机中提取数字答案的方法。

但在过去的一个世纪里，这种“坍缩”一直困扰着量子物理学家。虽然这种让波坍缩的过程看起来是如此陌生、做作和过度人为干预，但这是让人类从量子世界过渡到宏观世界的关键和必由之路。为什么当我们决定观测电子的时候，它才会突然地坍缩？坍缩确实是连接微观世界和宏观世界的桥梁，但它也是一座有着巨大哲学漏洞的桥梁。

尽管如此，它仍然是有效的。没有人能否认这一点。

但令许多科学家感到不安的是，我们对世界的所有认知都建立在不确定性的基础上，就像随时可能会被风吹走的流沙那样让人不安。在过去的几十年里，已经有许多人提出了许多建议来试图澄清哲学层面的相关问题。

在这些建议中，最离谱的也许要数 1956 年研究生休·埃弗里特提出的建议。我们之前已经阐明，量子理论大致可以概括为四大原理。最后一个便是症结所在。我们通过坍缩波函数来决定系统究竟处于什么状态。埃弗里特的提议大胆而有争议，他的理论认为：只要去掉最后一条，即波“坍缩”，那么它根本就不会坍缩。每一种可能的解决方案都继续存在于其自身的现实之中，正如众所周知的理论，产生了“多世界”。

就像一条河流分成许多较小的支流一样，电子的各种波不间断地、愉快地传播着，经历着一次又一次的分裂和重新传播，永不停歇地分支到其他宇宙当中。换句话说，产生的这些无限多的平行宇宙，并没有一个会坍缩。这个多元宇宙的每一个分支看起来都是真实的，它们代表了所有可能的量子态。

因此，微观世界和宏观世界遵循相同的方程式，因为不再有坍缩，也不再有“墙”将微观世界与宏观世界隔开。

例如，我们可以想想海浪。在海浪的内部，它实际上由数千个较小的波浪组成。哥本哈根诠释意味着只选择其中一个较小的波浪，然后忽略其他的。但埃弗里特的解释却说，我们应该让所有的波浪都存在。然后，波浪将继续分支出更小的波浪，而这些波浪又分支出更多更小的波浪。

这个想法很简单。你永远不必担心海浪坍缩，因为它们从来不会坍缩。所以这个公式比标准的哥本哈根诠释更加简洁。它更为清晰、优雅，而且非常简单。

多世界

然而，埃弗里特和多伊奇的理论挑战了存在的本质。多世界理论颠覆了我们对存在本身的认知。这一后果令人震惊。

例如，想想你一生中不得不做出关键决定的所有时候，比如申请什么工作、与谁结婚、是否要孩子，一个人可能会在一个懒散的下午花上几个小时的时间去思考所有可能发生的情况。而多世界理论则认为，总是至少存在一个平行宇宙，里面有一个你自己的副本，过着完全不同的生活。在一个宇宙中，你可能是一个亿万富翁，正在考虑你下一次登上头条新闻的冒险。在另一个宇宙里，你可能是一个穷人，想知道自己的下一顿饭从哪里来。或者，你可能生活在两者之间，从事着一份枯燥乏味的工作，收入微薄而稳定，但没有未来。在每个宇宙中，你都坚持认为只有自己所在的那个宇宙才是真实的，而其他的宇宙都是虚假的。现在换位到量子水平上展开一下想象，就不难发现，每一个单独原子的活动，都会将宇宙分裂成多个宇宙。

在罗伯特·弗罗斯特的诗《未走之路》[①]中，他写到了每个人在白日梦中都想过的事情。我们特别想知道的是，在我们必须做出关键选择的时候，将会发生什么。这些重大决定可能会影响我们以后的生活。他写道：

金色的树林中有两条岔路，
可惜我不能沿着两条路行走；
我久久地站在那分岔的地方，

① 相关译文摘自《未走之路：弗罗斯特诗选》（弗罗斯特著，曹明伦译，人民文学出版社 2016 年版）。——译者注

极目眺望其中一条路的尽头，

直到它转弯，消失在树林深处。

他在诗的结尾总结道，这个决定对这个人的一生都将产生史诗般的影响，少有人走的那条路会成为人生的一个转折点。他写道：

我将会一边叹息一边叙说，

在某个地方，在很久很久以后：

曾有两条小路在树林中分手，

我选了一条人迹稀少的行走，

结果后来的一切都截然不同。

多世界理论不仅影响你的生活，也会影响整个世界。根据菲利普·迪克的小说改编的电视剧《高堡奇人》中，宇宙被一分为二。在一个宇宙中，一名刺客试图杀死富兰克林·D. 罗斯福，但他的枪走火了，罗斯福在第二次世界大战期间带领盟军取得了胜利。但在另一个宇宙中，枪没有走火，总统被杀了。一个软弱的副总统上台，美国战败。纳粹占领了美国东海岸，而日本帝国军队占领了西海岸。

将这些截然不同的宇宙区分开来的是一颗子弹产生的干扰。但子弹之所以会走火，是因为其化学推进剂中存在微小的缺陷，可能是由炸药分子结构中的量子缺陷引起的。因此，一个量子事件完全有可能会分裂出两个宇宙。

不幸的是，埃弗里特的想法是如此激进，如此离经叛道，以至于几十年来一直被物理学家忽视。[1] 直到最近，随着物理学家重新研究他的成果，这些想法才又重回人们的视线。

埃弗里特的多世界

休·埃弗里特三世 1930 年出身于一个军人家庭。在父母离婚后，他由父亲抚养长大，他的父亲在第二次世界大战期间是总参谋部的一名中校。战争结束后，他的父亲驻扎在联邦德国，休加入了父亲的队伍。

休在很小的时候，就表现出对物理学的兴趣。他甚至给爱因斯坦写了一封信，爱因斯坦对他提出的一个长期存在的哲学问题做了如下答复：

亲爱的休：

世上没有不可抗拒的力量和不可移动的身体。但似乎有一个非常固执的男孩，他成功克服了自己为此目的而制造的奇怪困难，取得了胜利。

A. 爱因斯坦 谨上

在普林斯顿大学，他最终还是选择了追求他所热爱的科学，主要集中在两个领域。首先，科学如何影响军事事务。例如，如何使用博弈论来理解战争。其次，试图理解量子力学的悖论。他的博士生导师是约翰·阿奇博尔德·惠勒，也是理查德·费曼的导师。惠勒是物理学界杰出的元老之一，曾与玻尔和爱因斯坦共事。

埃弗里特对量子力学的传统哥本哈根诠释感到不满，在哥本哈根诠释中，波函数神秘地坍缩并决定了我们所生活的宏观世界的状态。

埃弗里特的解决方案是激进的，但也是简单优雅的。惠勒立刻意识到学生作品的重要性，但他也是一个现实主义者。他知道这个理论会被当权派彻底驳倒。因此，惠勒曾多次要求埃弗里特更委婉地阐述这一理论，使其看起来不那么离谱。埃弗里特一点儿也不喜欢这样，但碍于自己当时还只是一名研究生，于是只好同意了这些修改。惠勒有时会试图与其他著名物理学家讨论他学生的理论，但通常都受到冷遇。

1959 年，惠勒甚至安排埃弗里特在哥本哈根会见尼尔斯·玻尔本人。这是惠勒最后一次尝试为他学生的工作赢得一些认可。但埃弗里特就像一只进入狮子窝的羔羊，这次会议看上去就是一场灾难。当时在场的比利时物理学家莱昂·罗森菲尔德表示，埃弗里特“愚蠢得无法形容，甚至无法理解量子力学中最简单的东西”[2]。

埃弗里特后来回忆说，这次会议“从一开始就注定要失败”。即使是曾试图让埃弗里特的理论在顶尖物理学家中得到公平听证的惠勒，最终也放弃了这一理论，称其是一个“沉重的包袱”。

由于受到物理学界所有大腕的反对，从事理论物理学的工作变得极不可能，所以埃弗里特回到了军事研究领域，并在五角大楼的武器系统评估小组找到了一份工作。在那里，他对民兵导弹、核战争和放射性沉降物，以及博弈论的军事应用等进行了绝密研究。

平行宇宙的重生

与此同时，在研究核战争的几年里，埃弗里特的想法开始慢慢渗透到物理学界。当物理学家试图将量子力学应用于整个宇宙时，即创建量子引力理论时，出现了一个问题。

在量子力学中，我们从一个描述电子如何同时处于多种平行状态的波开始。最后，观测者从外部进行测量，并使波函数坍缩。但当我们把这个过程应用于整个宇宙时，就会遇到一些关键问题。

爱因斯坦设想宇宙是一个正在膨胀的球体，我们生活在这个球体的表面。这被称为宇宙大爆炸理论。但如果我们将量子理论应用于整个宇宙，那么这意味着宇宙和电子一样，必须以许多平行状态存在。

因此，如果你试图将叠加应用于整个宇宙，那么你必然会得到平行宇宙，正如埃弗里特所预言的那样。换句话说，量子力学的出发点是电子可以同时处于两种状态。当我们将量子力学应用于整个宇宙时，这意味着宇宙也必须以平行状态存在，即在平行宇宙中量子力学才能成立。所以平行宇宙是必备条件。

因此，当你试图用量子物理学的术语描述整个宇宙时，平行宇宙必然会出现。现在我们有了平行宇宙，而不仅仅是平行电子。

但这就引出了下一个问题：我们能观测这些平行宇宙吗？为什么我们没有看到这个无限的平行宇宙集合？其中一些可能与我们所在的宇宙相似，而另一些也可能很奇怪、很荒谬。（我经常遇到的一个问题是：这是否意味着"猫王"埃尔维斯仍然生活在另一个宇宙中？现代科学就会回答：也许是的。）

客厅里的平行宇宙

诺贝尔奖获得者史蒂文·温伯格曾向我解释如何在你的头脑中真的认可多世界理论，从而保证你的思维不爆炸。想象一下，他说，你安静地坐在客厅里，空气中充满了来自世界各地各个电台的无线电波。原则上，你的客厅里有数百个来自各种电台的信号。但是你的收音机只调到一个频率，它只能接收一个电台的信号，因为你不再与其他电台同步振动。换句话说，你的收音机已经与客厅里的其他无线电波"脱钩"了。尽管你的客厅里到处都是不同广播电台的无线电波，但你听不到它们，因为你没有调到它们的频率，或者说没有与它们保持"相干"。

温伯格告诉我，现在用电子和原子的量子波代替无线电波。在你的客厅里，有平行宇宙的波，也就是恐龙、外星人、海盗、火山的波。然而，你不能再与它们互动了，因为你已经与它们脱钩了。你不再和恐龙的波一起振动了。这些平行宇宙不一定在外太空或其他维度。它们可能就在你的客厅里。因此，进入平行宇宙是可能的，但当你计算这种情况发生的概率时，你会发现你必须等待一个长达天文数字的时间才能发生。

在我们的宇宙中逝去的人可能还好好地活在一个平行的宇宙中，甚至这个平行宇宙可能就在我们的客厅里。但我们几乎不可能与他们互动，因为我们不再与他们保持“相干”。所以埃尔维斯可能还活着，只是生活在让他大放异彩的另一个平行宇宙。

人类进入这些平行宇宙的可能性几乎为零。那么关键词就变成了“接近”。在量子力学中，一切都被简化为概率。例如，对于博士生而言，我们有时会让他们计算第二天在火星上醒来的概率。使用经典物理学，答案是永远不会，因为我们无法逃脱让我们扎根于地球的地心引力。但在量子世界里，你可以计算出你“穿越”地心引力屏障并在火星上醒来的概率。（当你真正进行计算时，你会发现你必须等待比宇宙的寿命更长的时间才能实现这一点，所以，最大的可能性仍然是你明天躺在床上醒来。）

大卫·多伊奇认真对待这些令人难以置信的概念。他问道，为什么量子计算机如此强大？因为电子在平行宇宙中同时计算。它们通过纠缠相互作用并相互干扰。因此，它们可以快速超越只在一个宇宙中计算的传统计算机。

为了证明这一点，多伊奇拿出了一个放在办公室里的便携式激光实验装置。它只是由一张有两个孔的纸组成。他用激光束穿过两个孔，在另一边发现了一个美丽的干涉图样。这是因为波同时穿过了两个孔，并在另一侧与自身发生干涉，从而产生干涉图样。

这并不是什么新鲜事。

但现在，他说，逐渐将激光束的强度降低到几乎为零。最终，你看到的就不是波阵面了，只有一个光子穿过两个洞。但是，一个光子怎么能同时穿过两个洞呢？

在通常的哥本哈根诠释中，在你观测光子之前，它实际上是两个波的总和，每个洞一个波。在你观测之前，隔离单个光子是没有意义的。一旦观测了它，你就知道它究竟穿过了哪个洞。

埃弗里特不喜欢这张照片，因为这意味着你永远无法回答这个问题：在我们测量光子之前，光子进入了哪个洞？现在将其应用于电子。在埃弗里特的多世界理论中，电子是一个点粒子，它确实只穿过了一个洞，但在平行宇宙中还有另一个孪生电子穿过了另一个洞。这两个电子在两个不同的宇宙中，然后通过纠缠相互作用，改变电子的轨迹，从而形成了干涉图样。

总之，单个光子只能通过一个狭缝，但它仍然可以产生干涉图样，因为光子可以与在平行宇宙中移动的对应光子相互作用。

（值得注意的是，物理学家直至今日还在争论对波函数坍缩的各种解释。但今天，不仅是物理学家，就连小学生都被这个想法所吸引，因为他们最喜欢的漫画书中的许多超级英雄都生活在多宇宙之中。当他们最喜欢的超级英雄陷入困境时，有时他们在平行宇宙中的同伴会出手相救。因此，量子物理学已经成为一个热门话题，甚至对孩子来说也是如此。）

量子理论综述

现在让我们总结一下使量子计算机成为可能的量子理论的所有奇

异特征。

一是叠加。在观察一个对象之前，它存在于许多可能的状态中。所以一个电子可以同时在两个地方。这大大增加了计算机的功能，因为你有更多的状态可以计算。

二是纠缠。当两个粒子是相干的并且你将它们分开时，它们仍然可以相互影响。这种互动立即发生。这使得原子即使在分离的情况下也能够相互通信。这意味着，随着可以相互作用的量子位越来越多，量子计算机的能力呈指数级增长，远远快于普通计算机。

三是路径求和。当粒子在两个点之间移动时，它会对连接这两个点的所有可能路径求和。最有可能的路径是经典的非量子路径，但所有这些其他路径也会对粒子的最终量子路径产生影响。这意味着，即使是可能性极低的路径也可能成为现实。也许正是因为这种影响，创造生命的分子的路径才成为现实，使生命成为可能。

四是隧穿效应。当面对一个大的能垒时，通常粒子无法穿透它。但在量子力学中，有一个很小但有限的概率，你可以“隧穿”或穿透它。这可能就是为什么即使没有大量的能量，生命的复杂化学反应也可以在室温下进行（见图 4.2）。

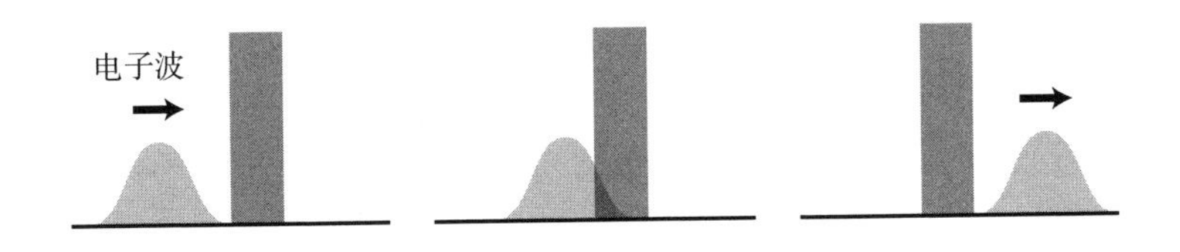

图 4.2 量子隧穿效应

注：通常情况下，一个人不能穿过砖墙。但在量子力学中，有一个很小但有限的可能性，你可以“隧穿”过它。在亚原子世界中，隧穿是常见的，可以解释使生命成为可能的奇异化学反应是如何发生的。

肖尔的突破

直到 20 世纪 90 年代，量子计算机在很大程度上仍然是理论家的玩具。它们存在于一小部分才华横溢的科学家、真正的信徒和学者的脑海中。

但 20 世纪 90 年代初，彼得·肖尔在 AT&T（美国国际电话电报公司）的工作改变了一切。量子计算机不再是在饮水机旁边随意谈论的一件小事，而突然成为被列入各国政府主要议程的要事。以前安全分析师可能不需要具备物理学背景，但现在他们已经被要求破解量子理论的奥秘了。

每个看过詹姆斯·邦德电影的人都知道，这个世界上有这么多相互竞争甚至敌对的国家利益，到处都是间谍和暗号。这可能是好莱坞的夸大其词，但这些安全机构的“皇冠上的明珠”是它们用来保护最有价值的国家机密的密码。我们记得，图灵成功破解纳粹“恩尼格玛”密码机是一个历史性的转折点，帮助缩短了战争的时间，改变了人类历史的进程。

到那时为止，量子计算机的工作是高度推测性的，是最深奥的电气工程师的领域。但肖尔表明，量子计算机有可能破解目前使用的任何数字代码，从而危害世界经济，因为当通过互联网上发送数十亿美元时需要绝对保密。

秘密传输的主要代码被称为 RSA[①] 标准，它基于对一个非常大的数字进行分解。例如，从两个数字开始，每个数字的长度为 100 位。如果你把它们相乘，你可以得到一个接近 200 位的数字。两个数字相

① RSA 是一种非对称加密算法，由三位科学家共同提出并以其名字命名。——译者注

乘是一项容易的任务。

但是，如果有人给你这个 200 位的数字，并让你对它进行因式分解（找到两个相乘的数字），那么用数字计算机可能需要几个世纪或更长的时间。这被称为陷门函数。在一个方向上，当两个数字相乘时，陷门函数是微不足道的。但在另一个方向上，这是非常困难的。经典计算机和量子计算机都可以对一个大数进行因式分解。事实上，经典计算机原则上能够计算量子计算机可以计算的任何东西，反之亦然，但如果数据过于复杂，经典计算机就会不堪重负。

量子计算机的主要优点是节省时间。尽管经典计算机和量子计算机都可以执行某些任务，但经典计算机破解一个难题所需的时间可能会使其完全不切实际。

经典计算机对一个大数进行分解所需的时间太长了，这使得破解秘密变得不切实际。但量子计算机可以在一段给定的时间后破解代码，虽然时间仍然很长，但也许已经足够短了，可以实际使用。

因此，当黑客试图侵入你的电脑时，电脑会要求他们对一个数字进行分解，可能是 200 位数字。考虑到这个过程预估需要的时间，黑客可能会直接放弃。但是，如果你想让特定的收件人读取信息，你所需要做的就是事先给他们两个较小的数字。然后，他们就可以轻松地解锁保护消息的计算机程序。

RSA 算法目前看起来是安全的，但未来可能会使用量子计算机来分解这个 200 位的数字。

为了了解它是如何工作的，我们先研究一下肖尔的算法。几个世纪以来，数学家设计了算法来帮助他们将一个数字分解为素数，即其因数只有 1 和它本身的数。例如，$16 = 2 \times 2 \times 2 \times 2$，因为 2 只能被它自身和 1 整除。

肖尔的算法从这些经典数学家已知的分解任意数的标准技术开

始。然后，在这个过程接近尾声时，进行所谓的傅立叶变换。这涉及对一个复数因子求和，因此计算正常进行。但在量子的情况下，我们必须对更多的状态求和，所以必须进行量子傅立叶变换。最终结果表明，因为有更多的状态用于计算，所以计算可以在创纪录的时间内完成。

换言之，经典计算机和量子计算机都以大致相同的方式进行因子分解，只是量子计算机同时有许多状态用于计算，大大加快了这一过程。

设 N 为我们希望进行因子分解的数字。对于一台普通的数字计算机来说，分解一个数字所需的时间呈指数级增长，比如 $t\sim e^N$，再乘以一些不重要的因素。因此，计算时间可以迅速上升到天文数字，堪比宇宙的年龄。这使得尽管对大数进行因式分解是可能的，但在传统计算机上进行计算非常不切实际。

但是，如果我们使用量子计算机进行同样的计算，因式分解的时间只会像 $t\sim N^n$ 一样增长，即像多项式一样增长，因为量子计算机比数字计算机快得多。

击败肖尔的算法

一旦情报界充分意识到这一突破的影响，就开始采取措施应对。

首先，为美国政府制定技术标准的美国国家标准与技术研究院发表了一份关于量子计算机的声明，称量子计算机的真正威胁还有几年的时间。但现在是应该考虑它们的时候了。在未来，一旦量子计算机开始破解你的密码，立即改造整个行业可能为时已晚。

接下来，它提出了一个简单的措施，公司可以采取该措施来部分应对这一威胁。处理肖尔的算法的最简单方法就是增加需要分解的数字。最终，量子计算机可能仍然能够破解修改后的RSA代码，但这将增加黑客破解代码的时间，并可能使成本高得令人望而却步。

但解决这个问题最直接的方法是设计更复杂的陷门函数。RSA算法太简单了，无法阻止量子计算机，因此美国国家标准与技术研究院的备忘录提到了几种比原始RSA代码更复杂的新算法。然而，这些新的陷门函数并不容易实现。它们能否阻止量子计算机还有待观察。

政府敦促企业和机构采取措施，以应对这场数字灾难。在美国，美国国家标准与技术研究院发布了指导方针，说明应该如何为应对这一新的国家安全威胁奠定基础。

但如果情况更糟，政府和大型机构可能会采取最后的手段，即使用量子密码学来击败量子计算机，也就是说，利用量子的力量来对抗它自己。

激光互联网

未来，绝密信息可能会通过激光束而不是电缆在一个独立的互联网信道上发送。激光束是偏振的，这意味着波只在一个平面上振动。当罪犯试图窃听激光束时，就会改变激光的偏振方向，监视器会立即检测到这种变化。通过这种方式，根据量子理论的定律，你就知道有人窃听了你的通信。

因此，如果罪犯试图拦截传输，警钟必然会敲响。然而，确实需要一个基于激光的独立互联网来传输最重要的国家机密，但这将是一个昂贵的解决方案。

这可能意味着，在未来，互联网可能有两层：一些组织，如银行、大公司和政府，可能会支付额外费用在基于激光的互联网上发送信息，以保证安全；而其他人则会使用普通互联网，因为普通互联网没有这种额外的昂贵的保护措施。

这个安全问题也催生了一种名为量子密钥分发的新技术，该技术使用纠缠量子位传输加密密钥，因此人们可以立即检测到是否有人入侵了网络。日本东芝公司预测，到21世纪末，量子密钥分发技术的市场收入可能会高达30亿美元。

所以现在，这是一场等待游戏。许多人希望这种威胁被夸大了。但这并没有阻止世界领先的公司参与一场竞赛，看看哪种技术将主宰未来。

除了网络威胁，还有全新的世界有待量子计算机去征服，各公司都在争先恐后地利用这项令人兴奋的新兴技术抢占先机。

胜者也许能够塑造未来。

第五章

竞赛开始

硅谷的大人物现在正在押注到底哪家公司最终会赢得这场竞赛。其实现在谈论到底有可能是谁，确实为时过早，但这很关键，甚至直接关系世界经济的未来。

要了解这场竞赛是如何发展的，首先要认识到能够有效发挥作用的计算机体系结构不止一种。回想一下，图灵机就是在可应用于广泛技术的一般原理基础上产生的。因此，只要有管道和阀门，原则上就可以制造出一台数字计算机。其基本要素是形成一个可以携带一系列 0 和 1 的数字信息系统，以及处理这些信息的方法。

同样，量子计算机也可以有多种可能的设计。基本上，任何能够将 0 和 1 的状态叠加并纠缠在一起，并能够完成这些信息相关处理工作的量子系统，都可以被称为量子计算机。自旋向上或向下的电子和离子，以及顺时针或逆时针旋转的偏振光子，都可以达到这个目的。由于量子理论支配着宇宙中的所有物质和能量，因此构建量子计算机可能有数千种方法。只需要一个懒散的下午，物理学家就可以想出几十种方法来表示 0 和 1 的叠加，从而设计出一台全新款量子计算机。

那么，这些不同的设计具体是什么样子的，以及每种设计的优点和缺点是什么呢？正如我们所看到的，许多公司和政府都在这项技术上投资了数十亿美元，而且在持续投入，所以这些机构对量子计算机设计的选择可能会直接影响竞赛的最终结果。截至本书英文版出版之时，IBM 以 433 个量子位处于领先地位，但是这就像一场赛马一样，具体排名随时都可能发生变化（见表 5.1）。

表 5.1　全球领先的量子计算机

名称	制造商	量子位
Osprey 量子处理器	IBM	433
九章量子计算原型机	中国	76
Bristlecone 量子计算机	谷歌	72
Sycamore 量子处理器	谷歌	53
Tangle Lake 量子位测试芯片	英特尔	49

在本书英文版出版之际，IBM 发布了 433 量子位的 Osprey 量子处理器，并将于 2023 年部署 1 121 量子位的 Condor 量子计算机。IBM 高级副总裁兼研究部门负责人达里奥 · 吉尔表示："我们坚信自己能够在未来几年内证明量子技术的优势，这是一种具有实际价值的东西，这是我们的追求。"[1] 事实上，IBM 已经公开表示，其目标是最终制造出一台百万量子位的量子计算机。

那么，我们一起看一下目前业界领先的设计到底是如何运作的，这些设计之间的竞争具体又是什么样子的。

超导量子计算机

目前，超导量子计算机已经为计算能力设定了标准。早在 2019

年，谷歌拔得头筹，宣布其 Sycamore 超导量子计算机实现了量子霸权。

然而，IBM 也紧随其后，后来凭借其 Eagle 量子处理器遥遥领先，该处理器在 2021 年突破了 100 量子位大关，IBM 后续实现了 433 量子位的 Osprey 量子处理器的开发。

超导量子计算机有一个很大的优势：它们可以使用数字计算机行业开创的现成技术。硅谷的公司用了几十年的时间来突破在硅片上蚀刻微小电路的技术。在每个芯片中，可以通过电路中电子的存在或不存在来表示数字 0 和 1。

超导量子计算机也依赖于这项技术。通过将温度降至绝对零度以上的几分之一度，电路变成量子力学的，即它们变得相干，因此电子的叠加不再受干扰。然后，通过将各种电路连接在一起，可以将它们纠缠在一起，从而实现量子计算（见图 5.1）。

图 5.1 量子计算机

注：如图所示的量子计算机通常类似于一个大吊灯。这张照片中的大多数复杂硬件包括将核心冷却到接近绝对零度所需的管道和泵。量子计算机的实际“心脏”可能只有 1/4 那么小，位于图片的底部。

但这种方法的缺点是，需要一系列精心设计的管道和泵来冷却机器。这不仅增加了成本，而且增加了带来新的复杂性和错误的可能性。最轻微的振动或杂质都可能破坏电路的连贯性。甚至有人在附近打喷嚏也会破坏实验。

科学家通过“相干时间”来测量这种灵敏度，即原子在一起保持相干振动的时间长短。通常，温度越低，原子在环境中的运动就越慢，相干振动时间就越长。所以将机器冷却到比外太空更低的温度可以最大限度地延长相干时间。

然而，由于不可能真正达到绝对零度，所以在实际计算中产生误差也就不可避免。虽然普通的数字计算机无须担心温度问题，但对于量子计算机来说，温度确实是个大问题。这就意味着，你不能完全相信量子计算机的结果，因为它可能会产生偏差。而如果这个偏差影响的是一笔数十亿美元的交易，那么问题可能更严重。

解决这个问题的一个方案是，用一组量子位备份每个量子位，这会产生冗余并减少系统的错误。例如，假设一台量子计算机用三个量子位备份每个量子位进行计算，并产生一串数字 101，那么就意味着并不是所有的计算结果都是完全匹配的，中间的数字很可能是错误的，因为如果是对的，应该显示为 1 而不是 0。冗余的存在可以帮助我们减少最终结果中的误差，但代价是大大增加了系统中量子位的数量。

有人建议，可能需要 1 000 个量子位来备份一个量子位，这样就能实现对计算中可能出现错误的纠正。但这同时意味着，对于一台 1 000 量子位的量子计算机来说，需要 100 万个量子位来产生冗余。这是一个巨大的数字，会把这项技术推到极限的边缘，但根据谷歌的预估，在 10 年之内就可能实现对百万量子位处理器的研发。

离子阱量子计算机

另一个竞争者是离子阱量子计算机。当选取一个电中性的原子，剥离掉一些电子时，我们就会得到一个带正电的离子。一个离子可以悬浮在由一系列电场和磁场组成的阱之中，当引入多个离子之后，它们之间就会发生相干量子位振动。如果我们假设电子轴向上自旋，则状态为 0；如果向下自旋，则为 1。那么，由于量子世界的奇特叠加效应，最终结果往往是两种状态的叠加混合。

然后，用微波或者激光束击中这些离子，它们就会发生翻转或者改变状态。因此，这些激光束就像处理器一样，将原子从一种构型转换为另一种构型，就像数字计算机中的 CPU（中央处理器）在开启和关闭状态之间切换晶体管一样（见图 5.2）。

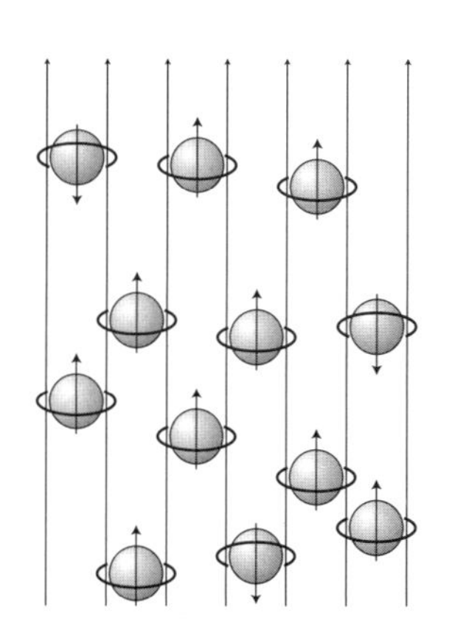

图 5.2 离子阱量子计算机

注：离子可以像陀螺一样旋转，并通过磁场排列。如果一个离子向上自旋，它可以表示数字 0；如果它向下自旋，它可以表示数字 1。但是离子也可以处于这两种状态的叠加状态。计算是通过用激光撞击离子来进行的，激光可以让离子发生自旋及翻转，实现 0 和 1 的转换，从而进行计算。

因此，这可能是观察量子计算机如何基于随机电子集合而完成计算的最直接方式。霍尼韦尔就是这种模式的主要支持者之一。

在离子阱量子计算机中，离子保持在接近真空的状态，悬浮在复杂的电场和磁场阵列中，可以完成随机移动。因此，相干时间可能比超导量子计算机长得多，而且离子阱量子计算机实际上可以在比竞争对手更高的温度下运行。然而，当你试图增加量子位的数量时，会出现一个问题，即可扩展性（scaling），扩展是相当困难的一件事，因为必须不断重新调整电场和磁场以保持相干性，所以这是一个相当复杂的过程。

光量子计算机

在谷歌宣布实现量子霸权后不久，中国宣布实现了一个更大的突破，在 200 秒内完成了一次数字计算机需要用 5 亿年时间才能完成的计算。

罗马萨皮恩扎大学的量子物理学家法比奥·夏里诺听到这个消息时回忆道："我的第一印象是，哇！"[2] 中国的量子计算机不是用电子来完成计算的，而是用激光束来完成计算的。

光量子计算机利用这样一个事实：光可以在不同的方向振动，即在偏振态下振动。例如，光束可能上下垂直振动，或者可能左右横向振动。（任何购买偏光镜片太阳镜的人都会利用这一点，以减少海滩上刺眼的阳光。例如，你的偏光镜可能在垂直方向上有一系列平行的凹槽，阻挡了在水平方向上振动的阳光。）因此，可以用在不同偏振方向上振动的光来表示数字 0 或 1。

光量子计算机首先以 45 度角向分束器发射激光束，分束器是一块精细抛光的玻璃。击中它后，激光束会一分为二，一半向前，另一半向侧面反射。其中很重要的一点是，这两个光束是相干的，彼此保持着一致的振动。

然后，两个相干光束撞击两个抛光的反射镜，反射镜将两个光束反射回一个公共点，在那里光子相互纠缠。通过这种方式，我们可以创建一个量子位。因此，产生的光束是两个纠缠光子的叠加。现在想象一下，一个由数百个分束器和反射镜组成的桌面，它们将一系列相干光子纠缠在一起，奠定了光量子计算机完成其奇迹般强大计算的基础。中国的光量子计算机能够通过在 100 个通道中移动的 76 个纠缠光子完成相关计算。

但光量子计算机有一个严重的缺点：它们是反射镜和分束器的笨拙集合，所以体积非常大。对于每一个计算任务，都需要人为将反射镜和分束器的复杂集合重新排列到不同的位置。它不是一台可以通过编程执行即时计算的通用机器。每次计算后，都需要人为将这台机器拆开，并精确地重新排列组件，这个过程是很耗时的。此外，由于光子不容易与其他光子相互作用，因此创建越来越复杂的量子位的空间在不断收窄。

然而，在量子计算机中使用光子而不是电子也有一些优点。电子与普通物质发生反应的程度相对更剧烈一些，因为它们是带电的（也因此更容易受到环境的干扰），但光子不带电，因此受到的环境干扰自然小得多。事实上，光束能够以最小的干扰直接穿过其他光束。光子也比电子快得多，光的传播速度是电信号的 10 倍。

此外，光量子计算机最大的优点就是，它在室温下就可以运行，这可能会成为其最终超过其他几种类型量子计算机的重要原因。光量子计算机不需要昂贵的泵和管道来将温度降至接近绝对零度，从而不会面临急剧增加的成本。

由于光量子计算机在室温下工作，相干时间很短。但激光束通常具有很高的能量，因此，与相干时间相比，计算完成的时间更快，从而让环境中的分子看起来就像是在做慢运动。这种技术也减少了与环境交互时可能产生错误的概率。从长远来看，较低的错误率和降低的成本这两大优势，将成为光量子计算机超过其他几款设计的核心优势。

近年，一家名为 Xanadu 的加拿大初创公司也推出了具有独特优势的光量子计算机。它基于一个微小的芯片（而不是桌面上的光学硬件），通过分束器的微观迷宫设计来操纵红外激光。与中国的光量子计算机的设计不同，Xanadu 开发的芯片是可编程的，其计算机可以在互联网上使用。然而，Xanadu 的光量子计算机只有 8 个量子位，并且仍然需要借助一些超导冷冻器的辅助。但是，正如 Xanadu 公司的扎卡里·弗农所说："很长一段时间以来，光量子计算机被认为在量子计算竞赛中处于劣势……但有了这些研发成果之后……很明显，这证实了光量子计算机并非处于劣势，反而是主要竞争者之一。"[3] 时间会证明一切的，让我们拭目以待。

硅光子计算机

最近，一家新公司加入竞争，并引起了相当大的争议。PsiQuantum 是一家全新的初创公司，它的硅光子计算机设计说服了投资者，并以惊人的 31 亿美元估值震惊整个华尔街。尽管它从理论上做到了这一点，但尚未成功制作出一台原型机或者演示机来证明这套理论确实有效。

硅光子计算机的最大优势在于，它们可以使用半导体行业已有的成熟技术方法。事实上，PsiQuantum 与全球三大最先进的芯片制造商之一 GlobalFoundries 公司建立了合作伙伴关系。与一家老牌高科技公司的合作，使这家年轻的初创公司立即获得了华尔街的认可。

PsiQuantum之所以引起如此多的媒体关注，一个原因是它为未来制订了迄今为止最雄心勃勃的计划。他们声称，到21世纪中叶，他们将制造出一台具有实际应用价值的百万量子位硅光子计算机。他们认为，竞争对手都在专注于制造约100个量子位的量子计算机，这过于保守，因为竞争对手只关心微小的、渐进的进步。他们希望绕过更谨慎和胆小的对手，在未来实现巨大的飞跃。

他们计划的关键之一是硅的双重性质。硅不仅可以用来制造晶体管，从而控制电子流，还可以用来传输光，因为它对某些频率的红外辐射是透明的。这种双重性质对纠缠光子至关重要。

硅光子计算机的一大卖点是它们可以解决纠错问题。由于与环境的相互作用，错误会渗透到任何计算中，因此需要通过创建冗余量子位在系统中构建冗余。如果有了100万个量子位，他们认为就足够控制误差，可以在计算机上进行真正的实际计算。

拓扑量子计算机

这场竞赛中的黑马是微软的设计，它使用了拓扑处理器。

正如我们所看到的，之前的几个设计面临的一个主要问题是温度必须保持在绝对零度附近。但根据量子理论，除了离子阱和光子系统，还有另一种方法可以在室温下完成量子计算机的创建。如果一个系统能够始终保持一定的特殊拓扑性质，它就可以在室温下保持稳定。我们可以想象一下，有一根圆形的绳子，我们在绳子上打了一个结。如果不允许剪断绳子，那么无论如何努力，这个结都是无法被解开的。绳子的拓扑结构（也就是形状，具体到绳子这个物体上表现的就是结）除了切割，任何操作都无法改变。同样，物理学家试图找到无论温度条件如何，都始终能够稳定保持系统拓扑结构的物理系统。

如果找到，它将大大降低量子计算机的成本，提高量子计算机的稳定性。有了这样一个系统，相干量子位可以从这些拓扑配置中产生。

2018 年，荷兰代尔夫特理工大学的物理学家宣布，他们发现了一种具有这些特性的材料——锑化铟纳米线。这种材料是由许多组成物质经过一系列复杂相互作用而产生的，因此是“涌现的”。它被称为马约拉纳零能模（Majorana zero mode）粒子。媒体将其吹捧为一种神奇的材料，称其即使在室温下也能保持稳定。微软甚至慷慨解囊，开始在高校里投建新的量子实验室。

正当人们以为取得了重大突破之际，另一个研究小组却宣称他们无法复制这一结果。后来经过仔细检查，代尔夫特理工大学的研究小组宣布，也许是他们仓促解释了结果，他们甚至撤回了论文。

可见这种研发的风险到底有多高，以至于连物理学家都开始相信新闻稿件了。然而，尽管如此，对于其他拓扑对象的相关研究仍在进行，比如：任意子（anyons）。因此，这种设计思路仍然被认为是行得通的。

D-Wave 量子计算机

目前，总部位于加拿大的 D-Wave 公司正在研究最后一种量子计算机，即“量子退火法”（quantum annealing）。尽管 D-Wave 没有使用量子计算机的全部功能，但它声称可以生产出达到 5 600 个量子位的机器，远远超过其他竞争设计的数量，并计划在几年内提供超过 7 000 个量子位的计算机。到目前为止，许多知名公司和机构已经购买了 D-Wave 计算机，这些计算机在公开市场上的售价在 1 000 万至 1 500 万美元。这些公司包括洛克希德·马丁公司、大众汽车公司、日本 NEC 公司、洛斯阿拉莫斯国家实验室和美国国家航空航天局（NASA）。显然，D–Wave量子计算机在优化这一领域表现出色。有兴趣优化其业务中的某些参数（如减少浪费、最大化效率、增加利润）的公司已投资于这项技术。D–Wave量子计算机可以通过使用磁场和电场来操纵超导导线中的电流，直到达到最低能量状态，从而实现优化数据的目标。

总之，为了能在这项新技术赛道上抢占先机，许多企业甚至政府都参与到这场激烈的竞赛之中。这一领域的进步也是突飞猛进的。几乎每个有影响力的计算机公司都有了自己的量子计算机程序。原型机已经证明了这个技术赛道的经济价值，更何况有些机型已经在市场上发售了。

量子计算机正面临下一个重大挑战，那就是如何真正帮助人类解决现实世界中的实际问题，有些问题可能会彻底改变相关行业的发展轨迹。科学家和工程师正在紧锣密鼓地关注那些用数字计算机根本无法解决的问题，目标正是应用量子计算机来尝试实现科学和技术领域的重大突破。

这些研究的一个重点方向就是，试图揭示生命起源背后的量子力学，从而进一步解开光合作用的奥秘，为地球提供食物，为人类社会提供新能源，并实现对当前被视为不治之症的疾病的治愈。

第二篇
量子计算机与社会

第六章

生命之源

每种人类文化都有关于生命起源的珍贵神话传说。人类其实经常陷入反思，到底怎样才能解释地球上如此辉煌的丰富度和多样性。例如，《圣经》中给出的版本是：上帝用六天的时间创造了天地万物；上帝按照自己的形象，用地上的尘土造人，然后为人注入了生命；他还创造了所有由人类统治的动植物。

希腊神话给出的版本是：宇宙最初只有无形的混沌和虚空，但在这种巨大的空虚中诞生了众神，包括大地女神盖娅、爱神厄洛斯和光明之神埃忒尔；盖娅和天空之神乌拉诺斯的结合则产生了地球上的生物。

生命起源也许算得上是人类有史以来最大的谜团之一。这个问题在宗教、哲学和科学讨论中都占据着主导地位。纵观历史，许多最深刻的思想家都认为，有一种神秘的“生命力”可以使无生命体获得生命。而许多科学家则相信“自然发生”，即生命可以神奇地从无生命物质中自然而然地发生。

在 19 世纪，科学家能够拼凑出许多关于生命来源的线索。路易·巴斯德及其他人的相关实验已经颇具决定性地表明，生命不可能像此前普遍认识的那样“自然发生”。他反向证明道，通过把水煮成沸水，就可以创造一个无菌环境，从而阻止任何生命发生。

即使在今天，我们对生命是如何在大约40亿年前首次起源于地球的相关认识还是一知半解。事实上，如果想要在原子水平上分析基本生物和化学过程，数字计算机基本上可以说是帮不上任何忙的。即使是最简单的分子过程，也会很快超过数字计算机所能够承载的计算能力。然而，量子力学则很有可能帮助我们缩小这种解释能力上的差距，从而帮助我们揭开生命起源的奥秘。量子计算机非常适合帮助我们探索这个问题，实际上，它现在已经开始在分子水平上探索生命发生过程中的一些最深层秘密了。

两个重大突破

20世纪50年代出现的两项重大突破，为进一步研究生命起源奠定了基础。第一次突破出现在1952年，当时芝加哥大学哈罗德·尤里教授的研究生斯坦利·米勒做了一个简单的实验。他从一烧瓶水开始，然后加入有毒的化学物质，包括甲烷、氨、水蒸气、氢和其他物质，他认为这些物质模仿了早期地球恶劣的大气环境。为了给这个生态系统增加一些能量（也许是用来模仿闪电或太阳的紫外线辐射），他又添加了一个小的电火花。最后，他离开这个实验系统长达一周。

当他回来的时候，他发现烧瓶里产生了一种红色液体。经过仔细观测，他发现这种红色是由氨基酸引起的，而氨基酸是组成人体蛋白质的基本成分。换句话说，构成生命的基本成分在没有任何外界干扰的情况下形成了。

从那以后，这个简单的实验已经被重复和修改了数百次，让科学家对可能孕育生命的古老化学反应有了更深入的了解。例如，我们可以想象，从海底热液喷口中发现的有毒化学物质可能提供了创造生命的最初的化学物质所需的基本元素，而这些火山喷口可能提供了能量，将这些化学物质转化为生命所需的氨基酸。在现实中，也确实是在这些水下火山口附近发现了地球上最原始的细胞。

时至今日，我们已经可以很容易地知道生命起源的基本条件。氨基酸已经在许多光年外的遥远气体云中或外太空陨石的内部被发现。碳基氨基酸可能是整个宇宙中形成生命的种子。正如薛定谔方程所预测的那样，这一切都源自氢、碳和氧的简单键合性质。

因此，应用量子力学逐步发现地球上生命起源的量子过程应该是可能的。基本的量子理论一方面有助于我们更加深层次地去理解为什么米勒实验能够如此成功，另一方面也可能为我们在未来完成更进一步的发现指明道路。

首先，使用量子力学，可以计算出打破甲烷、氨等的化学键以产生氨基酸所需的能量。量子力学方程表明，米勒实验中的电火花有足够的能量来实现这一点。此外，它还向我们表明，如果破坏这些化学键所需的活化能要大得多，那么在这个实验系统当中，生命就永远不会出现了。

其次，我们看到碳有 6 个电子。2 个位于第一能级轨道，其余的位于第二能级轨道的 4 个空间。这为碳原子留出 4 个化学键。在元素周期表中，有 4 个化学键的元素是十分稀少的。但量子力学理论可以帮助我们建立包括碳、氧和氢的又长又复杂的反应链，从而最终产生氨基酸。

最后，这些化学反应发生在水（H_2O）中，H_2O 就像一个熔炉，不同的分子在这里相遇并形成更复杂的化学物质。利用量子力学，人们发现水分子的形状像字母 L，并且可以计算出两个氢原子彼此成 104.5 度角。这反过来意味着水分子的净电荷在分子周围分布不均匀。

这个净电荷足够大，可以分解其他化学物质的弱化学键，所以水可以溶解许多化学物质。

因此，我们看到基本的量子力学可以用来为生命的发生创造条件。但接下来的问题是，量子理论能否超越米勒实验，实现对 DNA 的创造呢？此外，量子计算机能否应用于人类基因组从而切实帮助我们破解疾病和衰老的秘密呢？

生命是什么？

第二个突破直接来自量子力学。1944 年，以波动方程闻名的埃尔温·薛定谔写了一本具有开创性意义的书《生命是什么？》。在书中，他惊人地宣称，生命本身是量子力学的一个副产品，生命的蓝图编码就存在于一个未知分子当中。在那个时代，许多科学家仍然相信是一种神秘的“生命力”使所有生命物质活跃起来，但薛定谔断言生命可以通过量子物理学的应用来解释。他推测，通过研究波动方程的解，生命发生的过程可以用纯粹的数学过程来解释，并还原这个神秘分子传递的代码。

在当时看来，这本来是一个骇人听闻的想法。但两位年轻的科学家——物理学家弗朗西斯·克里克和生物学家詹姆斯·沃森却将这个想法看作一个挑战。如果生命的基础可以在一个分子中找到，那么他们的任务就将是找到这个分子，并证明它携带了生命密码。

沃森回忆道：“从我读到薛定谔的《生命是什么？》的那一刻起，我就对找出基因的秘密产生了强烈的兴趣。”[1]

他们推断，正如薛定谔所设想的那样，生命分子一定隐藏在细胞核的遗传物质中，其中大部分是由一种名为 DNA 的化学物质组成的。但由于像 DNA 这样的有机分子非常微小（甚至比可见光的波长还小），它们是不可见的，所以这项任务令人生畏。他们选择了一种间接的方法，利用基于量子理论的 X 射线晶体学过程来寻找这种神秘分子。

与可见光不同，X 射线的波长可以和原子一样小。如果 X 射线穿过一个由数万亿个排列在某个晶格中的分子组成的晶体，散射的 X 射线就会形成一个独特的干涉图样，可以用照片绘制出来。经过仔细检查，受过训练的物理学家可以通过研究照相底板，来确定是什么结晶图案产生了这些图像。

在看过罗莎琳德·富兰克林拍摄的 DNA 的 X 射线照片后，克里克和沃森发现了一种模式，认为这种模式应该是由双螺旋结构产生的。在确定 DNA 的整体结构是一个双螺旋，就像两个相互包裹的楼梯之后，他们就能够在这种 DNA 结构的基础上，一个原子接一个原子地将 DNA 拼凑完整了。

量子力学可以帮助他们确定含有碳、氢和氧原子的化学键到底是以怎样的角度连接的。因此，就像孩子建造乐高玩具一样，他们重建了 DNA 的完整原子结构，并解释了它是如何实现自我复制的，而这种理论又为所有生物的成长发育做出了有效解释。

这一发现反过来也改变了生物学和医学的本质。在 20 世纪，查尔斯·达尔文绘制了生命之树，所有的树枝都代表了丰富的多样性。这棵巨大的生命之树正是由一个分子启动的。正如薛定谔所设想的那样，所有这些都可以被看作一个数学结果，用数学理论推导出来。

当 DNA 分子被解开之后，他们发现其是由四簇原子组成的，并称之为核酸。这四种核酸被称为 A、C、T 和 G，以线性序列排列，形成两条平行的长线，好像楼梯那样交叉在一起，形成 DNA 分子。（一条 DNA 链是看不见的，但如果把它平铺展开而不是螺旋交叉，那么这个单个分子大约可以达到 6 英尺长）。当繁殖的时候，两股 DNA 解旋并分离成两股核酸。然后，每条链就像一个模板，以正确的顺序与其他原子相结合，从而让每条已经解开的单链再次搭建成为双链，从而完成复制。通过这种精确复制的方式，生命就可以自我繁殖。

我们现在有了基于量子理论的数学方法，当然可以成功创建 DNA 分子的架构。但从某种意义上说，确定 DNA 分子的基本形状其实只是这项工作当中最容易的部分，困难的部分是破译这个分子当中隐藏的数十亿个生命密码。

就好比你是一个正在努力学习音乐的人，现在你终于学会了如何在钢琴键盘上敲出几个音符来，但这并不意味着你可以成为莫扎特那样的音乐家。学会几个音符只是漫长旅程的一个开始而已。

物理学与生物技术

哈佛大学生物化学家、诺贝尔奖获得者沃尔特·吉尔伯特是基因测序的先驱，他对我们所有的基因进行了测序。当我采访他时，他向我承认这个领域其实并不在他最初的研究计划之中。事实上，他一开始是在哈佛大学担任物理学教授，研究在强大的加速器中产生的亚原子粒子的行为。研究生物学是他最不可能想到的事。

但他后来改变了主意。首先，他意识到在竞争如此激烈的哈佛大学获得终身教职是很困难的，而粒子物理学领域有太多聪明的研究人员，他不得不与他们竞争。同时，因为他的妻子为詹姆斯·沃森工作，所以他早些时候在剑桥大学就认识了詹姆斯·沃森，因此他也熟悉生物技术新领域正在进行的开创性工作，并发现这一领域充满了新奇想法和重要发现。实际上，他也感到自己对此有兴趣，于是不知不觉地就会把时间花在神秘的基本粒子方程上，并开始研究生物学。

因此，他开启了职业生涯中最大的一次赌博。

作为一名物理学教授，他实现了巨大的飞跃，从理论基本粒子物理学转向了生物学。但是这场赌博最终还是得到了回报，因为他在1980年获得了诺贝尔化学奖。他的主要成就在于，他是最早开发出快速读取DNA分子的技术的人之一。

物理学背景实际上给予了他很大帮助。传统上，大多数生物学系都有专门研究一种动物或植物的人。有些人会花一生的时间寻找新物种，并为它们命名。但突然间，量子物理学家利用高级微积分异军突起，取得了重大突破。精通量子力学的深奥语言帮助他取得了突破，改变了我们对生命分子基础的理解。

然后，沃尔特·吉尔伯特开始为帮助建立人类基因组计划造势。1986年，当他在纽约冷泉港发表讲话时，他对这一雄心勃勃、前所未有的努力的经济成本进行了一个估计：30亿美元。“观众都惊呆了,”《基因战争》一书的作者罗伯特·库克-迪根回忆道，“吉尔伯特的预测引起了轩然大波。”许多人认为，这是一个低得不可思议的数字。当他做出这一惊人的成本预测时，只有少数基因已被测序。许多科学家甚至认为人类基因组被全部测序出来是一件遥不可及的事情。

美国国会按照这个数字批准了人类基因组计划的预算。这项技术进展如此之快，以至于该项目已经提前完成，并且低于当初的预算，这在华盛顿是闻所未闻的。（其实我问过他到底是如何得出这个预算数字的。他说我们人类的DNA中有30亿个碱基对，而他算出最终测序出一个碱基对所需的费用是1美元。）

吉尔伯特甚至预测，在未来，“你可以去药店，在一张光盘上获得自己的DNA序列，然后在家里用麦金塔电脑进行分析……（你）

可以从口袋里拿出一张光盘，然后告诉别人说：‘这是一个人，这个人就是我！’”。

一个深受这一切影响的人是弗朗西斯·柯林斯，美国国立卫生研究院前院长。他同时是当今医学界最有影响力的医生之一。数百万人都在电视上观看他谈论新冠肺炎疫情的最新发展。

我问柯林斯，虽然他是从化学专业开始的，但他是如何对生物学产生兴趣的。他向我坦言，生物学似乎总是那么“混乱”，有那么多动物和植物的名称。他认为，没有规律，也没有理由。在化学中，他看到了可以学习和复制的秩序、规则和模式。因此，他教授物理化学，用薛定谔方程来解释分子的内部运作。

然而，他最终意识到自己走错了方向。尽管物理化学是一个公认的建立在原理和概念基础上的方向。

于是他开始重新考虑生物学。虽然在生物学领域，科学家在忙着给晦涩难懂的虫子和其他动物起各种奇怪的希腊名字，但生物技术领域却充满了新想法和新概念。对于一个后来者而言，这片未知的处女地当然更适合。

他咨询了其他人，包括沃尔特·吉尔伯特，吉尔伯特告诉他自己是如何从基本粒子物理学转向 DNA 测序的，并且鼓励柯林斯也这样做。

就此，柯林斯开始大胆尝试，并且从未后悔。他回忆道：“我意识到，‘哦，我的天哪，这才是真正的黄金时代’。我经常担心把热力学教给了一群特别讨厌这个学科的学生。而生物学方面正在发生的事情似乎就像 20 世纪 20 年代的量子力学……我深感震撼。”

柯林斯很快就声名大噪。1989 年，他发现了导致囊性纤维化的基因突变。他发现这是由 DNA 中缺失了三个碱基对引起的（从 ATCTTT 到 ATT）。

最终，他成为美国顶尖的医疗管理者。他也把自己的个人风格带到了华盛顿，比如，他骑着摩托车去上班，从不回避自己的宗教信仰，甚至写了一本畅销书：《上帝的语言：科学家为信仰提供证据》。

生物技术的三个发展阶段

从某种意义上说，吉尔伯特和柯林斯代表了这一领域发展的重要阶段。

第一阶段：绘制基因组

在第一阶段，沃尔特·吉尔伯特和其他人完成了人类基因组计划，这是有史以来最重要的科学事业之一。然而，人类基因组的目录就像一本词典，有 20 000 个条目，并且没有任何详细定义。就其本身而言，这当然是一个巨大的成就，但就其效用而言，这个成就其实并没有什么实际作用。

第二阶段：确定基因功能

在第二阶段，弗朗西斯·柯林斯和其他人试图填补这些基因的定义。通过对疾病、组织、器官等进行测序，我们就可以汇编这些基因的运作方式。这是一个十分烦琐且痛苦的过程，但这个词典还是在这些科学家的坚持下逐渐被补充完整了。

第三阶段：修改和改进基因组

现在，我们已开始逐渐进入第三阶段。一旦这个阶段完成，我们就可以在这本词典的帮助下成为一名“作家”。这意味着使用量子计算机来破译这些基因在分子水平上的运作方式，就可以设计出新的疗法，并创造出新的工具来治疗不治之症。一旦我们了解疾病究竟是如何在分子水平上造成损害的，我们就可以利用这些知识设计出新的技术来有效干预甚至治愈这些疾病。

生命的悖论

在试图追溯生命起源的过程中，我们仍然面临着一个明显的悖论。看上去随机发生的化学事件究竟是如何在这样短的时间里创造出如此复杂的生命分子的呢？

地质学家认为地球已有 46 亿年的历史。最早的 10 亿年，地球一直处于熔融状态，温度过高，无法维持生命。由于多次的流星撞击和火山爆发，古代海洋可能发生过多次蒸发消失，从而使生命的出现变得不可能。但到了 38 亿年前，地球已经逐渐冷却到足以形成海洋的程度。由于 DNA 被认为起源于约 37 亿年前，这意味着在海洋形成数亿年后，DNA 突然就在地球上出现了，并完成了利用能量和繁殖的化学过程。

一些科学家坚持认为这是不可能的。弗雷德·霍伊尔是宇宙学的伟大先驱之一，他认为，由于 DNA 出现的速度太快，快到根本没有足够的时间来让生命在地球上慢慢形成，所以它一定来自外太空。众所周知，深空的岩石和气体云之中也含有氨基酸，因此生命确实有可能是从其他地方起源的。

这被称为泛种论，最近新的证据重新激发了人们对它的兴趣。通过观察陨石中的矿物含量和微小气泡，我们发现这与太空探测器在火星上发现的岩石完全匹配。到目前为止，在已经发现的 60 000 颗陨石中，至少有 125 颗被确定来自火星。

例如，一颗名为 ALH 84001 的流星在 13 000 年前坠落在南极。它可能是在 1 600 万年前被一颗流星撞击到太空中，然后飘移，最终降落在地球上的。对流星内部的微观分析显示，这颗陨石确实存在一些蠕虫状结构。（即使在今天，关于这些结构是古代的多细胞生物化石还是一种自然现象，仍然存在争议。）如果岩石可以从火星降落到地球，那么为什么 DNA 不能呢？

现在人们认为，可能有几十颗流星在火星、金星、月球和地球之间飘移，这些流星的冲击力足以将岩石送入太空，并最终降落在另一颗行星上。据此，我们确实不能排除 DNA 来自地球以外其他地方的可能性。

然而，这个难题其实还可能有另一种解释。

正如我们所看到的，量子理论可以帮助我们了解到还有几种机制可以加快这一化学过程。前面讨论的路径积分方法总结了化学反应中所有可能的路径，甚至包括不太可能的路径。通常牛顿规则之下看上去完全不可能的路径，实际上可以用量子力学解释。其中便包括一些可能导致复杂分子结构产生的重要路径。

我们知道，酶可以加快化学过程。它们可以帮助化学物质聚集在一起，从而使其快速反应，并降低能量阈值，从而打破能量屏障的一些要求。这意味着即使是极不可能发生的化学反应，也有一定可能成为现实。根据量子理论，看似违反能量守恒的化学反应，在一定程度上也具有其合理性。

换言之，量子力学可能才是地球上生命起源如此之早的原因。随着量子计算机的出现，我们对生命起源的理解中的许多未知领域有望得到解决。

计算化学与量子生物学

量子计算机的飞速发展催生了新的科学，称为计算化学和量子生物学。毕竟，有了量子计算机之后，创建逼真的分子模型就成为可能，科学家开始逐个原子地、一纳秒接一纳秒地去观察化学反应究竟是如何发生的。

举个例子，我们想象一下根据食谱制作一顿饭。简单地按照说明一步一步地操作确实很方便，但是其实你并不知道味道和配料发生了怎样的相互作用。如果你想在食谱以外开展一些创新，那么就要开始进行盲目的试错和观察了。这样做是很耗时的，而且很多探索性的试验其实都会走入死胡同。但这就是今天化学反应的基本原理。

现在想象一下，你可以在分子水平上分析所有的成分。原则上，根据第一性原理，如果知道分子是如何相互作用的，就有可能比较精确地创造出新的美味食谱。这正是量子计算机带来的希望，让人类能够在分子水平上去理解基因、蛋白质和化学物质的相互作用。

IBM 的研究人员珍妮特·加西亚说："随着分子结构被揭示得越来越深入，相关计算也就越快地脱离经典计算机可以计算模拟的领域。"[2]

在其他地方，加西亚写道："即使我们对简单分子的行为预测完全准确，这也超出了最强大的数字计算机的计算能力。这就是量子计算在未来几年取得重大进展的可能性所在。"[3] 她指出，数字计算机只能可靠地计算出几个电子的行为。除此之外，除非我们只是想要一个近似值，否则任何经典计算机都无法完成如此精确的计算。

她补充道："量子计算机现在已经发展到了可以对小分子的能量学和性质进行建模的程度，比如氢化锂，这提供了一种模型的可能性，这些模型将提供比我们现在使用的方法清晰得多的途径。"

弗吉尼亚理工大学的朱玲华说："原子是量子的，计算机是量子的。我们是在用量子来模拟量子。当我们使用经典方法时，我们总是使用近似值，但一旦我们能够使用量子计算机，就可以准确地知道每个原子究竟是如何与其他原子相互作用的。”[4]

例如，想象一位艺术家试图画一幅《蒙娜丽莎》的复制品。如果你只给艺术家一些牙签，那么得到的画面只是一个粗糙的棒状组成物。直线其实并不能捕捉到人体曲线的复杂性。但如果你给艺术家一些不同颜色的精细墨水笔，他就可以创造出丰富的弯曲形状，从而合理地临摹这幅著名的画作。换句话说，你需要曲线来模拟曲线。同样，只有量子计算机才能捕捉量子系统的复杂性，例如化学物质和生命的组成部分。

想了解其中的工作原理，我们回到前文提到的薛定谔波动方程。回想一下，我们引入了一个称为 H（哈密顿量）的量，它表示所研究系统的总能量。这意味着，对于大分子，该量由大量分项的总和组成，例如：

- 每个电子和原子核的动能
- 每个粒子的静电能
- 所有不同粒子之间的相互作用
- 自旋的影响

如果我们研究的是最简单的系统——只有 1 个电子和 1 个质子的氢原子，那么这可以在任一年级的物理学研究生课程中完全解决。推导只需要用到三年级的微积分基础就能完成。尽管如此，对于这样一个简单的系统，我们得到了一个名副其实的金矿般的结果，比如氢原子的整套能级。

但如果有 2 个电子，代表氦原子，事情很快就变得复杂了，因为我们现在有了 2 个电子之间复杂的相互作用。如果有 3 个或 3 个以上的电子，对于数字计算机来说，情况很快就会失去控制。因此，必须进行大量的近似才能得到合理的准确结果。量子计算机在这方面可以提供辅助。

举个例子，2020 年，有消息称谷歌的 Sycamore 电脑创下了新纪录，它能够使用 12 个量子位精确地模拟由 12 个氢原子组成的链。

创下新纪录的团队成员瑞安·巴布什说："这是一个让我们兴奋的结果，因为这是以往任何量子化学模拟的量子位数量和电子数量的两倍多，而且它能够达到同等的精度水平。"[5]

量子计算机还能够模拟涉及氢和氮的化学反应，甚至可以精确到只改变其中一个氢原子的位置。巴布什补充道："这表明，事实上，这个设备是一个完全可编程的数字量子计算机，可以用于任何类型的任务。"

加西亚总结道："经典计算机根本无法处理像咖啡因这样常见物质的复杂性。"在她的眼中，未来世界一定是量子的。

但这些最初的成就还远远没有满足量子科学家的渴求。他们渴望解决一些更加雄心勃勃的项目，比如地球生命的基础——光合作用。终有一天，量子计算机可能会帮助我们了解植物究竟是如何通过吸收阳光为我们提供如此丰富的水果和蔬菜的。因此，量子科学家的下一个目标可能就是光合作用，毕竟这是地球上最重要的量子过程之一。

第七章

绿化时代

每当我在阳光明媚的春天里走过茂密的森林，我都会沉浸在周围郁郁葱葱、生机勃勃的绿色植被和随处可见的娇嫩花海之中。目之所及，满眼都是如彩虹般绚烂的色彩。我看到生命呈现出爆发的状态，每一棵植物都在迫切地吸收阳光，并以某种方式将这些太阳能转化成为己所用的丰富能量。

但我也意识到自己其实正在目睹一场已经上演了 30 多亿年的戏剧，正是这场戏剧让地球上复杂的生命成为可能。而在这个星球上，生命起源的一幕主要戏剧便是光合作用，一个看似简单的过程。在这个过程中，植物可以将二氧化碳、阳光和水转化为糖和氧气。令人意想不到的是，光合作用每秒钟能产生的生物量可以达到 15 000 吨，而正是由于这个作用，我们的地球才得以被绿色植被覆盖。

如果没有光合作用，生命进化将是不可想象的，但值得注意的是，虽然人类在科学上取得了巨大的进步，但其实生物学家仍然没能参透这一重要过程到底是如何发生的。一些生物学家认为，由于光合作用对光子能量的捕获效率接近 100%，因此它一定是符合量子力学的（但如果我们是通过一系列复杂的步骤和复杂的化学反应来计算将光转化为燃料和生物质最终产物的总体效率，那么这个最终效率值将会下降到 1% ）。而如果有一天量子计算机能够解开光合作用的秘密，那么就有可能制造出效率近乎完美的光伏电池，使太阳能时代成为现实，我们也因而可以提高作物产量，养活能量已经十分紧缺的地球。也许我们还可以通过真正揭秘光合作用而实现对其发生条件的改变，从而使植物在相对恶劣的环境中也能茁壮成长。或者，如果有一天人类开始火星殖民，就有可能通过改变光合作用的条件，使植物在这颗红色星球上也能茁壮成长。

当前该领域一个令人惊叹的研究途径被称为“人工光合作用”，可能有一天它就会成功完成一片“人工树叶”，甚至可能达成一种更加通用的光合作用形式，从而使植物整体效能更加高效。人类时不时地就会忘记，光合作用只是大自然数十亿年来完全随机的、无序的化学过程的最终产物，也就是说，大自然赋予光合作用的这些看似非凡的特性纯粹是一种偶然。也正因如此，一旦量子计算机能够在量子水平上解开光合作用的奥秘，我们或许就能够改进或者改变植物的生长方式。在量子计算机上，需要数十亿年完成的植物进化可能被压缩到几个月内。

例如，加州大学伯克利分校卡夫利能源纳米科学研究所的格雷厄姆·弗莱明曾经说道：“我真的很想知道大自然在光合作用的早期是如何工作的，以便利用这些知识创建具有自然系统所有积极特征的人工系统，而不必承受植物生产种子、维持生命或保护自己不被虫子吃掉的负担。”[1]

纵观历史，植物一直是个谜。它们似乎是自己开花的，只是偶尔需要水。自古以来，人们就认为植物是通过某种方式“吃掉”土壤而生长的。直到 17 世纪中期，这种观点才发生了变化。比利时科学家扬·范·海耳蒙特测量了植物及其土壤的重量。令他惊讶的是，他发现土壤的重量随着时间的推移根本没有发生任何变化。于是，他得出结论，植物是“喝掉”水实现生长的。

紧随其后，化学家约瑟夫・普里斯特利进行了更详细的实验，其中包括将一个植物和一根蜡烛一起放入玻璃罐中。他发现，如果不放入植物，那么蜡烛很快就会燃尽，但是在植物存在的情况下，蜡烛却可以保持持续燃烧。这是因为植物消耗了空气中的二氧化碳，并为蜡烛燃烧提供了氧气。

到 19 世纪初，生物学家开始将所有既有认知结合到一起，意识到植物生长需要阳光、水和二氧化碳，并且能够在这个过程中释放出氧气。

光合作用对地球至关重要，它实际上重塑了地球的大气层。当地球刚刚形成时，大气中的主要成分是二氧化碳，这些二氧化碳可能是由古代火山释放出来的。我们在对火星和金星的大气层进行观察的过程中也看到了这一点，由于火山的作用，这些星球的大气层同样几乎是由纯二氧化碳组成的。

但当光合作用开始在地球上出现时，地球上的二氧化碳开始被转化为人类呼吸所需要的氧气。因此，每一次呼吸都会让我想起数十亿年前发生的这个重大事件。

到 20 世纪 50 年代，科学家完成了所谓的卡尔文循环，即二氧化碳和水转化为碳水化合物的复杂化学过程。通过使用包括碳 –14 分析在内的各种技术，他们可以实现对特定化学物质在植物中运动的追踪。

通过这些研究方法，生物学家开始慢慢了解植物的生命历程。但他们始终没能迈出特别具有突破性意义的一步。首先植物究竟如何实现对光子能量的捕捉？到底发生了什么，导致了植物从阳光中捕捉能量等一系列事件？对人类而言这至今仍是一个谜。但量子计算机可能帮助我们解开这个谜题。

光合作用的量子力学

许多科学家认定光合作用就是一个量子过程。它从光子，即一个一个离散的光包，击中含有叶绿素的叶子开始。这种特殊分子吸收红光和蓝光，但不吸收散射回环境中的绿光。因此，植物所呈现出的绿色是因为植物没有吸收绿光，而是把它们全部反射出去了（如果大自然创造了能吸收尽可能多的光线的植物，那么我们眼中看到的植物就会是黑色的而不是绿色的）。

当光线照射到一片叶子上时，正如我们所知，它将会被散射到各个方向，然后永远消失。但量子魔法正是在此时发生的。光里面所含的光子撞击叶绿素，会在叶片上产生能量振动，称为“激子”，激子以某种方式沿着叶片表面传播。最终，这些激子进入叶片表面的收集中心，在那里，叶片利用激子的能量将二氧化碳转化为氧气。

根据热力学第二定律，当能量从一种形式转化为另一种形式时，大部分能量会流失到环境中。因此，人们预计光子的大部分能量在撞击叶绿素分子时就消散了，从而成为这个过程发生时的废热损失。

但是，与传统认知截然不同或者大自然的奇迹便是，在激子的能量被带到叶片收集中心的过程中，几乎没有产生任何能量损失。由于一种人类目前尚不清楚的原因，这一过程几乎没有任何损失，保证了100% 的效率。

光子产生激子并聚集在收集中心的整个过程，就像是一场高尔夫比赛。在比赛过程中，每个高尔夫球手都会向各个方向随机发射一个球，然后就像变魔术一样，所有这些球都会以某种方式改变自己的方向，最后一杆进洞。按道理来说每次都能成功进洞并不现实，但实际上在实验室中观测到的结果就是如此。

一种理论认为，激子所发生的这一过程是通过路径积分实现的，如上文所述，我们已经知道路径积分是由理查德·费曼提出的。我们记得费曼改写了量子理论的路径定律。当一个电子从一个点向另一个点移动时，它会以某种方式“发现”这两点之间所有可能的路径，然后计算每条路径的概率。因此，电子在某种程度上“发现”连接这些点的所有可能路径。而这个过程也意味着电子“选择”了效率最高的路径。

这里还有另一个谜团。光合作用过程发生在室温下，原子在环境中的随机运动会破坏激子之间的任何相干性。通常情况下，量子计算机必须冷却到接近绝对零度，才能最大限度地减少这些混沌运动，但植物的光合作用在正常温度下就能够良好运行。这究竟是怎么实现的呢？

人工光合作用

通过实验证明或反驳量子效应存在的一种方法是寻找相干的迹象，这是原子一致振动时量子效应释放的信号。通常情况下，我们会发现各种杂乱无章的振动，没有任何规律或理由，但一旦检测到相干振动，就立即表明量子效应是存在的。

2007 年，格雷厄姆·弗莱明公开声明自己观察到了这种很难观测到的现象。而他之所以能够率先在光合作用中发现相干性，是因为他使用了一种特殊的超快多维分光镜，这种分光镜可以产生持续一飞秒（一千万亿分之一秒）的光脉冲。在与环境的随机碰撞破坏相干性之前，这些异常快速的激光就能探测到相干光束。从激光的角度来看，环境中的原子几乎被时间冻结了，因此在很大程度上可以忽略不计。他还证明了光波可以同时存在于两种或多种量子态中。这意味着光可以同步探索通往反应中心的多条路径。这也许可以解释为什么激子几乎百分之百都能一下子找到反应中心。

弗莱明在加州大学伯克利分校的同事K. 比吉塔·惠利补充道："激子能够特别有效地从所有可能的量子路径菜单中'挑选'出最有效的那一条。而这需要行进中的粒子的所有可能状态叠加在一个单一的相干量子态中，持续十分之一飞秒的时间。"[2]

这个思路似乎也可以用来解释在没有物理实验室中所有管道和泵的情况下，光合作用是如何在室温下运行的。

量子计算机非常适合开展这些量子计算。如果使用路径积分观察的方法是有效的，也就意味着我们现在可以通过改变光合作用的动力学来解决各种问题。我们可以通过使用量子计算机在虚拟环境下完成实验，而不需要用植物进行成千上万次耗时的实验去一点点摸索。

例如，这种认知可以帮助我们种植更高效的作物或生产更多的水果、蔬菜，从而帮助农民增加产量。

此外，人类的饮食主要依赖于少量几种谷物，如水稻和小麦，因此谷枯病可能会在很大程度上扰乱人类所在的整个食物链。如果我们的一种基本食物的生产突然被破坏，那么人类将会束手无策。

科学家对创造能够开展人工光合作用的"人工树叶"的新关注，将有助于人类降低对这一重要自然过程的依赖程度。

人工树叶

当我们讨论光合作用这个世界上最重要的问题时，二氧化碳通常都被描述为故事中的反派。二氧化碳不仅会吸收来自太阳的能量，还会使地球升温。但是，如果我们能够回收这种温室气体，使其变得无害呢？进一步地，如果我们还能够利用回收的二氧化碳创造出具有商业价值的化学品呢？科学家已经提出，太阳光可能恰恰能够做到这一点。这项新技术试图从空气中提取二氧化碳，并将其与太阳光和水结合，从而产生燃料和其他有价值的化学物质。只不过，整个过程与树叶的光合作用有所不同，这个过程是人工完成的。在燃烧这种燃料的过程中，将产生更多的二氧化碳，然后这些二氧化碳还可以继续与太阳光和水重新结合，再产生更多的燃料，从而形成一个不断循环且没有二氧化碳净增加的过程。这样一来，被塑造成反派角色的二氧化碳就成了一种有用的资源。

为了使二氧化碳回收工作真正起作用，这个计划可以分两个步骤开展。

首先，使用太阳光将水分解成氢气和氧气。产生的氢气可以用于燃料电池，为清洁氢汽车提供动力。电动汽车的一个问题是，它们使用电池，而电池的能量主要来自燃煤和燃油发电厂。尽管电池燃烧得很干净，但电力最初来自污染严重的化石燃料发电厂。因此，目前使用电池是存在隐性环境成本的。燃料电池却没有这方面问题，它燃烧氢气和氧气，产生的废物就是水。因此，燃料电池真正能够实现清洁燃烧，不再需要炼油厂和煤电厂。然而，以燃料电池为基础的工业基础设施还远远没有普及到我们可以随意使用的程度。

其次，通过分解水产生的氢气可以与二氧化碳结合，产生燃料和有价值的碳氢化合物。这种燃料还可以继续燃烧，再次产生二氧化碳，但产生的二氧化碳可以与氢气重新组合，从而实现回收利用。自此一个新的循环就被建立起来了。在这个循环中，二氧化碳可以实现不断重复利用，这样它就不会在大气中积聚，不仅可以帮助我们稳定地球大气中这种温室气体的总量，还能够为人类提供能源。

“我们的目标是关闭碳燃料循环。”[3] 人工光合作用联合中心的主任哈里·阿特沃特说。该中心是美国能源部资助人工光合作用研发的分支机构。“人工光合作用是一个大胆的概念。”

如果成功，人工光合作用将在对抗全球变暖的斗争中创造一个范式转变。二氧化碳将从废气转变为帮助保持人类社会运转的更大车轮上的一个关键齿轮。而量子计算机可以在实现碳循环方面发挥决定性作用。量子研究员阿里·埃尔·卡法拉尼在《福布斯》杂志上撰文称：“量子计算机可能能够加速发现新的二氧化碳催化剂的探索过程，确保二氧化碳的有效回收，同时产生氢气和一氧化碳等有用气体。”[4]

尽管这听起来像是一场梦，但第一次突破还是在 1972 年发生了。当时，藤岛昭和本多健一证明，使用一个由二氧化钛制成的电极和另一个由铂制成的电极，光就可以成功将水分解为氢和氧。尽管它的效率只有 0.1%，但这一原理意义重大，它表明制造人工树叶是有可能的。

从那时起，化学家开始致力于改进这个实验方法以降低成本，因为金属铂是非常昂贵的。例如，在人工光合作用联合中心，化学家能够用半导体制成的电极和镍制成的催化剂，利用光以 10% 的效率将水分解。

现在最困难的部分就是完成最后一步，也就是找到一种相对廉价的方法将氢气和二氧化碳结合起来，从而制造燃料。这是非常困难的，因为二氧化碳是一种非常稳定的分子。哈佛大学化学家丹尼尔·诺切拉认为他已经找到一种可行的方法来实现这一点。他使用一种叫作真氧产碱杆菌（Ralstoniaeutropha）的细菌，可以将氢气与二氧化碳结合产生燃料和生物质，效率可以达到 11%。诺切拉说：“我们进行了一次完整的人工光合作用，比大自然好 10 倍到 100 倍……实现人工光合作用不再是化学问题，甚至不存在技术壁垒。”[5] 在他看来，这个问题当中最难的部分已经得以解决。现在，人工光合作用变成了一个经济学问题，也就是说，考虑到其中的成本，产业部门和政府部门需要决定是否支持采用通过回收二氧化碳的方式来提供能源。

哈佛大学的帕梅拉·西尔弗参与了这个项目，她指出，使用微生物来完成碳循环一开始听起来可能很奇怪，但其实微生物的使用并不新鲜，在葡萄酒行业它已经被大规模用于糖的发酵。

与此同时，加州大学伯克利分校的化学家杨培东也使用了生物工程细菌，但方式不同。他通过使用微小的半导体纳米线，利用光将水分解为氢气和氧气，然后在这些纳米线上培养细菌，细菌再利用氢气合成各种有用的化学物质，如丁醇和天然气。

量子计算机可以将这项技术提升到一个新的水平。到目前为止，这一领域的大部分进展是通过试错完成的，需要数百次加入化学物质的反复试验来寻找答案。例如，使用氢气将二氧化碳固定到燃料中的过程是一个复杂的分子过程，需要转移许多电子并使许多化学键断裂。量子计算机则能够在模拟中复制这些化学过程，并允许化学家创造新的替代量子途径。例如，二氧化碳是一系列氧化反应的最终产物。量子计算机能够直接模拟打开二氧化碳化学键，使其与氢气重新结合，以及产生燃料的过程。

如果量子计算机为创造人工光合作用和人工树叶提供了关键的最后一步，那么它可能会开辟全新的产业，为人类提供新型高效太阳能燃料电池、替代作物甚至新型光合作用。在这个过程中，还可以借助量子计算机来寻找回收二氧化碳的方法，在发展产业的同时还将大大有益于人类应对全球气候变化。

因此，量子计算机将在人类利用光合作用方面发挥关键作用，帮助人类将光能转化为食物和营养物质。为了创造出丰富多样的食物，下一步需要考虑的就是用肥料来滋养农作物并帮助它们茁壮成长。同样地，为了养活地球，量子计算机可能在完成这最后一个关键步骤中发挥决定性作用。

具有讽刺意味的是，这个率先带领人类走出第一步的人，虽然帮助人类成功养活了数十亿人，甚至可以说使现代文明成为可能，但更多时候是被当作战争罪犯来对待的，而不是被称为有史以来最伟大的科学家。

第八章

养活地球

在现代史上，有一个人比地球上其他任何人拯救的生命都多，但他的名字却并不为公众所知。据可靠估计，大约有一半的人由于他的发现而活到了今天，但却没有任何传记或纪录片赞扬他。他就是德国化学家弗里茨·哈伯，可以说他影响了地球上每一个人的生活。哈伯就是那个发现如何制造人造肥料的人。我们所吃的食物中有 50% 与他的开创性研究直接相关，但他的贡献很少受到历史学家的赞扬。

哈伯揭示了大自然的秘密，发起了绿色革命，制造了几乎无限量的肥料，帮助养活了今天的地球。他发现了从空气中提取氮来制造肥料的关键化学过程，从而改变了世界历史。曾经，农民不得不在贫瘠的土地上辛勤劳作以勉强维持生存，而如今，放眼望去，我们已经有了数英里长的绿色作物带。我们拥有的不再是贫瘠、死气沉沉的田地，而是郁郁葱葱的农场，也因此收获了巨大的财富。

但是，哈伯的惊人突破也被用来制造毁灭性的化学武器，包括高能炸药和毒气，这一事实极大地玷污了他在历史上的作用。尽管这个星球上数十亿人的生存都归功于这个人，但他的发现也杀死了成千上万人，因为他的发现在战场上造成了巨大的破坏。

与此同时，即使在积极方面，我们也必须认识到，哈伯开发的哈伯–博施法的耗电量是很大的，以至于这种技术的应用给全球能源供应带来了巨大压力，并且加剧了环境污染，导致了气候恶化。

然而，问题是，100 多年以来仍然没有人能够成功改进哈伯–博施法，因为它在分子水平上非常复杂。因此，量子计算机给了我们改进哈伯–博施法的希望，如果真的能够改进成功，我们就可以在不消耗太多能源并且不必承担环境代价的情况下养活我们的地球了。

但是，要阐述哈伯的开创性工作，以及量子计算机在哈伯发现的基础上进行改进的重要性，首先必须从哈伯为摆脱马尔萨斯曾经预言的人类悲惨命运所做出的贡献开始说起。

人口过剩与饥荒

早在 1798 年，托马斯·罗伯特·马尔萨斯就预测，有一天人类的人口数量可能会超过粮食供应，导致大规模饥饿和死亡。在马尔萨斯看来，所有动物都在进行永恒的生死斗争，每当它们的数量超过栖息地的承载能力时，许多同类就会因为食物不足而饿死，从而维持平衡。人类也不例外。我们也受到这条铁律的约束，即只有食物足够吃，人类才能繁荣。但是，由于人口可以呈指数级增长，而粮食供应进展缓慢，人口最终可能会超过可用的粮食供应。这意味着，在各国争夺资源的过程中，可能会发生骚乱、大规模饥饿，然后是残酷的战争。

在 19 世纪，越来越明显的是，这个可怕的预言可能会成真。尽管数千年来人类人口相对稳定在不到10亿人[①]，但当时正经历着前所未

① 原文为 a million，但经核实资料，此阶段全球人口总数更宜表述为 a billion，因此，译文中更正为“不到 10 亿人”。——译者注

有的繁荣。工业革命和机器时代的到来使人口的迅速增长成为可能。

（我在小学的时候看到过一个插图。在一个实验中，我们取了一个充满营养物质的培养皿，然后把一些细菌放在培养皿的中间。几天之内，我们看到细菌呈指数级膨胀，形成了一个巨大的圆形菌落，但后来它们突然停止了生长。为什么会这样？我问自己。后来我开始重新思考，并意识到菌落通过消耗所有营养物质而迅速生长，最后由于食物供应不足而死亡。因此，这场为食物和生长而进行的生死攸关的斗争明明就是在培养皿中完成的马尔萨斯式的斗争。）

今天，世界粮食供应严重依赖于化肥。肥料的基本成分是氮，它存在于我们的蛋白质和DNA分子中。具有讽刺意味的是，氮其实广泛大量存在于我们呼吸的空气中，甚至在空气中占据的比例高达80%。不知出于什么原因，在豆类（如花生和豌豆）根部生长的一种细菌能够从空气中提取氮，并用碳、氧和氢分子“固定”氮，从而产生氨，即一种制造肥料所需的基本成分。

我们其实一点也不清楚这些细菌究竟是如何掌握这样令人费解的化学过程的。尽管普通细菌可以毫不费力地从空气中提取氮来制造赋予生命的肥料，但化学家仍然无法如此有效地从大自然中将这个过程成功复制。

原因是空气中的氮气实际上是N_2，即两个氮原子通过三个共价化学键紧密地结合在一起。这些化学键是如此牢固，以至于正常的化学过程根本无法破坏它们。因此，化学家陷入了这种艰难困境。我们呼吸的空气中充满了赋予生命的氮，但这只是在理论上使肥料成为一种可能，而因为其形态一直无法为人所用，因此对人类而言这种广泛存在几乎毫无用处。

这就像谚语中经常说的，总有人在充满盐水的海洋中因口渴而死。你周围似乎都是水，却没有一滴水可以喝。

通过薛定谔方程来观察原子，我们其实可以很容易地看到问题所在。氮有 7 个电子，第一能级轨道 1S 中有 2 个可用空间已经被填满，第二能级轨道 2S 中则有 5 个电子。要填满前两个能级的所有轨道，需要 10 个电子。（回想一下，电子成对绕轨道运行，酒店的一楼有一个房间可以容纳 2 个电子，第二层有 4 个房间，每个房间都有 2 个电子。）这意味着，在第二层，2 个电子在 2S 轨道上，其余 3 个分别位于 Px、Py 和 Pz 轨道上。所以有 3 个电子是不成对的。当与第二个氮原子结合时，这给了两个原子之间共享的 3 个电子，达到了填充前两个轨道所需的 10 个电子，最重要的是，我们得到一个非常强的三键化学键。

科学带来的战争与和平

这正是弗里茨·哈伯工作开始的地方。哈伯在小时候就对化学很着迷，经常自己做实验。他的父亲是一个富裕的商人，进口染料和猪肉，有时他也会在父亲的化工厂帮忙。他是在商业和科学方面取得成功的新兴一代欧洲犹太人中的一员，但他最终皈依了基督教。而最重要的是，他是一个民族主义者，有着为了德国而学习化学知识的坚定信念。

他专注于许多化学谜团，包括如何将空气中的氮转化为有用的产品，比如肥料、炸药。他意识到，将两个氮原子分开的唯一方法就是施加特别大的压力和特别高的温度。他推测，只要外力达到一定条件，氮键就有可能被成功破坏。他在实验室里找到了正确组合，宛若解开了魔法，从而创造了历史。如果把空气中的氮气加热到 300 摄氏度，并用 200~300 倍大气压的压力进行压缩，那么确实有可能最终将氮分子分解，并使其与氢气重新结合，形成氨，即 NH_3。历史上第一次，化学可以用来养活世界上不断增长的人口。

由于这项开创性的工作，哈伯于1918年获得诺贝尔奖。直到今天，人类体内大约一半的氮分子都是哈伯这个重要发现的直接结果，所以他的不朽遗产烙印在每个人的原子里。当前，世界人口已超过80亿，而如果没有哈伯的工作，我们根本无法养活这么多人。

但哈伯发明的制造氨的过程非常耗能，需要给氮气施以巨大的压力并加热到相当高的温度，因此这种制造过程实际上消耗的能源占比高达世界能源产出的2%。

肥料并不是哈伯唯一的发明。作为一名德国民族主义者，在第一次世界大战期间，他是德国军队的热情支持者，他发现储存在氮分子中的能量不仅可以用来制造赋予生命的肥料，也可以用来制造致命的炸药。(即使是业余恐怖分子也知道这个过程。一枚能够夷平整个公寓楼的肥料炸弹就是由填满燃油的普通肥料做出来的。)因此，哈伯使用了这一过程中的另一种副产品——硝酸盐，制造了爆炸性化学武器，成为德国庞大战争机器最大的帮凶。此外，在战争中使用的夺走了许多无辜生命的毒气也是哈伯发明的。

因此，具有讽刺意味的是，这位精通化学的人扩大了世界人口总量，但也剥夺了成千上万无辜者的生命。事实上，他甚至被称为化学战之父。

他自己的生活也有悲剧的一面。他的妻子是一名和平主义者，而她自杀的一个最大的可能性，应该是因为她反对哈伯在化学战和毒气方面的研究。尽管他几十年来一直致力于支持德国政府和军队，但在20世纪30年代他亲身经历了席卷全国的反犹主义浪潮。尽管他是一名皈依基督教的犹太人，最终却不得不离开这个国家去其他地方避难，并于1934年因病去世。实际上，就在第二次世界大战期间，纳粹军队使用齐克隆（Zyklon）毒气，一种由哈伯开发和完善的毒气，在集中营杀死了哈伯的许多亲属。

ATP：自然界的电池

那些急于将量子计算机应用于取代低效的哈伯－博施法的科学家意识到，他们必须了解大自然是如何进行固氮的。

为了打破氮的化学键，哈伯的方法是从外部施加高温和巨大的压力。这就是哈伯－博施法如此低效的原因。但大自然是在室温下完成这个过程的，并没有用到高温炉和压缩机。一株不起眼的花生，是如何做到通常需要一个巨型化工厂才能完成的事情呢？

在自然界中，基本能量来源于一种名为 ATP（三磷酸腺苷）的分子，ATP 是生命的动力、自然界的电池。每当你锻炼肌肉、呼吸或消化食物时，你都在利用 ATP 为身体的组织提供能量。ATP 分子是如此普遍，几乎在所有形式的生命中都能发现，这些证据都表明 ATP 是数十亿年前就存在于生命当中又随之进化的。如果没有 ATP，地球上的大多数生命根本无法存活。

了解 ATP 分子的秘密，关键在于分析其结构。ATP 分子由 3 个排列成链的磷酸基团组成，每个基团由一个被氧和碳包围的磷原子组成。分子的能量储存在最后一个磷酸基团的电子中。当身体需要能量来执行其生物功能时，它会使用最后一组电子中存储的能量。

在分析植物自然的固氮过程时，化学家发现 12 个 ATP 分子提供的能量能够打开一个 N_2 分子。这里面的问题显而易见。通常，原子之间的碰撞只是一个接一个地发生。如果我们看到有几个原子碰撞到了多个原子，那么这必然是分阶段发生的，因为原子总是按照顺序一个接一个地碰撞，不会同时发生碰撞。因此，ATP 分解 N_2 的过程经历了许多中间步骤。

在自然界中，利用来自随机碰撞的12个ATP分子的能量可能需要几年的时间。显然，这太慢了，生命可等不了那么久。因此，需要一系列有效方法来大大加快这一进程。

量子计算机也许能够帮助解开这个谜题。它们可以在分子水平上解开全过程，因此或许就可以改进固氮的漫长过程，甚至找到有效的替代过程。

正如CB Insights（市场研究机构）所指出的那样："使用今天的超级计算机来确定制造氨的最佳催化组合可能需要几个世纪的时间。然而，一台强大的量子计算机可以帮助我们更有效地分析不同的催化组合——模拟化学反应的另一个应用，并有助于找到更好的制造氨的方法。"[1]

催化作用：自然界的捷径

科学家认为，"催化"的过程也可以用量子计算机来完成分析。催化剂就类似于一个旁观者。它不直接参与化学反应，但也不知道出于什么原因，催化剂的存在确实促进了化学反应。

通常情况下，人体内的化学反应非常缓慢，有时会持续很长时间，但有时也会发生一些神奇的事情来加快这些过程，这样它们就可能在几分之一秒内完成。这就是催化剂的用武之地。对于固氮过程，有一种叫作固氮酶的催化剂。就像导体一样，它的目的是协调12个ATP分子与氮结合以打破形成三键过程中所必须完成的许多中间步骤。因此，固氮酶是创造第二次绿色革命的关键。但不幸的是，对于这个研究来说，数字计算机实在是太原始了，没有能力解开这个秘密。然而，量子计算机就非常适合这项重要任务。

像固氮酶这样的催化剂，其发挥催化作用的过程分为两个阶段。

首先，催化剂将两种反应物结合在一起。它能够将催化剂和反应物像拼图一样组合在一起，促进两种反应物的结合。其次，反应发生所需的被称为活化能的能量有时太高了，从而导致反应物无法顺利相互作用。然而，催化剂实际上降低了活化能，从而使反应可以更加顺利地进行。最后，反应物结合并产生一种新的化学物质，但是催化剂仍然完好无损。

要想了解催化剂是如何发挥作用的，可以想象一个媒人，试图把一对生活在两个不同城市的潜在“夫妻”撮合在一起。通常情况下，这两者纯粹随机相遇的可能性极低，因为他们在相距数英里的完全不同的生活圈中生活。但媒人却可以与双方联系并帮助他们见面，这就大大增加了他们之间发生感情的可能性。在人类的身体之中，几乎所有重要的化学过程都是由某种催化剂介导的。

现在，让我们介绍一位量子“媒人”，它能够意识到有时候自己必须去推动这对潜在“夫妻”的结合，使它们建立联系。例如，也许其中一个人是十分害羞、沉默寡言或者紧张的，那么这些特质就会阻止它们之间关系的破冰。换句话说，在它们开始与对方建立联系之前，必须克服激活障碍。这就是量子“媒人”所要做的，首先是打破僵局，或者帮助其穿过分隔它们的屏障。这个过程被称为“隧穿”，是量子理论的特征之一，意味着要穿透看似无法穿透的屏障。隧穿是像铀这样的放射性元素能够发出辐射的原因，因为辐射通过隧穿核屏障而到达外部世界。放射性衰变的过程会使地球中心升温，并推动大陆漂移，这也是由于隧穿效应。所以，下次当你看到一座巨大的火山喷发时，你就能见识到量子隧穿的力量。同样，ATP 分子也能够神奇地隧穿这一能量屏障，完成化学反应。

此外，我们将看到，几乎所有使生命成为可能的关键反应都需要催化剂，而生命本身的起源可能是由于量子力学。

令人遗憾的是，固氮酶和固氮过程是如此复杂，以至于虽然进展稳定，但十分缓慢。尽管科学家现在已经掌握了固氮酶分子的完整分子图，但它是如此复杂，以至于没有人确切知道它是如何工作的。整个过程是如此复杂，以至于数字计算机无法解开其秘密。这就是量子计算机可以脱颖而出的地方，完善所有使之成为可能的步骤。

微软是开展这一雄心勃勃的项目的公司之一。继在 Xbox 游戏机等商业项目上取得成功后，微软一直在寻找风险更高但潜在盈利更大的项目。早在 2005 年，微软就对量子计算机等“蓝天项目”感兴趣。当时，微软成立了一家名为量子站（Station Q）的公司，研究固碳和量子计算等问题。

“我认为我们正处于一个转折点，准备从研究转向开发，”微软量子项目负责人、公司副总裁托德·霍姆达尔表示，“为了在世界上产生重大影响，必须冒一定的风险，我认为我们现在是有机会做到这一点的。”[2]

他喜欢把这个发明与晶体管的发明做对比。当时，物理学家正在绞尽脑汁，试图思考这个发明的实际应用。一些人认为晶体管只是对向海上船只发出信号有用。同样，《纽约时报》将微软的量子计算机比作“科幻小说”，认为这个发明也可能以意想不到的方式改变社会。

微软是一家迫不及待地想解决固氮问题的公司。它已经在使用第一代量子计算机，探索能否揭开这一过程的奥秘。其影响是深远的，有可能引发第二次绿色革命，并以更低的能源成本养活爆炸式增长的世界人口。倘若不这样做就可能会产生灾难性的副作用，正如我们所看到的，可能会导致骚乱、饥荒和战争。

最近，微软遇到了一个挫折，一些拓扑量子位的实验结果出现了错误，但对于量子计算机的真正信徒来说，这只是在路途中遇到的一个减速带而已。

事实上，谷歌首席执行官孙达尔·皮柴最近声称，他认为量子计算机或许能够在十年内改进哈伯–博施法。[3]

量子计算机在以下几个方面对分析这一重要的化学过程至关重要：

• 量子计算机可以通过求解固氮酶中各种成分的波动方程，帮助逐个原子地阐明这一复杂过程。这也将有助于揭开固氮过程中许多缺失的步骤。

• 量子计算机实际上可以测试不同的方法来破坏 N_2 的化学键，而不只是尝试通过外力或催化来实现。

• 如果我们用替代品取代各种原子和蛋白质，那么量子计算机可以模拟将会发生什么，看看是否可以用不同的化学物质使固氮过程效率更高、能耗更低、污染更少。

• 量子计算机可以测试各种新的催化剂，看看它们是否能加快这一过程。

• 量子计算机可以测试具有不同蛋白质链排列版本的固氮酶，看看是否可以改善其催化性能。

因此，如果微软和其他公司能够解开固氮之谜，它可能会对人类的粮食供应产生巨大影响。但科学家对量子计算机的使用还抱有其他梦想。科学家不仅想通过量子计算机更加节能地完成食品生产，他们还想了解能源本身的性质。量子计算机能解决能源危机吗？

第九章

让世界充满能量

乍一看，人们可能会认为20世纪工业界的巨头托马斯·爱迪生和亨利·福特应该是死对头。毕竟，爱迪生是工业和社会电气化背后不知疲倦的推动力。凭借1 093项专利，他用许多我们现在看来已经十分理所当然的发明，以电力为动力，彻底改变了人类生活方式。然而，福特却从以化石燃料为动力的T型车中赚了数百万美元。与爱迪生不同，他所创造的并不是电力，而是以石油为基础的现代工业基础设施。对他来说，燃烧石油能够为未来提供动力。

而事实却是，爱迪生和福特是十分亲密的朋友。实际上，作为一个年轻人，福特崇拜爱迪生。多年来，他俩会一起度假，并非常高兴能有对方的陪伴。他们的关系之所以如此密切，也许是因为他们都是通过纯粹的意志力创建了世界级的公司。

爱迪生和福特经常通过打赌来打发时间，下注哪种能源会成为人类未来的动力源。爱迪生青睐于电池，而福特则相信石油。对于任何听到这个赌局的人来说，这似乎都是一个毫无争议的问题。人们会很容易得出这样的结论：爱迪生将轻而易举地获胜。电池既安静又安全，相比之下，石油噪声大，有毒，甚至还很危险。每隔几个街区就去建一个加油站的想法是多么荒谬啊。

在许多方面，对石油的批评都是正确的。内燃机排放的烟雾会导致呼吸道疾病并加速全球变暖，而且汽油动力汽车的噪声一直很大。

但最终，还是福特赢下了这场赌局。

为什么呢？

首先，一块电池中储存的能量只相当于一加仑汽油中能量的一小部分。（最好的电池每千克只能储存约 200 瓦时的能量，而同质量的汽油可以储存 12 000 瓦时。）

当中东、得克萨斯州和其他地方发现了巨大的油田时，汽油价格暴跌，这使得原本没有能力购买汽车的美国工人阶级一下子买得起车了。

人们开始忘记爱迪生的梦想。低效、笨拙、脆弱的电池显然无法与为能源匮乏人群设计的廉价、高辛烷值的燃料竞争。

由于摩尔定律以廉价的计算机能力彻底改变了世界经济，人们倾向于认为一切都遵循这一定律。因此，我们对电池能效落后了几十年的事实感到困惑。我们忘记了摩尔定律只适用于计算机芯片，而像电池那样的化学反应是出了名的难以预测。预测能够提高电池效率的新化学反应是一项重大任务。

未来，我们不再需要在电池中不厌其烦地测试数百种不同化学物质的性能了，量子计算机将更快、更便宜地模拟它们的性能。就像可能有助于解开光合作用或天然固氮秘密的模拟实验一样，“虚拟化学”有一天可能会取代在化学实验室中艰苦的反复试错。

太阳能革命？

提高电池性能这一挑战具有巨大的经济意义。早在 20 世纪 50 年代，未来主义者就宣称，总有一天房子将依靠太阳光来实现供电。巨大的太阳电池阵列，再加上强大的风车，将捕获太阳能和风能，并提供廉价、可靠的能源。而且这种能源还是几乎免费的。这简直是人类的梦想。

然而，现实却慢慢变得不同了。近几十年来，可再生能源的成本一直在下降，但速度极其缓慢。太阳能时代的到来比人们预期的要慢得多。

在某种程度上，问题在于现代电池的局限性。当太阳不照耀、风也不吹时，来自可再生能源的电力就会降至零。可再生能源链中的薄弱环节是储存——如何储存能源以备不时之需。虽然随着我们系统地使硅片小型化，计算机的计算速度呈指数级增长，但只有当发现新的效率甚至新的化合物时，电池电量才会增长。目前，电池仍然使用 20 世纪已知的化学反应。如果能够制造出一种效率和功率都更高的超级电池，人类将快速向无碳能源的未来过渡，并减缓全球变暖的进程。

电池的历史

回顾过去，我们看到电池在几个世纪里以极其缓慢的速度发展。在古代，人们都知道，如果一个人走过地毯产生了摩擦，那么他在接触门把手时就有可能会触电。但这只是一种好奇，直到 1786 年历史发生了改变，当时物理学家路易吉 · 加尔瓦尼用一块金属摩擦一条青蛙的断腿。令他惊讶的是，他观察到这条青蛙断腿竟然在抽搐。

这是一个关键的发现，因为科学家现在证明电可以驱动肌肉运动。在一瞬间，科学家意识到，其实似乎不必求助于某种神话中的“生命力”来解释无生命物体是如何变成有生命的。电是理解我们的身体在没有灵魂的情况下如何运动的关键。这些开创性的电学研究也启发了他的另一位勇敢的同事。

1799年，亚历山德罗·沃尔塔制造了第一个电池，表明人类可以产生化学反应来重现这种效果。在实验室里按需发电在当时是一个耸人听闻的发现，消息迅速传开。而现在，这种奇怪的力量已经被广泛应用了。

但遗憾的是，电池在200多年的时间里并没有发生太大的变化。最简单的电池是从两个金属棒或电极放在不同的杯子里开始的。在两个杯子里都有一种叫作电解质的化学物质，可以发生化学反应。连接两个杯子的是一根管子，离子可以通过管子从一个杯子传递到另一个杯子。

由于电解质中的化学反应，电子会离开一个被称为阳极的电极，然后传递到另一个被称为阴极的电极上。电荷的运动必须平衡，因此当带负电荷的电子从阳极传递到阴极时，也有正离子通过电解质连接管进行运动。这些电荷的流动就产生了电。

几个世纪以来，电池的这种基本设计一直没有发生什么变化，发生变化的只是构成电池的各种化学成分。为了最大限度地提高电压或增加其储能容量，化学家对不同的金属和电解质开展了不厌其烦的实验。

由于当时大家普遍认为电动汽车并没有什么市场，所以几乎没有改进电池技术的动力。

锂革命

在战后，电池技术是一个死气沉沉的领域。由于对电动汽车和便携式电子电器的需求明显不足，所以在这方面的技术进展也没有任何动力。然而，人类对全球变暖担忧的日益加剧和电子市场的爆炸性增长，推动了对电池技术的新研究。

由于污染及全球变暖造成了生态威胁，全球都必须积极采取行动。而随着汽车行业转向电动汽车的压力越来越大，发明者开始争相比拼，都想制造出更强大的电池。电池正逐渐呈现出与汽油比肩的竞争趋势。

锂离子电池的推出就是一个成功的例子，甚至在市场上掀起了新浪潮。从手机、电脑到大型喷气式客机，锂离子电池几乎可以用于各种形式的电子产品。锂离子电池的应用之所以如此普遍，是因为在所有可用电池中它们拥有最高的能量容量，同时，它们也便携、紧凑、稳定且高效。它们是人类在这方面几十年兢兢业业研究的一个最终产物，是在经历了不厌其烦地分析数百种不同化学物质的电学性质的基础上产生的。

锂离子电池如此便携的根本原因在于锂原子的性质。通过查看元素周期表，我们会发现锂是所有金属中最轻的，而如此轻的质量正好满足了人类想要在汽车和飞机上采用轻质电池的要求。

同时，锂原子的结构是三个电子围绕原子核运转。前两个电子填充了原子的第一能级轨道 1S，所以第三个电子就得以在第二能级轨道上比较活跃地存在，相对更加容易被分离出来并给电池提供能量。这就是为什么用锂元素来制作电池非常容易产生电流。

综合看来，锂离子电池有一个由石墨材料制成的阳极，一个由锂钴氧化物材料制成的阴极，以及由醚类制成的电解质。锂离子电池对世界产生的影响是革命性的，几位发明及完善这项技术的科学家也因此被授予了诺贝尔化学奖，他们是：约翰·班尼斯特·古迪纳夫、M. 斯坦利·惠廷厄姆和吉野彰。

然而，锂离子电池仍然存在一个明显劣势，尽管能量密度已经是市场上所有电池中最高的了，但它们仍然只能达到汽油储能的 1%。如果人类真的决定进入一个无碳时代，那么就需要一种能量密度能够真正与化石燃料相媲美的电池。

超越锂离子电池

现代社会中随处可见的锂离子电池在商业上取得了巨大成功，这种成功引发了一种狂热，人们试图通过寻找下一代替代品或改进品来拔得商业头筹。同样地，该领域的工程师面临的一个问题仍然是试错方法有限。

比如锂空气电池，作为一个重要候选者，与其他完全密封的电池不同，它可以允许空气流入其中，再通过空气中的氧气与锂的相互作用释放电池的电子（并在这个过程中产生过氧化锂）。

锂空气电池的最大优点是，其能量密度能达到锂离子电池的 10 倍之多，因此其能量密度也真正能够接近汽油能量密度的水平。（这当然也是因为氧气是从空气中源源不断地免费供给的，而不必依靠必须储存在电池内的那些原料。）

然而尽管锂空气电池的发现能够实现能量密度的巨大提升，但是一系列技术问题还是阻碍了这种表现卓越的电池被广泛应用到实践中。特别是使用寿命，锂空气电池的使用寿命只能达到两个月左右的水平。当然，对这项技术怀抱信心的科学家仍然相信，通过继续开展对数十种不同类型化学物质进行反复试验的方法，最终还是可以解决锂空气电池当前面临的许多技术挑战的。

2022 年，日本国家材料科学研究所与投资公司软银合作，宣布了一种颇具前景的新型锂空气电池，其能量密度远高于标准锂离子电池。然而，从细节观察，其实仍然无法确定，这个新型产品到底是否真正克服了所面临的一系列挑战。

拥有一辆电动汽车，就同时拥有了一个持续的烦恼，那就是花多长时间给电池充电才能保证它持续运行几个小时到一天。因此，另一项正在研发的技术就是超级电池，这是一种由 Skeleton Technologies 技术公司和德国卡尔斯鲁厄理工学院创建的混合动力系统，有望在 15 秒内给电动汽车充满电。

一方面，超级电池使用的是标准的锂离子电池。另一方面，超级电池的新颖之处在于，其能够将锂离子电池与电容器相结合，从而有效缩短充电时间。（电容器储存静电。最简单的电容器由两个平行的板就能组建起来，一个板带正电，另一个板带负电。电容器的最大优点是既可以储存电能，又能迅速释放。）使用超级电容器提供快速充电的技术很快吸引了其他公司。特斯拉最近收购了麦克斯韦科技（Maxwell Technologies）公司，也致力于探索这一技术突破路径。因此，这种混合动力技术一旦上市，就可以进一步极大地提高使用电动汽车的便利性。

由于潜在回报巨大，该领域许多有进取心的公司都在努力开展锂离子电池替代品的研发。至少包括以下实验技术：

• NAWA Technologies（一家法国技术公司）宣称，其使用纳米技术的“超高速碳电极”可以将电池电量提高 10 倍，同时寿命还能延长 5 倍。该公司声称，采用自己公司的产品，电动汽车的续航里程可以达到 1 000 千米，充电时间也很短，仅需 5 分钟即可达到电池容量的 80%。

• 得克萨斯大学的科学家宣布能够从电池中去除最不理想的成分——钴。钴的价格昂贵并且有毒，但这个团队声称能够用锰和铝代替钴。

• 中国电池制造商蜂巢能源宣布，它们也可以替换电池中的钴。它们声称能够将电动汽车的续航里程增加到500英里，并提高电池寿命。

• 东芬兰大学的科学家使用硅和碳纳米管开发了一种具有混合阳极的锂离子电池，并声称这可以提高电池的性能。

• 另一个研究硅的小组是加州大学河滨分校的科学家。他们使用基本的锂离子电池，只是用硅代替了石墨阳极。

• 澳大利亚莫纳什大学的科学家用锂硫电池替代了锂离子电池。他们声称，自己团队研发的电池可以为智能手机供电五天，也可以为电动汽车供电620英里。

• IBM研究中心和其他公司正在研究用海水替代钴和镍等有毒元素，甚至替代锂离子电池本身。IBM声称海水电池更便宜，能量密度更高。

尽管锂离子电池正在逐步改进，但沃尔塔200年前提出的基本策略仍然存在。希望量子计算机能够帮助科学家将这一过程系统化，使其更便宜、更有效，从而可以进行数百万次虚拟实验。

问题是，电池内部发现的复杂化学反应并不简单遵循任何定律，比如牛顿力学定律。但量子计算机也许能够完成这项繁重的任务，模拟复杂的化学反应，而无须实际执行。

毫不奇怪，汽车行业正在投资量子计算机，看看是否可以使用纯数学设计超级电池。一个超高效的电池可以消除阻碍太阳能时代到来的主要瓶颈：电力的储存。

汽车工业与量子计算机

汽车巨头梅赛德斯－奔驰品牌的拥有者戴姆勒，是最早看到量子计算机潜力的公司之一。早在 2015 年，戴姆勒就创建了量子计算倡议，以跟上这一快速变化的领域。

本·伯泽尔是梅赛德斯－奔驰北美研发集团的一员，他说：“这是一项以研究为导向的活动，着眼于 10~15 年后发生的事情，随着新宇宙的诞生，我们想了解一些基本情况，作为一家公司，我们希望成为其中的一部分。”[1] 戴姆勒认为量子计算不仅仅是一种科学好奇心，而且是其关键战略的一部分。

戴姆勒在线杂志的编辑霍尔格·莫恩指出，量子计算除了发现新的电池设计之外，还有其他好处。他写道：“这可能成为发现新的、更高效的技术的最佳方式，模拟空气动力学形状以获得更好的燃油效率和更平稳的行驶，或者用无数变量优化制造工艺。”[2] 2018 年，戴姆勒组建了一个由顶尖工程师组成的团队，与谷歌和 IBM 密切合作，开发解决这些棘手问题所需要的技术。他们已经开始编写代码并将其上传到云端，以不断熟悉对量子计算的运用。

例如，空气动力学的基本方程是众所周知的。但是，与其进行昂贵的风洞测试来减少汽车上的空气摩擦，不如将汽车放入“虚拟风洞”中，即在量子计算机的内存中测试汽车设计的效率，这样更便宜、更方便。同时，这将有助于进行快速分析，从而减少阻力。

空中客车公司正在使用量子计算机创建一个虚拟风洞，以计算其飞机升降的最节能路径。大众汽车也在使用这项技术来计算公交车和出租车在拥堵城市中的最佳路径。

自 2018 年以来，宝马公司一直在研究量子计算机，并已经开始使用霍尼韦尔最新的量子计算机来解决一系列问题。它们试图通过量子计算探索的几种优化路径包括：

- 打造更好的汽车电池

- 确定安装充电站的最佳位置
- 寻找更有效的方式购买宝马汽车的各种零部件
- 提高空气动力学性能和安全性

尤其是，宝马公司正在寻求量子计算机来帮助优化程序，即在提高性能的同时降低成本。

但量子计算机不仅仅有助于在不破坏环境的情况下，制造更新、更便宜、更强大的电池和汽车。量子计算机最终可能还能帮助人类从那些可怕的不治之症中解放出来，而这些疾病其实自人类诞生以来就一直在折磨着我们。现在我们已经开始转向通过量子计算机来创造一场医学革命了。

青春之泉，而不是传说中的永生之泉，其具象形态可能就是一台量子计算机。

第三篇
量子医学

第十章

量子健康

我们到底能活多久？

在人类历史的大部分时间里，人类的平均预期寿命徘徊在 20 岁到 30 岁之间。生命往往短暂又痛苦。人类也一直没有逃脱对下一次瘟疫或饥荒的恐惧。

《圣经》和其他古代文本中的故事经常提及瘟疫和疾病。再后来，这些故事开始转向对孤儿和邪恶继母的讲述，因为亲生父母往往寿命不够长，没有办法抚养自己的孩子。

可悲的是，纵观人类历史，医生好像一直在扮演庸医和江湖骗子的角色，浮夸地提供所谓的“治疗”，却往往让患者的病情恶化。有所不同的是，富人能负担得起私人医生的费用，可以小心翼翼地防范那些其实对自己生命并没有什么效用的药剂，而穷人则经常在肮脏、拥挤的医院里贫困潦倒地死去。（这一切都被法国剧作家莫里哀在滑稽戏剧《屈打成医》中展现了出来，在这部戏剧中，一个贫穷的樵夫被误认为一位杰出的医生，他用夸张、花哨、胡诌的拉丁词语来提供愚蠢的医疗建议，还成功欺骗了所有人。）

然而，在帮助人类延长预期寿命方面，医疗卫生领域后来确实取得了一些历史性进展。首先是更好的卫生条件。古代城市里曾经到处是腐烂的食物和人类排泄物，人们还经常随意把垃圾扔在街上。古代城市的道路往往气味难闻，是疾病的滋生地。但到了 19 世纪，公民开始谴责日常生活中的不卫生情况，推动了污水处理系统的建立和卫生条件的改善。这些做法消除了数十种致命的水传播疾病，使人类预期寿命增加了 15~20 年。

接下来的医疗革命是由于 19 世纪席卷欧洲大陆的血腥战争。很多士兵死于战争导致的各种严重伤病，国王和君主因此纷纷下令，如果谁有真正有效的治疗方法，谁就能得到皇家奖励。一时间，雄心勃勃的医生不再只是试图用没有什么疗效的混合物来打发那些富人顾客，而是开始发表能够真正帮助患者的医疗论文。随着医学期刊的蓬勃发展，主要的作者显然获得了更多声誉，但这不是最重要的，重要的是实验证据的记录开始得以进步。

当医生和科学家有了这一职业新方向，抗生素和疫苗等革命性进步就有了发展的基础，而在医学和科学方面的进步也最终帮人类战胜了一系列致命疾病，并使人类平均预期寿命又延长了 10~15 年。更好的营养、手术的发明、工业革命的兴起以及其他有利因素，也为人类预期寿命的提高创造了条件。

因此，当下许多国家的平均预期寿命其实都保持在 70 多岁。

不幸的是，现代医学的许多突破都是由于运气，而不是努力。因此，对于那些突发疾病，人类并不掌握任何系统性的有效治疗方法。

1928 年，亚历山大·弗莱明无意中观察到面包霉菌颗粒可以杀死培养皿中生长的细菌，掀起了一场医疗保健革命。医生不再眼睁睁地看着病人死于常见疾病，而是可以使用青霉素等抗生素，这是在人类历史上首次真正治愈了病人。很快，就有了对抗霍乱、破伤风、伤寒、肺结核和许多其他疾病的抗生素。这些治疗方法大多是通过反复试验找到的。

耐药细菌的出现

抗生素是非常有效的，但由于它们经常出现在处方上面，以至于现在细菌已经对人类发起反击了。而且这也不再是一个仅停留在学术层面的问题，因为耐药细菌已经成为当下社会面临的主要健康挑战之一。那些我们认为已经被消灭掉的致命疾病，如肺结核，现在又在慢慢卷土重来，而且较以前更加致命且难以治愈。这些“超级细菌”对最新的抗生素通常也是免疫的，普通民众根本束手无策。

此外，随着人类在医学方面的探索扩展到以前从未探索或知晓的领域，人体也会更多地暴露在那些不断挑战人体免疫力的新疾病面前。据此推断，还有大量未知的疾病未来可能会暴露出来并感染人类。

有一些观点认为，在动物身上大规模使用抗生素加速了这一趋势。例如，奶牛成为耐药细菌滋生地的原因是，农民时不时地就为了增加牛奶和奶制品产量而过量使用抗生素。

由于耐药细菌卷土重来的威胁已经越来越严重，因此十分迫切地需要新一代的抗生素，使其价格便宜到足以证明其使用成本还是比较合理的。但令人十分遗憾的是，在过去 30 年里，人类并没有开发出新的抗生素种类。我们父母那一辈人所使用的抗生素，与我们这一辈人如今仍然在使用的抗生素，种类大致相同。现在面临的一个问题是，为了分离出少数有前景的药物，人类必须完成对数千种化学物质的试验。而如果通过这种方法来开发新的抗生素，那么成本将十分高昂，可能需要 20 亿 ~30 亿美元。

抗生素如何发挥作用

利用现代技术，科学家已经逐渐推断出某些种类的抗生素是如何发挥作用的。例如，青霉素和万古霉素会干扰一种名为肽聚糖的分子的产生，而肽聚糖对于细菌创建和加强自己的细胞壁至关重要。因此，这类药物能够直接导致细菌的细胞壁分崩离析，从而消灭细菌。

另一类药物被称为喹诺酮类药物，它是用化学效应对细菌生殖产生干扰，让细菌的 DNA 无法正常发挥作用，从而无法繁殖。

还有一种药物——四环素也属于这一类，它是通过干扰细菌合成关键蛋白的能力来发挥作用的。此外，还有一类药物能够阻止细胞产生叶酸，从而干扰细菌对流经细胞壁的那些化学物质的控制能力。

我们已经取得了很多进步，那么为什么当下进入了瓶颈期呢？

这是因为新的抗生素往往需要耗费很长时间才能被发明出来，通常需要 10 多年的时间。这些药物必须经过反复测试，以确保安全性。这是一个非常耗时且成本高昂的过程。还有可能经过 10 多年的努力，但是最终产品却入不敷出。所以许多制药公司的底线是，销售收入必须能够补偿生产这些药物的成本。

量子计算机的作用

问题是，就像沃尔塔时代以来的电池设计一样，自弗莱明时代以来，实验的基本方法就没有出现过太大变化。从根本上来看，我们现在采用的方法仍然是在培养皿中盲目地测试各种候选细菌。唯一不同的是，我们现在能够利用所谓自动化、机器人技术和机械化装配线，在数千个含有不同类型疾病的培养皿中，同时测试多种有前景的药物，但这一切本质上仍然是在模仿 100 年前弗莱明所开创的基本方法。

从那时起，基本策略一直如下：

试验有希望的物质→确定它是否能杀死细菌→确定杀死细菌的机制

而量子计算机可能将彻底颠覆这一传统过程，并能够帮助我们加速寻找到新的救命药。量子计算机足够强大，可能就在某一天它可以直接系统地引导人类找到消灭细菌的新方法。我们能够在量子计算机的内存中快速设计新药，而不是为了找到一种新药花费几十年的时间。

这意味着基本策略的顺序颠倒了：

确定杀死细菌的机制→确定它是否能杀死细菌→试验有希望的物质

例如，如果在分子水平上可以解开这些抗生素杀死细菌的基本机制，人们就能够利用这些知识来开发新药。这意味着，首先，我们从需求更强的机制开始着手，比如选择去破坏细菌的细胞壁。接下来，使用量子计算机来确定如何通过在细胞壁上发现弱点来实现这一目标。最后，测试可以有效发挥这一功能的不同药物，并锁定少数几种能够真正有效对抗细菌的药物。

用传统计算机模拟青霉素分子面临的挑战是十分巨大的。完成这种类型的实验需要 10^{86} 位的计算机内存，远远超出了任何数字计算机的能力。但这种计算在量子计算机的能力范围之内。因此，通过分析新药的分子行为来发现新药，可能会成为量子计算机应用的一个主要方向。

“杀手”病毒

同样地，现代科学已经可以用疫苗达到攻击病毒的目标，但也只是针对某一些病毒。而且疫苗是通过刺激人体免疫系统来间接发挥作用的，而不是直接攻击病毒，所以治疗病毒引起的疾病总体而言进展相对缓慢。

天花是历史上最强大的“杀手”之一，仅自 1910 年以来，天花就造成 3 亿人死亡。人类其实很早就知道天花这种病毒，而且逐渐了解到，如果有人得了天花并且最终康复了，那么将这些人皮肤上结的痂制成粉末，再通过皮肤的裂口传给那些健康的人，这些人就不会再感染天花了。

1796 年，这项技术得到了改进，并在英国成功应用。医生爱德华·詹纳从患牛痘（类似天花）后康复的挤奶女工身上取了脓液，然后将脓液注射给健康个体，这些个体对天花就产生了免疫力。

从那时起，疫苗开始广泛用于治疗大量以前无法治愈的病毒类疾病，如脊髓灰质炎、乙型肝炎、麻疹、脑膜炎、腮腺炎、破伤风、黄热病和许多其他疾病。尽管已经有成千上万种具有潜在治疗价值的疫苗，但由于人类还不了解人体免疫系统是如何在最微小的范围内完成工作的，所以也就不可能针对所有疫苗开展测试。

可是在量子计算机中“测试”每种疫苗是可行的，这样就不必通过实验来测试了。这种方法的好处在于，可以快速、廉价、高效地寻找新疫苗，而不需要使用混乱、耗时和昂贵的试验。

在下一章中，我们将探索量子计算机将如何修改和加强我们的免疫系统，保护人类免受癌症以及目前可能无法治愈的疾病，如阿尔茨海默病和帕金森病的侵害。但在此之前，值得一提的是，量子计算机还有一种方法可以帮助我们抵御下一种全球大流行病毒。

新冠肺炎大流行

了解量子计算机威力的一个方法是思考新冠肺炎疫情的悲剧。迄今为止，这场疫情已导致美国约 100 万人死亡，全球数十亿人陷入经济困境。然而，量子计算机可以为我们提供一个预警系统，在新出现的病毒引发全球大流行之前就检测到它们。

据说，60% 的疾病最初来自动物王国。因此，动物世界其实就像是一个存有大量新病毒的仓库，随时都有可能引发一系列新的疾病。随着人类文明扩张至一些此前从未到过的地域，我们也开始接触到了新的动物和疾病。

例如，通过基因分析，可以确定流感病毒主要起源于鸟类。许多流感病毒都出现在亚洲，那里的农民从事一种称为复合农业的工作，与猪和鸟类生活得很近。虽然病毒起源于鸟类，但猪经常会吃鸟粪，而人类则吃猪肉。因此，猪就像一个混合器，将鸟类和猪的 DNA 结合在了一起，创造出了新的病毒。

同理，获得性免疫缺陷综合征（简称艾滋病）病毒可以追溯到感染灵长类动物的猴免疫缺陷病毒。利用遗传学，科学家推测，在 1884—1924 年的某个时候，非洲有人吃了灵长类动物的肉，然后将其与人类的 DNA 混合，产生了艾滋病病毒，这是一种变异的猴免疫缺陷病毒，可以攻击人类。

随着交通运输的进步，频繁的全球旅行加速了中世纪瘟疫等疾病的传播。历史学家追踪了古代水手从一个城市到另一个城市的路径，从而回溯了瘟疫传播到遥远海岸的过程。通过将船只停靠在某个港口的时间与疾病暴发的日期进行比较，可以看出瘟疫是如何在中东和亚洲蔓延，从一个城市传播到另一个城市的。时至今日，喷气式客机的速度更快，甚至可以在几个小时之内就将病毒传遍各个大洲。

因此，通过国际飞机旅行传播的另一场席卷全球的疫情一定会到来，而何时到来就只是时间问题。

由于基因组学的显著进步，2020 年科学家就已经能够在几周内完成对新冠肺炎病毒遗传物质的测序了。这使得科学家能尽快研制出刺激人体免疫系统攻击病毒的疫苗。但疫苗只是帮助调整人体自身的免疫系统，使其能够实现自我防御。而用来战胜这种致命病毒的系统性方法至今仍是缺失的。

预警系统

量子计算机可以通过多种方法帮助人类阻止下一次疫情的发生，或者至少可以帮助人类建立一个预警系统来实时监测病毒的出现。从新冠肺炎病毒变种出现的那一刻算起，目前我们需要数周的时间才能发出有效警报。在此期间，病毒已经毫无预警地逃逸到人类的生态系统中了。对病毒的预警延迟几周，就完全有可能使病毒多传染给数百万人。

追踪流行病的一种方法是在世界各地的下水道系统中安装传感器。通过污水分析可以很容易地识别病毒，尤其是在拥挤的城市地区。快速抗原检测可以在大约 15 分钟内就发现病毒的暴发。然而，来自数百万个下水道系统的数据可能会让数字计算机不堪重负。如果是量子计算机就完全不同了，它们非常擅长分析堆积如山的数据，并能够成功分析出最关键的数据。现在，美国各地的一些社区已经在下水道系统中插入预警系统传感器了。

Kinsa公司（美国医疗科技公司）则建立了另一种早期预警系统，该公司生产的温度计可以连接到互联网。通过监测美国各地暴发的发热，就可以发现那些不容忽略的异常现象。例如，2020年3月，美国南部的医院里充斥着成千上万人感染新病毒的异常报告，事实证明许多人因此死亡，医院也不堪重负。

有人坚持认为，2020年2月底在新奥尔良举行的狂欢节庆祝活动造成了一场超级传播，让数十万毫无戒心的人暴露在病毒面前。果不其然，通过对狂欢节后的温度计读数进行分析，我们可以看到南方患者体温的飙升。遗憾的是，由于医生没有处理这种新型致命病毒的经验，狂欢节后的数周医生才开始提醒大家注意疫情。许多人死于对病毒识别的严重延误，毕竟这种病毒的出现让医疗机构完全措手不及。

未来，随着更多的温度计、传感器等医疗设备组成的庞大网络都连接到互联网，人们就能够通过量子计算机来分析全国各地的实时体温数据。那么我们只要简单地看一眼国家地图，就可以看到那些代表潜在新超级传播事件的热点地区。

创建预警系统的另一种方法是利用社交媒体，它比其他任何东西都更能实时地向我们提供全国各地正在发生的事件。例如，未来的算法将可以定位到互联网上的异常帖子。再如，如果人们开始说“我无法呼吸”或“我闻不到”之类的话，量子计算机可能就会定位到这些异常短语上。然后，医护人员就可以跟进这些事件，看看这些异常表述是不是由某一种可传播的疾病引起的。

同样，量子计算机还能够在疫情暴发时进行实时监测。人类应该可以开发出能够检测悬浮在空气中的病毒气溶胶的传感器。在新冠肺炎疫情开始时，政府官员断言，与他人保持6英尺的距离足以防止病毒的传播。他们声称，传播主要是通过咳嗽和打喷嚏产生的大飞沫进行的。

现在大家已经知道这个结论是不正确的。对病毒的实际研究表明，打喷嚏后的气溶胶粒子可以将病毒携带至 20 英尺或更远。事实上，最新观点认为，病毒传播的主要方式之一正是通过人们简单交谈时产生的气溶胶。在室内与唱歌、吟诵和大声说话的人坐在一起超过 15 分钟，都可能成为导致病毒传播加速的原因。

因此，在未来，放置在室内的传感器网络可能能够检测到空气中的气溶胶，然后将结果发送给量子计算机，量子计算机可以分析这一庞大的信息库，以找到下一次疫情的早期预警信号。

解密免疫系统

疫苗已经证明，人体自身的免疫系统是抵御传染病的强大防御系统。但其实科学家对免疫系统的实际工作原理知之甚少。

我们仍在学习关于免疫系统的那些令人惊讶的新鲜事。例如，科学家刚刚意识到，许多疾病并不会直接侵害人体。1918 年的西班牙流感导致的死亡人数超过了第一次世界大战中的所有死亡人数。不幸的是，病毒样本并没有保存下来，因此我们很难进一步分析这种病毒，并研究确定它究竟是如何导致人体死亡的。但几年前，科学家探访了北极，检查了那些死于这种病毒但保存在永久冻土中的人类的尸体。

他们的发现与众不同。西班牙流感病毒并没有直接杀死受害者，它所做的只是过度刺激人体自身的免疫系统，然后人体免疫系统就开始向人体注入会危及生命的化学物质，以期用这种方式杀死病毒，而其实正是细胞因子风暴最终导致了患者的死亡。所以，如果一定要找到一个“杀手”，那么实际上是人体自身免疫系统失控了。

在新冠肺炎患者身上也发现了类似情况。当人们被送进医院之后，他们的病情起初看起来并没有那么严重。但在疾病的晚期，当细胞因子风暴来临时，充斥身体的危险化学物质最终会导致人体器官衰竭。如果未能针对这种情况进行治疗，往往就会导致患者死亡。

未来，量子计算机可能会为免疫系统的分子生物学研究提供前所未有的视角。例如，通过多种方法来帮助人体关闭或降低免疫系统，以便在发生严重病毒感染时，不会因为过度免疫而导致死亡。我们将在下一章中更详细地讨论免疫系统。

奥密克戎病毒

在确定病毒变异时的特性方面，量子计算机也可能被证明是至关重要的。例如，大约在 2021 年 11 月，新冠病毒的变种奥密克戎出现了，在其基因组被测序之后，警钟立即响起。奥密克戎有 50 个突变，这使它比德尔塔病毒更具传播性。但是，科学家无法准确确定这些突变会造成多大的危害。它们会让刺突蛋白比以前更快地进入人体细胞，从而对人类造成严重破坏吗？科学家只能通过持续观察来进一步确定。但是在未来，量子计算机可能会通过分析病毒刺突蛋白的突变来直接确定病毒的致命性，而不是无奈地等上几周的时间。

我们一旦知道了这种病毒和其他病毒的结构，就可以预测疾病的病程。数字计算机实在太原始，根本无法模拟出像奥密克戎这样的病毒攻击人体的过程。然而，我们一旦知道了病毒的精确分子结构，就可以使用量子计算机来模拟病毒对身体的特定影响，从而提前知道它的危险性，以及应该如何对抗它。

幸运的是，人类也在不断进化。许多导致大部分人类死亡的古老疾病，如 1918 年的西班牙流感病毒，可能并未远离，仍然在我们身边，但已经变异为地区性流行病，而不是大流行病。根据进化理论，不同的病毒株之间也存在竞争。因此，病毒也有一种进化的压力，要让自己变得更具感染力并在竞争中获胜。因此，每一代突变可能都比前一代更具传染性。但是，如果病毒杀死了太多人，那么很可能它们就没有足够多的宿主来继续实现传播。因此，囿于进化压力，病毒在不断进化的过程中，其致命性会不断降低。

因此，换言之，为了继续传播，许多病毒会进化，从而变得更具传染性，但致命性却更低。也许我们不得不学会与新冠肺炎病毒共存，当然，是与它不那么致命的变种一起。

未来

抗生素和疫苗是现代医学的基础。但抗生素通常是通过反复试验发现的，而疫苗只能通过刺激免疫系统产生抗体来对抗病毒。因此，现代医学的一个目标是开发新的抗生素，另一个目标是了解人体的免疫反应，这是人类抵御病毒以及抵御有史以来最大的“杀手”之一——癌症的第一道防线。如果人类免疫系统的奥秘可以通过量子计算机揭开，我们就能探索到一些有效办法去治疗那些当下看来最难治愈的疾病，包括多种癌症、阿尔茨海默病、帕金森病和肌萎缩侧索硬化。这些疾病在分子水平上造成的损害，只有通过量子计算机才能完全解开并寻找到有效的对抗之法。在下一章中，我们将研究量子计算机会如何帮助揭开人类免疫系统的奥秘，并最终帮助我们实现增强免疫系统的目标。

第十一章

基因剪辑与癌症治疗

1971 年，理查德·尼克松总统大张旗鼓地向癌症宣战。他当时声称，现代医学将最终结束这场浩劫。

但就在短短几年之后，当历史学家对这一努力进行评价的时候，结论非常明确：癌症大获全胜。是的，虽然手术、化学治疗和放射治疗等医学手段在对抗癌症方面取得了越来越多的进展，但因癌症而死亡的人数仍然居高不下。癌症是美国人口死亡病因中排名第二的“杀手”，仅次于心血管疾病。2018 年，癌症在全球范围内造成的死亡人数高达 950 万人。

人类与癌症之间的战争尚存在一个根本问题没有得到解决，那就是科学家根本不知道癌症到底是什么。这种可怕的疾病到底是由单一因素引起的，还是由饮食、污染、遗传、病毒、辐射、吸烟或运气不佳等一系列令人困惑的因素造成的，人们对此展开了旷日持久的争论。

几十年后，遗传学和生物技术的进步终于揭开了答案。从根源上来看，癌症其实是一种基因疾病，但可能是受到环境毒物、辐射和其他因素影响，或者也可能只是因为运气不好而引发的。或者说，癌症其实根本不是一种病，而是我们基因中数千种不同类型的突变中的一种。现在有各种类型的癌症百科全书，这些癌症会导致健康细胞突然增殖并杀死人体宿主。

癌症是一种极其多样且普遍的疾病。在数千年前的木乃伊中也发现了癌症。最古老的医学参考可以追溯到公元前3000年的埃及。癌症不仅存在于人类的身体里，在动物王国中也普遍存在。从某种意义上来说，癌症是我们为地球上拥有复杂生命形式所付出的一种代价。

为了形成一种复杂的生命形式，数万亿个细胞依次进行着复杂的化学反应，一些细胞必须在新细胞取代它们时死亡，这才能使身体得以生长和发育。人在婴儿时期的许多细胞最终必须死亡，以便为成年时期的细胞铺平道路。这意味着，细胞从基因层面就直接被编程为必然走向死亡，必须通过牺牲自己来形成新的复杂组织和器官。这叫作细胞凋亡。

尽管这种程序性细胞死亡看上去是身体健康发育的惯例，但是人体的基因还是会在某些时候意外地失灵，导致细胞不选择死亡，而是持续不断地疯狂繁殖和增殖。由于这些细胞不能停止繁殖，所以从这个意义上说，癌细胞实际上是根本不会减少的。事实上，这也是为什么癌细胞会杀死我们，因为癌细胞会不受控制地持续生长，并最终形成肿瘤，导致人体各项重要功能失灵。

再换句话说，癌细胞其实是一种普通的细胞，只是这种细胞“忘记”自己到时间就应该死亡这件事了。

癌症的形成可能会潜伏数年甚至数十年的时间。例如，如果你小时候有严重的晒伤，几十年后你可能会在那个部位患上皮肤癌症。这是因为，一个以上的突变才会导致人体患上癌症。而多个突变的形成，通常都是需要数年或者数十年的累积，一旦形成，就会最终导致这些细胞丧失控制繁殖的能力。

但是，如果癌症是如此致命，那么为什么数百万年的进化没有通过自然选择淘汰这些缺陷基因呢？答案是，癌症主要是在我们的生育期结束后扩散的，因而消除癌症基因的进化压力是比较小的。

我们有时会忘记，进化是通过自然选择进行的，具有一定的偶然性。因此，尽管使生命成为可能的分子机制确实令人惊叹，但它们只是数十亿年来大自然“反复试验”出的随机突变的一个副产品。因此，我们可能无法指望身体能够进化出对致命性疾病的完美防御。由于癌症涉及的突变数量非常大，所以只有量子计算机才有足够的计算能力帮助我们在海量信息中筛选出有效信息，并最终确定疾病的根本原因。量子计算机非常适合攻克某一种可能由多重原因导致的疾病。量子计算机最终将成为我们与疾病斗争的全新武器，帮助我们逐渐攻克诸如癌症、阿尔茨海默病、帕金森病、肌萎缩侧索硬化等无法治愈的疾病。

液体活检

我们如何知道自己是否患有癌症呢？令人遗憾的是，很多时候我们并不知道。癌症的症状有时模棱两可，或者难以检测。例如，癌症一般都是在肿瘤形成之后才能被检测出来，那时体内可能已经生长出了数十亿个癌细胞。如果发现的是恶性肿瘤，医生可能会立即建议进行手术、放疗或化疗；有些时候，当癌症被发现时就为时已晚了。

然而，我们如果想在肿瘤形成之前就检测出异常细胞，从而阻止癌症的发展，那么该怎么办呢？量子计算机可以发挥关键作用。

现如今，在医生办公室的例行检查中，我们如果进行了血液检测，可能就会得到一份健康证明。然而，没过多久，我们可能还是会发现自己出现了癌症迹象。所以我们可能会产生疑问，为什么简单的血液检测不能帮我们检测出是否罹患癌症呢？

这是因为我们的免疫系统通常无法检测到癌细胞。你可以想象一下，这些细胞能够躲过免疫系统的雷达。癌细胞不是我们免疫系统容易识别的外来侵略者，它们就是我们自己的细胞，因此没有办法被免疫系统发现。也正因如此，分析免疫系统反应的血液测试无法识别癌症的存在。

但人们已经了解到，100 多年以来，癌细胞及分子会转移到体液中。例如，可以在血液、尿液、脑脊液甚至唾液中检测到癌细胞及分子。

不幸的是，只有在你体内已经有数十亿个癌细胞生长的情况下，通过这种方式才能检测到癌细胞。到那时，通常已经到了需要通过手术来切除肿瘤的阶段了。但最近，基因工程终于让我们通过检测血液或其他体液，就能检测出其中漂浮的癌细胞了。总有一天，这种方法可以变得足够有效，只需检测到几百个癌细胞就能够确诊癌症，从而使我们赶在肿瘤形成之前就采取有效的抑制疗法。

但是，仅在刚刚过去的几年里，普通人才逐渐有可能为自己建立一个癌症早期预警系统。其中一种很有前景的研究方法是液体活检，它是一种快速、方便、通用的检测癌症的方法，很可能将在癌症检测方面引发一场革命。

利兹·郭和珍娜·阿伦森在《美国管理护理杂志》上写道："近年来，癌症液体活检这一革命性筛查工具的临床发展为癌症治疗带来了极大希望。"[1]

目前，液体活检可以有效检测多达 50 种不同类型的癌症。一次标准的就诊就能在癌症致命的前几年提前发现它。

未来，即使是你浴室里的马桶也可以足够灵敏，可以检测到你体液中循环的癌细胞、酶和基因。到那个时候，癌症的致命性可能就不会超过普通感冒了。每次你去洗手间的时候，都可能在不知不觉中接受了癌症检测。因此，“智能厕所”可能会成为我们人类防治癌症的第一道防线。

尽管数千种不同的突变都有可能导致癌症，但量子计算机可以学习识别它们，以至于通过一次简单的血液检测就可以检测出几十种可能的癌症。也许我们的基因组可以每天或每周被读取，并被遥远的量子计算机扫描，以找到是否存在任何有害突变的证据。这种方法虽然不能有效治愈癌症，但至少可以有效防止癌症扩散，因此或许可以让癌症变得不比普通感冒更危险。

很多人会问一个简单的问题：“为什么我们无法彻底消灭普通感冒呢？”事实上，我们可以。但由于有300多种鼻病毒会导致感冒，而且它们会不断变异，因此开发300多种疫苗来对付这个不断变化的目标是没有意义的。我们只能选择接受它。

这可能也是癌症研究的未来。癌症最终会变成一种只对人体造成侵扰的病症，而不是一得上就仿佛被判了死刑。同时，由于癌症基因的种类太多，所以为每一种基因都设计一套治疗方案显然是不切实际的。但如果在癌细胞开始扩散之前的几年，我们就能够用量子计算机检测出来，那时这些癌细胞的数量可能只有几百个，还不成气候，那么我们就有可能阻止癌症的发展。

换言之，在未来，人类可能还是会罹患癌症，只是癌症不再是一个会杀死任何人的绝症了。

嗅到癌症

另一种在早期发现癌症的方法可能是使用传感器检测癌细胞发出的微弱气味。也许有一天，你的手机会带有对气味敏感的配件，并连接到云端的量子计算机，不仅可以帮助抵御癌症，还可以帮助抵御各种其他疾病。量子计算机将分析全国数百万个“机器人鼻子”产生的结果，从而阻止癌症的发展。

分析气味是一种行之有效的诊断技术。例如，在机场，我们用狗来检测冠状病毒。典型的病毒 PCR（聚合酶链反应）检测可能需要几天时间，但经过专门训练的狗可以在大约 10 秒内就做出 95% 准确率的识别。赫尔辛基机场及其他一些地方的机场已经使用这种方法对乘客开展筛查。

狗经过训练已经可以识别肺癌、乳腺癌、卵巢癌、膀胱癌和前列腺癌。事实上，狗通过嗅闻病人的尿液样本来识别癌症的成功率高达 99%。在一项研究中，狗能够识别出乳腺癌，准确率为 88%，而肺癌的准确率为 99%。

其中的原因是，狗有 2.2 亿个鼻腔气味受体，而人类只有 500 万个。因此，它们的嗅觉比人类的嗅觉准确得多。它们的嗅觉是如此准确，以至于可以检测到万亿分之一的浓度，相当于在 20 个奥运会规模的游泳池中检测到一滴液体。它们大脑中专门用于分析气味的区域也比人类大脑中的区域大得多。

然而，一个缺点是训练狗识别冠状病毒或癌症需要几个月的时间，而且这种经过专门训练的狗的供应毕竟有限。那么我们有可能用技术手段进行规模化分析，从而挽救数百万人的生命吗？

“9・11”事件发生后不久，一家电视公司邀请我参加一个特别午餐会，讨论未来技术。我有幸坐在美国国防部高级研究计划局（DARPA）的一位官员旁边，DARPA 是五角大楼的一个分支机构，一向以发明未来技术而闻名。DARPA 在技术发明领域有着悠久的辉煌成功史，包括美国国家航空航天局、互联网、无人驾驶汽车和隐形轰炸机。

所以我问了他一个一直困扰我的问题：为什么我们开发不出检测爆炸物的传感器呢？狗可以轻而易举完成的事情，我们人类造出来的最好的机器却无法完成。

他停顿了一下，然后慢慢向我解释了最先进的传感器与狗的识别能力方面存在的差异。事实上，DARPA 确实仔细研究了这个问题，并指出狗的嗅觉神经非常灵敏，它们甚至可以捕捉到某些气味的单个分子，而人类最好的实验室所开发出来的人工传感器也无法达到这种灵敏度。

在那次对话的几年后，DARPA 赞助了一场竞赛，看看实验室是否能制造出像狗鼻子一样的机器鼻子。

麻省理工学院的安德烈亚斯·梅尔申就是这一挑战的参与者之一。他被狗检测各种疾病的近乎奇迹般的能力所吸引。梅尔申在研究膀胱癌检测时第一次对这个问题产生了浓厚兴趣。当时，一只狗坚持认为一个特定的病人已经患有癌症，但这个病人已经接受过多次检测，结果都显示并没有患癌症。这一定是出了什么问题。但由于这只狗坚持不改变自己的诊断结果，最后，患者只好同意再次接受检测，而在使用标准实验室检测之后，他被告知确实患有膀胱癌。

梅尔申想复制这一惊人的成功。他的目标是创造一种“纳米鼻”，有丰富的微传感器，能够检测癌症和其他疾病，然后通过手机发出提醒。如今，麻省理工学院和约翰斯·霍普金斯大学的科学家已经开发出了比狗鼻子灵敏 200 倍的微传感器。

但由于这项技术仍处于实验阶段，分析一份癌症检测的尿液样本大约需要 1 000 美元。尽管如此，梅尔申预计有一天这项技术会像手机上的摄像头一样普遍。由于数亿部手机和传感器可能会涌入大量数据，只有量子计算机才有能力处理这些数据。然后，量子计算机可以使用人工智能来分析信号，定位任何癌症标志物，并将检测信息反馈给你，也许在肿瘤形成以前就能发现它。

未来，在癌症构成严重威胁之前，可能有几种方法可以毫不费力、无声地检测出癌症。液体活检和气味检测器可以将数据发送到量子计算机，达到对多种不同类型癌症进行分类识别的目标。事实上，“肿瘤”一词可能会从英语的常用语中消失，就像我们不再谈论“放血”或“水蛭”一样。

但如果癌症已经形成，那么我们的身体究竟发生了什么变化呢？一旦癌症开始侵袭身体，那么量子计算机还能帮助人类治愈癌症吗？

免疫疗法

目前，一旦发现癌症，一般会用如下三种主要治疗方法：手术治疗（切除肿瘤）、放射治疗（用 X 射线或粒子束杀死癌细胞）和化疗（毒害癌细胞）。但随着基因工程的出现，一种新的治疗方式正在得到广泛应用：免疫疗法。这种治疗有几个版本，但从思路上来看，这几种方法都在试图通过寻求人体自身免疫系统的帮助来达成治疗效果。

如前所述，很遗憾，人体免疫系统无法轻易识别癌细胞。例如，人体的 T 细胞（胸腺依赖淋巴细胞）和 B 细胞（骨髓依赖淋巴细胞）被生产出来，天生就具备识别并杀死大量外来抗原的作用，只是癌细胞不属于白细胞通过人体基因库可以识别的抗原。因此，癌细胞看起来就像可以躲过人体免疫系统的雷达。按照这个路径的解决方案就是，通过人工方法实现人体自身免疫系统能力的增强，从而有效识别和治疗癌症。

其中的一种方法是，测序癌症的基因组，从而帮助医生准确了解正在研究的癌症类型以及它是如何发展的。接着从人体血液中提取白细胞，同时处理癌症基因。然后，将癌症基因信息通过病毒（已经过无害化处理）插入白细胞内。这样，白细胞就相当于被重新编程了，因此能够识别出癌细胞。最后，将重新校准的白细胞注射回人体内。

截至目前，这种方法在治疗癌症这一不治之症方面展现出巨大前景，即便是对于那些已经扩散到全身的晚期癌症。利用这种治疗方法，一些被告知已经治疗无望的患者，突然就戏剧性地看到自己的癌症消失了。

免疫治疗已用于膀胱、脑、乳腺、宫颈、结肠、直肠、食道、肾脏、肝脏、肺、淋巴、皮肤、卵巢、胰腺、前列腺、骨骼、胃的癌症，以及白血病，均取得了不同程度的成功。

但这种方法也不是没有缺点的。一个缺点是，这种方法只对数千种不同类型的癌症中的一部分有效。另一个缺点是，由于白细胞的基因是通过人为手段改变的，所以这种改变可能并不能保证完美。存在不完美之处就有可能造成不必要的副作用。而事实表明，这些副作用对具体的个体而言有时可能是致命的。

然而，量子计算机可能能够有效完善这种疗法。量子计算机应该能够全面分析这些原始数据，从而帮助我们确定每个癌细胞的遗传基因。这是一项艰巨的任务，其工作量会使任何一台传统计算机都不堪重负。通过对美国的每个公民的体液进行分析，计算机可以每月多次读取这些基因组数据，既稳定又高效。这些基因组如果是整个都被测序的话，那么计算机针对每个人的工作量都是 20 000 多个基因。然后，还要将这些基因与已经研究出来的数千种可能的癌症基因一一进行比较。这些原始数据的数量是非常庞大的，需要通过多台量子计算机来分析。但这项工作对人类的利好也是巨大的：可怕的癌症“杀手”会显著减少。

免疫系统悖论

人体免疫系统一直是个谜。为了调动人体摧毁入侵的抗原，免疫系统必须首先能够识别这些入侵的抗原。而由于病毒和细菌的数量太多，可以说基本上是无限的，所以免疫系统到底是如何区分危险的和友好的呢？尤其是当免疫系统遇到那种以前从未遇到过的特定疾病时，它又是如何一下子就能区别出来的呢？这就好比是警察抓捕罪犯，他们一下子就能够在一群从未见过的人中锁定哪些是应该被逮捕的罪犯。

起初，这看起来是不可能的。原则上，疾病的类型可以说有无数种，所以没有人清楚免疫系统究竟是如何神奇地准确定位疾病的。

但进化论已经想出了一个聪明的方法来解决这个问题。例如，B白细胞含有从其细胞壁突出的 Y 型抗原受体。白细胞的目标是用其 Y 型抗原受体的尖端锁定危险抗原，以方便它直接破坏这种抗原，或者至少将这种抗原标记为以后需要破坏掉的种类。这就是免疫系统识别威胁抗原的方法。

当白细胞被生产出来的时候，与特定抗原匹配的 Y 型抗原受体尖端的基因密码是随机的。这是很关键的一点。也正因如此，从理论上来说，但凡人体有可能随机匹配所产生的基因密码，几乎都已经被包含在各种 Y 型抗原受体之中了，这让我们的白细胞总是能够识别出哪些是好的、哪些是坏的。（要了解人体为什么能基于少量氨基酸就产生如此大数量的基因密码，可以按照以下假设开展思考。人体中包括 20 种不同的氨基酸，假设我们创建了一个由 10 个氨基酸组成的链，每个位置上的氨基酸有 20 种可能。然后有 $20 \times 20 \times 20 \times \cdots\cdots = 20^{10}$ 种可能的随机排列，将其与可能的 B 白细胞受体的数量进行比较，其具有大约 10^{12} 种不同的可能组合。这个天文数字几乎包含了它可能遇到的所有抗原。）

然而，一旦 Y 型抗原受体全部实现随机匹配，也就意味着所有含有人体自身氨基酸基因密码的受体就会被完全消除。至此，留在 Y 型抗原受体上的就只有那些危险的基因密码。通过这种方式，Y 型抗原受体可以主动攻击危险抗原，即使是以前从未遇到过的。

所以这就像警察试图在一大群人中找到罪犯一样。警察如果可以直接排除所有被验证过是无辜的人，那么很快就能在其他人里锁定罪犯。

人类能够在一个犹如由数十亿细菌和病毒组成的无形海洋之中存活下来，就说明我们的免疫系统运行得十分成功。然而，有时也会出现一些异常情况。例如，当删除在身体里发现的基因密码时，有时候身体并没有将其完全消除，一些好的代码就被留了下来，从而受到免疫系统的攻击。换言之，如果警察没有完全排除所有无辜的人，把一些无辜的人意外地遗漏了，那么到了审问嫌疑人的时候，那些无辜的人也就变成犯罪嫌疑人了。

这种情况下，身体会攻击自己，从而产生一系列自身免疫性疾病。也许这就是为什么人类会患上类风湿性关节炎、狼疮、1 型糖尿病、多发性硬化症等疾病。

此外，还有恰恰相反的情况。免疫系统不仅消除了好的基因密码，还意外地消除了一些坏的基因密码。那么免疫系统就无法识别这些被意外消除的危险基因密码，从而导致人体患病。

当人体无法检测到带有错误基因的抗原时，有时某些类型的癌症就会发生。

人体免疫系统识别危险抗原的整个过程，其实就是一个纯粹的量子力学过程。数字计算机是没有能力再现如此复杂的事件序列的，而这些事件必须在分子水平上完成，以使免疫系统正常工作。然而量子计算机具备这种强大的能力，完全可以逐个分子地揭示免疫系统是如何发挥其魔力的。

CRISPR

当与一种名为 CRISPR（规律间隔成簇短回文重复序列）的新技术相结合时，量子计算机的治疗应用概率可能还将继续增加，该技术允许科学家剪切和粘贴基因。量子计算机可以用于识别和分离复杂的遗传疾病，CRISPR 可能用于治愈这些疾病。

早在 20 世纪 80 年代，人们就对基因治疗充满热情，比如修复断裂的基因。至少有 10 000 种已知的遗传疾病困扰着人类。有一种信念认为，科学将使我们改写生命的密码，从而纠正大自然的错误。甚至有人说，基因治疗或许可以增强人类的体质，在基因水平上改善人类的健康和智力。

早期的大部分基因研究都集中在一个简单的目标上：治疗那些由于人类基因组中几个字母拼写错误而引起的遗传疾病。例如，镰状细胞贫血（影响着许多非裔美国人）、囊性纤维化（影响着许多北欧人）和泰–萨克斯病（影响着犹太人）都是由我们基因组中的一个或几个字母拼写错误引起的。人们希望医生能够通过单刀直入地改写基因密码来治愈这些疾病。

（由于通婚，这些遗传性疾病在欧洲王室中非常普遍，历史学家写道，它们甚至影响了世界历史。英国国王乔治三世患有一种使他发疯的遗传性疾病。历史学家推测，他的精神错乱可能引致了美国革命。此外，俄国沙皇尼古拉二世的儿子也患有遗传性疾病，皇室认为只有神秘的拉斯普京才能治疗。这使君主制陷入瘫痪，并推迟了必要的改革，而这些改革可能催化了 1917 年俄国革命的爆发。）

这些基因工程试验是以类似于免疫疗法的方式进行的。首先，将所需的基因插入一种无害且经过修正已经无法攻击宿主的病毒中。然后，将病毒注射到患者体内，从而让患者通过感染而获得所需的基因。

不幸的是，并发症很快就出现了。例如，身体通常会识别病毒并攻击它，从而给患者带来不必要的副作用。1999 年，一名患者在试验后死亡，这让许多寄托于基因治疗的希望都破灭了。该领域的资金投入也开始枯竭，研究项目被大幅缩减。许多试验也陷入被重新审查或中止的命运之中。

但最近，研究人员取得了突破，他们开始密切关注大自然是如何攻击病毒的。我们有时会忘记，病毒不仅会攻击人，还会攻击细菌。因此，医生提出了一个简单的问题：细菌是如何防御病毒攻击的？令他们惊讶的是，他们发现，数百万年来，细菌已经设计出了切割入侵病毒基因的方法。如果病毒试图攻击细菌，细菌可能会通过释放大量化学物质来反击，这些化学物质会在精确的点上分裂病毒的基因，从而阻止感染。一旦这种强大的机制能够被剥离出来，就可以用于在所需的点上切断病毒的基因密码。2020 年，埃玛纽埃勒·沙尔庞捷和珍妮弗·杜德纳获得了诺贝尔奖，以表彰她们在完善这项革命性技术方面所做的开创性工作。

这个过程常常被比作文字处理工作。在过去，打字机必须依次打字，这是一个痛苦的、错误百出的过程。但有了文字处理器，就有可能编写一个程序，通过删除和重新排列段落来编辑整个手稿。同样，也许有一天，CRISPR 技术可以让多年来取得喜忧参半成果的基因工程彻底获得成功。这宛如为基因工程打开了一道闸门。

基因治疗的一个特定靶点可能是 p53 基因。突变后，它与大约一半的常见癌症有关，如乳腺癌、结肠癌、肝癌、肺癌和卵巢癌。也许它如此容易癌变的一个原因是，它是一个非常长的基因，因此有许多可能发生突变的位点。作为一种肿瘤抑制基因，它在阻止癌症生长方面起着至关重要的作用。因此，它经常被称为“基因组的守护者”。

但一旦发生突变，它就会成为人类癌症中最常见的潜在基因之一。事实上，特定位点的突变通常与特定的癌症相关。例如，长期吸烟者经常在p53基因的三个特定基因突变处发生癌症，所以这个突变特征也会被用来证明此人罹患癌症最有可能的诱发原因是吸烟。

未来，随着基因治疗和CRISPR的进展，人们可能能够利用免疫疗法和量子计算机修复p53基因中的拼写错误，从而治愈多种癌症。

前文讲过，免疫疗法有副作用，包括在极少数情况下导致患者死亡，其中部分原因是癌症基因的剪切和粘贴不精确。例如，p53是一个非常长的基因，因此切割这个基因的错误可能很常见。量子计算机可能有助于减少这些致命的副作用。其有可能破译和绘制某些癌细胞基因内的分子。然后CRISPR可能能够在精确的点上准确地切割基因。因此，将基因疗法、量子计算机和CRISPR相结合，可能会使基因的切割和剪接达到极致精确，从而减少致命副作用的问题。

CRISPR基因治疗

克拉拉·罗德里格斯·费尔南德斯在社交媒体Labiotech上写道："理论上，CRISPR可以让我们随意编辑任何基因突变，以治愈任何具有遗传起源的疾病。"[2] 首先针对的是涉及单一突变的遗传疾病。她补充道："有超过10 000种疾病是由人类基因的单一突变引起的，CRISPR为通过修复其背后的任何遗传错误来治愈所有这些疾病提供了希望。"未来，随着技术的发展，可能会进一步研究由几个基因的多个突变引起的遗传疾病。

例如，以下是目前 CRISPR 正在治疗的一些遗传疾病。

癌症

在宾夕法尼亚大学，科学家能够使用 CRISPR 去除三种让癌细胞逃避人体免疫系统的基因。然后，他们添加了另一种可以帮助免疫系统识别肿瘤的基因。科学家发现，这种方法是安全的，即使用于晚期癌症患者。

此外，基因疗法研究公司 CRISPR Therapeutics 正在对 130 名患有血液癌症的患者进行测试。这些患者正在接受免疫疗法的治疗，该疗法使用 CRISPR 来修剪他们的 DNA。

镰状细胞贫血

CRISPR Therapeutics 还从患有镰状细胞贫血的患者身上采集骨髓干细胞。然后，利用 CRISPR 改变这些细胞并产生胎儿血红蛋白。最后将这些经过处理的细胞重新植入体内。

艾滋病

由于 CCR5 基因突变，少数人对艾滋病具有天然免疫力。通常情况下，这种基因产生的蛋白质为艾滋病病毒进入细胞创造了一个入口。然而，在这些罕见的个体中，CCR5 基因发生突变，因此艾滋病病毒无法渗透到细胞中。对于没有这种突变的人，科学家正在使用 CRISPR 编辑他们的 CCR5 基因，使病毒无法进入他们的细胞。

囊性纤维化

囊性纤维化是一种相对常见的呼吸道疾病，患有此病的人很少能活到 40 岁以上。它是由 CFTR 基因突变引起的。在荷兰，医生能够使用 CRISPR 修复该基因，而不会产生副作用。其他机构，如 Editas Medicine、CRISPR Therapeutics 和 Beam Therapeucs 也计划用 CRISPR 治疗囊性纤维化。

亨廷顿病

这种遗传性疾病通常会导致痴呆、精神疾病、认知障碍和其他衰弱症状。据称，1692 年在塞勒姆女巫审判中，一些受到迫害的妇女死于这种疾病。这是亨廷顿病基因沿着 DNA 重复的结果。费城儿童医院的科学家正在使用 CRISPR 来治疗这种疾病。

虽然由微小突变引起的疾病相对容易成为 CRISPR 的靶点，但精神分裂症等疾病可能涉及大量突变，以及与环境的相互作用。这也是可能需要量子计算机的另一个原因。

为了理解这些突变如何在分子水平上造成疾病，可能需要用到量子计算机的全部能力。我们一旦知道某些蛋白质导致遗传疾病的分子机制，就可以对其进行修改或找到更有效的治疗方法。

佩托悖论

但这也引发了一个关于癌症的悖论。牛津大学的生物学家理查德·佩托注意到大象的一些奇怪之处。由于它们体型巨大，人们预计它们会比体型小得多的动物更容易患上多种癌症。毕竟，更大的质量意味着更多的细胞不断分裂，并可能导致遗传错误，如癌症。但令人惊讶的是，大象的癌症发病率相对较低。这就是著名的佩托悖论。

在分析动物王国时，我们经常会发现，癌症的发病率往往与体重并不相关。后来，人们发现大象有 20 个拷贝数的 p53 基因，而人类只有 1 个拷贝数。据称，这些额外的 p53 与另一种叫作 LIF 的基因协同作用，使大象具有对抗癌症的优势。因此，像 p53 和 LIF 这样的基因被认为可以抑制大型动物的癌症。

但这可能不是故事的全部。例如，鲸鱼只有 1 个 p53 拷贝数和 1 个 LIF 拷贝数，但它们的癌症发病率也很低。这意味着鲸鱼体内可能还有科学家尚未发现的其他基因，可以保护它们免受癌症的侵袭。事实上，人们认为可能有许多基因阻止大型动物成为高癌症发病率的受害者。鲸鲨可能也有一些进化赋予它们的遗传优势。格陵兰鲨鱼可以活 500 年，这可能是由于一种未知的基因。

致力于研究动物界 p53 基因的卡洛・梅利说："希望通过观察进化是如何找到预防癌症的方法的，我们可以将这些方法转化为更好的癌症预防措施。每个进化出大体型的生物体对佩托悖论都有不同的解决方案。自然界中有一系列的发现正等待着我们，大自然正在向我们展示预防癌症的方法。"[3] 同时，量子计算机可能有助于发现这些神秘的抗癌基因。

量子计算机可以在许多方面帮助对抗癌症。也许某一天，通过液体活检，就可以在肿瘤形成之前的几年到几十年检测出癌细胞。事实上，有一天量子计算机可能会建立一个庞大的国家级即时基因组数据库，利用我们的浴室监测所有人，以寻找癌细胞的早期迹象。

但如果癌症确实形成，量子计算机可能会对我们的免疫系统进行修改，使其能够攻击数百种不同类型的癌症。基因治疗、免疫治疗、量子计算机和 CRISPR 的结合，可能会以极高的分子精度剪切和粘贴癌症基因，帮助减少免疫治疗的致命副作用。此外，可能有少数基因，如 p53，参与了绝大多数的癌症发展，因此当基因治疗结合了量子计算机的新见解时，就有可能阻止它们发展。

所有这些治疗癌症的突破，如液体活检和免疫治疗，促使约瑟夫・拜登总统在 2022 年宣布"癌症登月计划"，这是一项国家目标，旨在于未来25年内将癌症死亡率降低至少50%。鉴于生物技术的快速发展，这无疑是一个可以实现的目标。

尽管我们可能有能力利用这项技术完全治愈越来越多的癌症，而由于太多因素都有可能会诱发癌症，所以人类仍然可能会患上某种癌症。只是在未来，我们可能会像对待普通感冒那样对待癌症这种疾病了，或者只是将癌症视为一种可以预防的小麻烦。但在下一章中，我们即将探索的另一种强大的新技术组合则可能真的可以为人类抵御疾病提供一道防线。人工智能和量子计算机将赋予我们创造性地设计组成人体的蛋白质的能力。如果这些蛋白质能够被重新设计并组合，那么人类的很多不治之症都将被彻底治愈，甚至相当于对生命进行了重塑。

第十二章

人工智能与量子计算机

机器会思考吗？

这个问题是1956年具有历史意义的达特茅斯会议的主题，该会议催生了一个全新的科学领域——“人工智能”。会议以一个大胆提议开始，提议的内容是：“让机器能够使用语言，让机器能够形成抽象和概念，让机器能够自主学习并解决现在人类面临的各种问题。”[1]他们还做出预测：“如果精心挑选一个科学家小组，并能踏实付出一个夏天的努力，就会取得重大进展。”

然而事实是，在过了多个夏天之后，世界上最聪明的科学家仍在执着地探索着这个问题。

这次会议的领导者之一是麻省理工学院教授马文·明斯基，他被称为“人工智能之父”。

当我问起他关于那段时期的情况的时候，他说那是令人兴奋的时期。似乎在短短几年内，机器的智力就有可能与人类的智力相媲美。或许机器人通过图灵测试只是时间问题。

人工智能领域似乎每年都有新的突破。数字计算机第一次可以下棋，甚至在简单的游戏中击败人类。有些计算机可以像小学生一样解决代数问题。机械臂的设计可以识别并拾取积木块。在斯坦福研究所，科学家建造了 Shakey，一台放在踏板上的盒状小型计算机，上面有一个摄像头。它可以被编程为在房间里漫游，并识别其路径上的物体。它可以自己导航并避开障碍物。（它的名字来源于它在地板上蹒跚前行时发出的所有噪声。）

媒体开始疯狂。它们哭着说，机械人就在我们眼前诞生了。科学杂志上的头条新闻也预测了家用机器人的到来，它可以用吸尘器打扫地板，清洗碗碟，帮助我们减轻家务负担。人们认为机器人总有一天会成为保姆，甚至成为家庭中值得信赖的成员。军方也开始投资，为战场上使用的机器人提供资金，比如智能卡车，它在未来某一天有望实现自主学习并完成独立出行、敌后侦察、营救伤兵、向基地报告等任务。

历史学家开始写道，我们即将实现一个古老的梦想。火神伏尔甘创造了一队机器人，在他的城堡周围做家务。潘多拉打开了魔盒，在不知不觉中给人类带来了灾难，实际上她就是伏尔甘制造的机器人。就连博学的列奥纳多·达·芬奇也在 1495 年创造了一个机械骑士，可以通过一系列隐藏的电缆和滑轮操纵手臂、站立、坐着和抬起面罩。

但随后，“人工智能之冬”开始了。尽管铺天盖地的新闻稿令人窒息，但人工智能一直被媒体过度夸大，致使悲观主义的乌云很快开始笼罩。科学家开始意识到，他们的人工智能设备并没有什么实质性突破，它们只能完成简单的任务。机器人仍然是十分笨拙的设备，几乎不能在房间里自主导航。创造一台与人类智力相媲美的通用机器似乎是不可能实现的。

于是，军方开始对人工智能失去兴趣，资金开始枯竭，投资者也损失惨重。从那时起，人工智能经历了几个冬天，“繁荣—萧条”

的周期时而产生巨大热情和夸张宣传，但最终却崩溃了。科学家不得不面对一个严酷的现实，那就是开发人工智能比他们想象的要难得多。

鉴于马文·明斯基目睹了如此多的人工智能寒冬的来来去去，我问他，他是否能预测出机器人何时可能达到或超过人类智能。他笑着告诉我，他不再对未来做出任何预测。马文·明斯基明确表示不想再窥视能预示未来的水晶球。他也承认，人们在大多数时候被自己的热情冲昏了头脑。

他告诉我，主要问题在于人工智能研究人员正身陷于“物理学嫉妒”而无法自拔，执拗地希望为人工智能寻求单一的、统一的、全面的主题。他说，物理学家正在探索单一“统一场论”，以提供一个连贯、优雅的宇宙图景。但人工智能完全不同，它本身就是一种混乱无序、东拼西凑的存在，甚至通过各种不同的冲突路径来实现自主进化。

我们必须为人工智能探索新思想和新战略。一个有希望的途径就是将人工智能与量子计算机结合起来，融合这两个学科的力量来解决人工智能问题。过去，人工智能的研发都是在数字计算机的基础上开展和完成的，因此受限于计算机功能令人沮丧的极限。但人工智能和量子计算机却是相辅相成的。人工智能有能力学习新的复杂任务，而量子计算机完全可以满足在这个过程中所需的计算能力。

量子计算机虽然具有强大的计算能力，但它们不一定能从错误中吸取教训。而如果量子计算机配备了神经网络，它们就能够在每次迭代之后持续改进自己的计算方法，从而通过寻找新的解决方案来更快、更有效地解决问题。同样，人工智能系统或许可以从错误中吸取教训，但如果它们的总计算能力太小，那么势必无法解决非常复杂的问题。因此，一个拥有量子计算机计算能力的人工智能当然可以解决更多难题。

总之，人工智能和量子计算机的结合可能会为研究开辟全新的途径。也许人工智能发展的关键在于量子理论。事实上，两者的结合可能会彻底改变科学的每一个分支，改变我们的生活方式，并从根本上改变全球经济。人工智能使我们有能力创造出能够模仿人类能力的学习机器，而量子计算机可以提供计算能力，最终创造出智能机器。

正如谷歌首席执行官孙达尔·皮柴所说：“我认为人工智能将加速量子计算发展，而量子计算也可以加速人工智能发展。”[2]

学习机器

罗德尼·布鲁克斯是一位长期认真思考人工智能未来的科学家，他曾担任麻省理工学院人工智能实验室（由马文·明斯基创立）的主任。

布鲁克斯认为，“人工”智能的概念可能过于狭隘。例如，他告诉我，假如我们观察一只苍蝇，会发现它实际上完成了超越人类造出来的最好机器的奇迹般的导航壮举。苍蝇可以灵巧地在房间里飞行、移动、避开障碍物、定位食物、寻找配偶和躲藏，所有这些都受控于苍蝇的那个不比针尖儿大多少的大脑。这简直是生物工程的奇迹。

这怎么可能呢？大自然母亲怎么能创造出一个像苍蝇这样的飞行器，让我们人类造出的最好的飞机相形见绌呢？

早在1956年，布鲁克斯就意识到，也许人工智能领域提出了错误的问题。当时，人们认为大脑是某种图灵机器，比如一台数字计算机。你把国际象棋、行走、代数等的完整规则写进一个巨大的软件中，然后把它插入数字计算机，它突然开始思考。“思考”被简化为软件，因此基本策略很明确：编写足够复杂的软件来指导机器。

我们记得，图灵机有一个处理器来执行输入给它的命令。它的智能程度取决于它所执行的程序。因此，行走机器人必须将所有牛顿运动定律编程到其中，才能引导其四肢的运动，一微秒接一微秒。这需要巨大的计算机程序，只是在房间里走动这一项简单的任务就需要数百万行的计算机代码。

布鲁克斯告诉我，到那时为止，人工智能机器从一开始就建立在对所有的逻辑和运动规律进行编程的基础上，这是一项艰巨的任务。这被称为自上而下的方法，当时机器人从一开始就被编程为掌握一切。但这样设计的机器人太可怜了。如果你把 Shakey 或那个时代的先进军用机器人放在森林里，它又会做什么呢？最有可能的就是，它会迷路或者掉进沟壑中。然而，当我们的机器人无助地在地上挣扎的时候，最小的昆虫都能凭借其微小的大脑在这块区域飞来飞去，寻找食物、配偶和住所。

当下人工智能的研发并没有遵循大自然母亲设计生物的方式。

布鲁克斯意识到，在自然界中，动物从一开始就没有行走的程序。它们通过艰难的方式学习，把一条腿放在另一条腿前面，摔倒，然后再做一次。试错是自然之道。

这要追溯到每一位音乐老师给他们有前途的学生的建议。你知道自己怎样去卡内基音乐厅演出吗？答案就是：练习，练习，练习。

换句话说，大自然母亲设计的生物是模式探索型学习机器，使用试错来实现其在世界中的导航功能。它们也会犯错误，但随着每次迭代的发生，它们就能够离成功越来越近。

这是一种自下而上的方法，一般都是从什么都不会的磕磕碰碰开始的。例如，婴儿通过模仿成年人来学习。如果你晚上把录音机放在婴儿床里，你就会不断地听到婴儿的咿呀学语。他们实际上是在反复练习发出所听到的声音，直到能够正确地“复制”出来。

因此，在这一见解的指导下，布鲁克斯创建了一支“昆虫机器人”或“错误机器人”队伍。它们通过撞到东西来学习如何按照大自然的意图行走。很快，麻省理工学院就发明了微小的昆虫状机器人，它们能够在地板上爬行，也会撞到东西，但已经比那些更笨拙的传统机器人聪明多了，传统机器人遵循严格的规则，甚至会在蹒跚行进时把墙纸挖出来。那么为什么要另起炉灶呢？

布鲁克斯告诉我：“当我还是个孩子的时候看过一本书，书中把大脑描述为电话交换网络。另外一些早期的书则把它描述为流体动力学系统或蒸汽机。到了20世纪60年代，它被描述成一台数字计算机。在20世纪80年代，它又被描述成一台大规模并行数字计算机。似乎还有一本儿童读物，把大脑比喻成万维网。”

因此，也许大脑实际上是一台基于所谓神经网络的模式探索学习机器。在计算机科学中，神经网络利用了一种叫作赫布规则的东西。该规则的一个版本指出，通过不断重复一项任务并从以前的错误中学习，每次迭代都会更接近正确的路径。换句话说，在反复迭代后，人工智能系统的大脑会强制执行完成该任务的最优路径。

例如，当一台学习机器试图识别一只猫时，它没有得到关于猫的基本特征的数学描述。取而代之的是，向计算机展示几十张猫的照片，包括猫在各种情况下的状态：睡觉、爬行、狩猎、跳跃等，计算机就会开展反复试验，自主计算出猫在不同环境下的样子。这就是所谓的深度学习。

深度学习方法的成功是值得注意的。谷歌的AlphaGo（阿尔法围棋）是一款专门用来玩古代棋盘游戏——围棋的人工智能程序，在2017年它已经击败围棋世界冠军。这是一个了不起的壮举，因为围棋在19×19的棋盘上有10^{170}个可能的位置。这比已知宇宙中的所有原子数量还要多。AlphaGo不仅通过与顶尖人类棋手的对弈来学习如何下棋，还通过自己与自己的对抗来学习，以近乎光速来完成与自己的比赛。

常识性问题

学习机器或神经网络甚至可能解决人工智能的一个终极问题："常识问题"。这是人类认为理所当然的事情，即使是孩子也应该能轻易理解的事情，却大大超出了最先进计算机的能力。而除非机器人能够解决自己对这些常识问题的认知，否则它们真的很难在人类社会中发挥什么作用。

例如，数字计算机可能根本无法理解如下这一组简单观测结果：

- 水是湿的（wet），而不是干的（dry）
- 母亲比女儿大（older）
- 绳子可以拉（pull），但不能推（push）
- 棍子可以推（push），但不能拉（pull）

只要短短一个下午，我们就能轻易写下人类社会中许许多多数字计算机根本无法理解的"显而易见"的事实。这是因为计算机不能像人类那样去感知世界。

孩子能学习到这些常识性的事实，是因为他们能够通过感官去感受世界，并且能够在实践中持续学习。他们知道母亲是比女儿大的，是因为他们从自己的成长经历中就能够捕捉到这些潜在信息。但机器人是没有感官的，没有办法直接感受自己所处的环境。

我们在前文中讨论过自上而下的方法，科学家也试图将常识编程到计算机的软件中，并以此寄希望于计算机很快就知道如何在人类社会中自主导航和发挥作用。然而，所有这些尝试都以失败告终。有太多常识性的概念，即使是 4 岁孩子都能理解的一些概念，也已经远远超出了数字计算机的能力范围。

因此，也许我们需要的是自上而下与自下而上相结合，以及人工智能与量子计算机相结合，才能实现第一批人工智能研究人员的梦想，并为未来人工智能的发展铺平道路。

正如我们所看到的，随着摩尔定律的节奏放缓，由于晶体管尺寸已经接近原子大小，微芯片将不可避免地被更先进的计算机所取代，比如量子计算机。

由于缺乏算力的支撑，人工智能技术基本已经陷入了停滞状态。无论是在机器学习、模式识别、搜索引擎，还是在机器人制造等方面，人工智能技术都受到算力的限制。量子计算机可以极大地加速这些领域的进展，因为它们可以同时处理大量的信息。数字计算机只能一个比特接一个比特地进行计算，但量子计算机则可以在一个巨大量子位阵列上进行同时计算，从而指数级放大其计算能力。

至此，我们已经看到人工智能和量子计算机将会如何相互融合。量子计算机可以受益于学习新任务的能力，就像在人工智能神经网络中一样，而人工智能则可以受益于量子计算机的强大计算能力。

蛋白质折叠

人工智能深度学习系统现在正在解决生物学和医学领域中最大的问题之一：解码蛋白质分子的秘密。尽管 DNA 中包含生命指令，但实际上是蛋白质按照这些指令完成了使身体发挥功能的工作。如果我们把人体比作建筑工地，那么 DNA 里就包含了生命蓝图，而蛋白质就承担起工头和建筑工人的重任。没有工人队伍来执行，蓝图再好也是没有用的。

蛋白质是生物功能的主力。它们不仅构成给人体提供能量的肌肉，还帮助人体消化食物、攻击细菌、调节身体功能，并完成许多其他关键任务。因此，生物学家很想知道：蛋白质分子到底是如何发挥这么多神奇功能的？

在20世纪50年代和60年代，科学家使用X射线晶体学绘制了许多蛋白质分子的形状图，这些蛋白质分子都恰好由20个氨基酸排列组合而成，呈长串状，有复杂的缠结。令人惊讶的是，科学家发现，正是蛋白质分子的形状使这些魔法成为可能。科学家表示，在这种情况下，"功能遵循形式"，即蛋白质分子的形状，其所拥有的复杂的结及旋转，决定了蛋白质的特性。

例如，考虑一下新冠肺炎病毒，我们知道它的形状像太阳的日冕，有许多蛋白质尖峰从其表面放射出来。这些尖峰就像钥匙，打开位于我们肺细胞表面特定的"锁"。通过打开这些锁，刺突蛋白可以将其遗传物质注入我们的肺细胞，并迅速复制自己。然后细胞死亡，释放出这些致命的病毒，去感染更多健康的肺细胞。所以说，这些蛋白质的尖峰才是2020—2022年世界经济几乎崩溃的原因。

因此，蛋白质的形状比其他任何东西都更能决定分子的行为。如果我们能够知道每个蛋白质分子的形状，我们就可以更好地了解它的工作原理。

而与蛋白质分子形状息息相关的问题是"蛋白质折叠问题"，即绘制所有重要蛋白质形状的任务，它可能会解开许多不治之症的秘密。

X射线晶体学一直是确定蛋白质分子形状的关键，但这是一个漫长而烦琐的过程。科学家首先通过化学方法将想要分析的蛋白质分离和提纯出来，然后使其结晶。将结晶的蛋白质插入X射线衍射仪，该衍射仪通过晶体发射X射线，并在摄影胶片上形成干涉图样。起初，X 光照片看起来像是一堆毫无线索的点和线。但科学家利用直觉、运气和物理学，试图从 X 射线照片中破译蛋白质的结构（见图 12.1）。

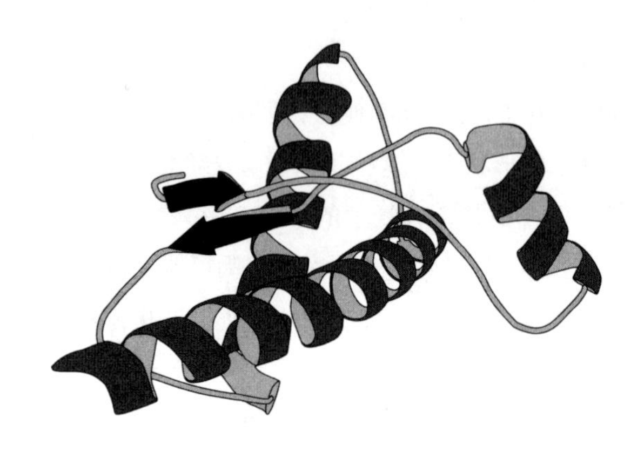

图 12.1　蛋白质折叠

注：蛋白质由一长串 20 个氨基酸组成，这些氨基酸能够以各种复杂的方式折叠。折叠蛋白质分子的形状决定了它的功能。量子计算机将使科学家有能力分析并创造出具有奇怪而有用特性的全新蛋白质，从而创造出生物学的一个新分支。

计算生物学的诞生

计算生物学这个新兴学科领域的研究目标之一，就是使用计算机仅通过观察蛋白质的化学成分来解开蛋白质的 3D（三维）结构。也许经过多年的努力，人类对蛋白质分子结构的理解，将可以通过按下运行着人工智能程序的量子计算机上的按钮来完成。

为了帮助推动这一困难但至关重要的研究领域，科学家尝试了一种新的策略。他们创建了一个名为 CASP（结构预测关键评价）的竞赛，看看谁有最好的计算机程序来解决蛋白质折叠问题。

这是一个转折点，因为它给了年轻科学家一个令人振奋的具体目标。年轻科学家可以通过使用人工智能技术来解决蛋白质折叠问题，从而赢得名声和同行的认可，而这些重要探索可能会帮助找到挽救数千人生命的疗法。

比赛规则很简单。你会得到一条关于某种蛋白质性质的最基本的线索，比如氨基酸序列。然后由你的计算机程序来补充它是如何折叠的所有细节的。解决这个问题的一种方法是使用理查德·费曼提出的最小作用量原理。本书前文讲过这个故事，作为一名高中生，费曼可以通过最小化球的运动路径（动能减去势能）来决定球走哪条路。

你可以对蛋白质分子应用同样的方法。目标是找到产生最低能量状态的氨基酸的构型。这一过程被比作下山寻找山谷中的最低点。首先，你要朝各个方向小步地迈步试探。接下来，你只能朝着稍微降低你高度的方向移动。然后再重复这个过程，继续迈出下一步，看看是否能进一步降低你的高度，直至到达谷底。

同理，你也可以找到能量最低的氨基酸排列。以下是其中一种方法。

在开始之前，首先进行一系列粗略估算。由于分子具有许多描述电子和原子核以复杂方式相互作用的波函数，因此计算速度很快超过了传统计算机的能力。所以你只需放弃一些相对较小的复杂项（例如，电子与重核的相互作用，以及电子之间的某些相互作用），并希望这不会产生太多错误。

现在你已经设置好了程序，你首先将各种氨基酸连接成一个长串。这就为蛋白质分子的结构创建了一个骨架或“玩具模型”。你知道某些原子相互连接时的键角，这为你提供了一个粗略的、初始的近似值。

其次，因为你知道了各种电荷的能量，以及键可以怎样移动，所以你就可以计算这种氨基酸构型的能量了。

再次，你可以同时尝试扭曲和转动这些键，来观察得到的新构型是增加了还是减少了蛋白质的能量。这就像你在山上迈出的试探性的步伐，并感受一下迈出的这一步究竟是否会降低你的高度。

又次，你需要放弃所有会增加蛋白质能量的构型，只保留那些可以降低蛋白质能量的构型。计算机可以通过反复试验来“学习”如何通过原子运动来降低分子能量。

最后，通过重新扭曲化学键或重新排列氨基酸来开始下一轮。在每次迭代中，你都会反复通过调整氨基酸的位置来不断降低蛋白质的能量，直到最终达到最低能量构型。

通常情况下，这种不断调整原子位置的过程对于数字计算机来说是不可能完成的。但是，由于这个方法是从一系列粗略估算开始的，已经去掉了相对较小的复杂项，所以数字计算机可以在几小时或几天之内完成这一简化版本的相关计算。

起初，计算出来的结果是很不靠谱的。当将计算机预测的分子形状与 X 射线晶体学给出的实际形状进行比较的时候，就会发现，计算机模型往往与实际情况相去甚远。但随着时间的推移，计算机的学习程序会变得更加强大，因此模型也变得更加精确了。

到了 2021 年，计算机给出的结果就已经十分惊人了。虽然所采用的仍然是近似值，但是正如谷歌旗下开发 AlphaGo 的计算机公司 DeepMind 宣布的那样，其人工智能程序 AlphaFold 已经破译了数量惊人的蛋白质粗略结构：350 000 种。此外，它还发现了 250 000 个以前不为人知的蛋白质的形状，破译了人类基因组计划列出的所有 20 000 种蛋白质的 3D 结构，甚至解开了在老鼠、果蝇和大肠杆菌中发现的蛋白质的结构。此后，DeepMind 的创建者宣布，他们很快还将发布一个包含 1 亿多种蛋白质的数据库，该数据库囊括了科学界已知的每一种蛋白质。

同样值得注意的是，虽然采用的是粗略估算值，但是他们得出的最终结果与 X 射线晶体学的结果仍然能够做到大致匹配。也就是说，尽管在薛定谔波动方程中去掉了各种项，他们还是得到了令人惊讶的优质结果。

CASP 的联合创始人约翰·莫尔特说："近 50 年以来，我们一直在研究蛋白质是如何折叠的。我们亲力亲为，并且想知道人类是否能做到这一点，在经历了这么长时间和无数次的停顿和重启之后，现在我们终于看到 DeepMind 为这个问题找到了解决方案。这是一个非常特殊的时刻。"[3]

大量被披露的信息产生的效果立竿见影。例如，它被用于识别冠状病毒中发现的 26 种不同蛋白质，希望能发现其弱点并研制出新的疫苗。未来应该有可能快速找出数千种关键蛋白质的结构。华盛顿大学蛋白质设计研究所的大卫·贝克尔说："我们已经能够在几个月内设计出冠状病毒中和蛋白。但我们的目标是在几周内完成这类工作。"[4]

但这仅仅是一个开始。正如我们所强调的，功能遵循形式。也就是说，蛋白质的工作方式取决于它们的结构。就像钥匙能插入钥匙孔一样，蛋白质也能通过某种方式锁住另一个分子，从而发挥其魔力。

但揭示蛋白质是如何折叠的是较容易的部分。接下来就要开始最困难的部分了，那就是在没有粗略估算的情况下，使用量子计算机确定蛋白质的完整结构，以及特定蛋白质是如何与其他分子结合在一起从而发挥其功能的，例如提供能量、充当催化剂、与其他蛋白质融合、与其他蛋白质结合以创建新结构、拆分其他分子，以及其他很多功能。因此，蛋白质折叠只是蕴含生命秘密的漫长旅程的第一步。

未来对蛋白质折叠程序的理解将分几个阶段进行，类似于基因组学的创建阶段。

第一阶段：绘制折叠蛋白质

我们目前正处于第一阶段，正在创建一本庞大的词典，其中有数十万个条目对应于各种蛋白质的折叠。这本词典中的每一个条目都是单个原子的图片，这些原子结合在一起构成了一种复杂的蛋白质。这些图片来自对X射线照片的研究。这本巨著拥有每种蛋白质的所有正确结构，但大部分是没有任何定义的。它基于一系列近似值，使数字计算机能够进行这种简化版的计算。但令人惊讶的是，尽管有这么多的近似，科学家仍然能够得到如此准确的结果。

第二阶段：确定蛋白质的功能

在我们即将进入的下一阶段，科学家将试图确定蛋白质分子的几何形状是如何决定其功能的。人工智能和量子计算机将能够识别，折叠蛋白质中的某些原子结构是如何使其在体内执行某些功能的。最终，我们将对身体功能以及它们如何被蛋白质控制给出一个完整的描述。

第三阶段：创造新的蛋白质和药物

最后一步是使用这本蛋白质词典来创建新的、改进的版本，这将使我们能够开发新的药物和疗法。要做到这一点，我们将不得不放弃近似，转而求解分子的实际量子力学。只有量子计算机才能做到这一点。

进化通过纯粹的随机相互作用创造了一个蛋白质宝库，来执行各种任务。然而，这花了数十亿年的时间。利用量子计算机的内存作为“虚拟实验室”，应该可以改进进化，并设计出新的蛋白质以改善它们在体内的功能。

这一过程有着广泛的应用，包括发现全新的药物。首先，一些人设想这将如何帮助清理环境。最简单的例子是，科学家试图找到方法来分解在海洋、垃圾堆和家庭后院里发现的1.5亿吨苏打水瓶。关键是使用这个蛋白质数据库来检查某些蛋白质的3D形状，这些酶能够分解塑料分子并使其无害。这项工作已经在英国朴次茅斯大学的酶创新中心完成。

这也可能具有即刻医学（immediate medical）方面的应用，因为许多不治之症都与错误折叠的蛋白质有关。朊病毒可能与一系列影响老年人的不治之症有关，如阿尔茨海默病、帕金森病和肌萎缩侧索硬化，所以现在一个很有希望的途径就是通过了解朊病毒的性质来进一步探索解决这些病症。由此，找到治愈这些不治之症的方法的线索可能来自量子计算机。

医学的前沿——不治之症，很可能就是量子计算机的下一个战场。

朊病毒与不可战胜的疾病

传统上，每本教科书都说疾病是由细菌和病毒引起的。

但这可能不是故事的全部。几个世纪以来，人们都知道动物会患上与人类不同的奇怪疾病。羊得了羊瘙痒病（能够损伤羊的神经系统的严重疾病）之后，行为会很奇怪，背靠柱子、拒绝进食。这是羊的一种不治之症，往往能够致命。疯牛病（牛海绵状脑病）是一种影响牛的类似疾病，牛得了这种疾病之后会变得行走困难、紧张，甚至做出暴力行为。

在人类身上，巴布亚新几内亚的某些部落中已经发现了一种名为“库鲁病”的外来疾病。在那里，一些部落会举办葬礼仪式，包括吃掉那些死亡亲属大脑的环节。而部分人会患上包括痴呆症、情绪波动、行走困难及其他症状在内的库鲁病，正是因为在他们死去亲属的大脑中发现了新的疾病。

旧金山加州大学的斯坦利·B. 普鲁辛纳的研究思路与传统医学思维的潮流背道而行，他提出了所有这些症状都是一种新型疾病的证据。1982 年，他正式宣布自己已经纯化并且分离出导致这种疾病的蛋白质。1997 年，他因发现朊病毒而获得诺贝尔生理学或医学奖。

朊病毒本质上是一种错误折叠的蛋白质。它不是以传统疾病的方式传播的，而往往是通过与其他蛋白质接触传播的。当朊病毒与正常蛋白质分子接触之后，它就会以某种方式迫使正常蛋白质发生错误折叠。也正因如此，朊病毒一旦入侵，便会在整个人体内迅速传播。

现在，虽然尚存一些分歧，但是已经有科学家坚持认为，许多折磨老年人的致命疾病也可能是由朊病毒引起的，其中就包括阿尔茨海默病这个被一些人称为“世纪疾病”的疑难病症。目前已知的患有阿尔茨海默病的美国人有 600 万，其中大多数人的年龄在 65 岁或以上，并有多达 1/3 的老年人死于阿尔茨海默病或痴呆。目前，阿尔茨海默病是美国第六大死亡原因，而且病例在持续增加。据估计，在活到 80 多岁的人当中，大约有一半的人最终会患上这种疾病。

罹患阿尔茨海默病是十分悲惨的，因为它会毁灭人类最私密、最珍贵的财产——我们的记忆和自我意识。阿尔茨海默病首先袭击大脑中心附近的区域，比如处理短期记忆的海马体。因此，阿尔茨海默病的最初迹象是忘记刚刚发生的事情。相当一部分病人也许仍然能够准确地回忆起 60 年前发生的事件，但会忘记 6 分钟之前发生的事件。但最终，阿尔茨海默病会攻击人类的整个大脑，这将会导致长期记忆也消失在时间的沙滩上。而且这个病也总会致命。

我的母亲就死于阿尔茨海默病。我看着她的记忆一点点慢慢地消失，直到她完全认不出我究竟是谁，整个过程让我心碎不已。再后来，她甚至连自己是谁都不知道了。

众所周知，阿尔茨海默病与遗传有关。APOE4 基因突变的人更容易感染这种疾病。在我主持的一档 BBC（英国广播公司）电视系列节目中，当我被问到是否会进行 APOE4 检测，看看我是否在基因上容易患上这种疾病的时候，镜头直接对准了我的脸。如果我发现自己确实注定要患上阿尔茨海默病，我该怎么办？但我想了想，最后还是说，我仍然想参加这个检测，因为无论未来如何，为未来做好准备总是更好的。（谢天谢地，我的检测结果呈阴性。）

不幸的是，阿尔茨海默病的致病原因仍然是未知的。而真正能确认某人是否患有阿尔茨海默病的唯一方法就是通过尸检。医生已经发现，阿尔茨海默病患者的大脑中通常存在两种黏性蛋白质，称为 β-淀粉样蛋白和 tau 蛋白。但几十年来，医生一直在争论，这些黏性蛋白质究竟是导致阿尔茨海默病的病因，还是阿尔茨海默病产生的一种可能并不重要的副产品。问题在于，也有相当一部分尸检显示，虽然一些人的大脑中也有大量类似的淀粉样蛋白沉积，但是并没有任何疾病的症状。因此，已经有很多证据表明，其实阿尔茨海默病与淀粉样蛋白斑块之间并没有什么直接因果关系。

这个谜团的一条线索最近终于被揭开。德国科学家发现畸形蛋白质与阿尔茨海默病患者之间存在直接相关性。2019 年，他们有一个惊人的发现，那就是血液中淀粉样蛋白折叠错误的人，即使尚且没有什么症状，罹患阿尔茨海默病的可能性也会是其他人的 23 倍。这种关联甚至可以在做出阿尔茨海默病临床诊断之前的 14 年就提前确认。

这意味着，也许在某个人出现阿尔茨海默病症状的几年之前，一个简单的血液检测就能通过寻找畸形的淀粉样蛋白，来告知这个人未来会有多大概率罹患阿尔茨海默病。

史坦利·普鲁辛纳在他最新主持的研究中这样说道："我相信，

毫无疑问，β- 淀粉样蛋白和 tau 蛋白本质上都是一种朊病毒，阿尔茨海默病正是这样一种双重朊病毒疾病，这些坏的蛋白质一起破坏了人类的大脑……我们需要更加颠覆性地开展阿尔茨海默病的研究。”[5]

该报告的一位作者克劳斯·格维特强调，这一突破可能会为阿尔茨海默病带来新的治疗方法，而截至目前，人类还没有任何有效的治疗方法，他表示：“因此，对血液中错误折叠的 β- 淀粉样蛋白的测绘可能会为寻找治疗阿尔茨海默病的药物做出关键贡献。”[6]

该报告的另一位德国作者赫尔曼·布伦纳补充道：“现在每个人都希望在阿尔茨海默病无症状的早期阶段，就能够使用有效的新治疗方法来对这种疾病进行预防和干预。”[7]

“好”的淀粉样蛋白和“坏”的淀粉样蛋白

2021 年的另一项发现可以告诉我们这一过程是如何发生的。加州大学的科学家发现，通过观察其结构，可以一眼就区分出“好”的淀粉样蛋白和“坏”的淀粉样蛋白。他们发现，蛋白质分子是由一长串卷曲的氨基酸组成的，通常具有顺时针或逆时针向一个或另一个方向螺旋的原子簇。

在正常的淀粉样蛋白中，其形状是“左旋的”，即分子的螺旋和扭曲在同一个方向上。然而，另一种与阿尔茨海默病相关的淀粉样蛋白则是右旋的。如果这一理论成立，即实质上是某一种畸形的淀粉样蛋白导致了阿尔茨海默病，那么从这个罪魁祸首入手，可能就是一个对这种疾病的全新研究路径了。

首先，我们必须创建这两种淀粉样蛋白更加详细的 3D 图像。使用量子计算机，也许可以在原子水平上准确地看到畸形的阿尔茨海默病分子是如何通过撞击健康分子来传播的，以及为什么它会对大脑造成如此大的损伤。

然后，通过研究蛋白质的结构，我们或许就能够确定它是如何破坏我们神经系统中的神经元的。一旦知道了这种机制，就有几种可能的解决方法。一种方法是分离这种蛋白质中的缺陷，并使用基因治疗来创建正确版本的基因。或者，也许有一天可以设计出药物来阻断右旋蛋白的生长，甚至有助于将其更快地清除体外。

例如，已知这些畸形分子在大脑中只存在 48 个小时左右，然后才会被自然排出。我们一旦了解了右旋蛋白的分子结构，就可以设计另一种分子来抓住这种异常分子，然后将其分解、中和，使其不再危险，或者与之结合，使其更快地排出体外。量子计算机可能有助于发现其分子弱点。

总之，量子计算机可以在分子水平上识别出许多可以中和或消除“坏”的朊病毒的方法，而我们通过试错和在数字计算机上是无法做到这一点的。

肌萎缩侧索硬化

量子计算机的另一个目标是肌萎缩侧索硬化，也被称为卢·格里克病。这是一种致命的疾病，会使人类的身体变成瘫痪的组织团，在美国至少有 16 000 人受到折磨。患者的大脑是完好无损的，但身体却在衰竭。这种疾病会攻击人类神经系统，在某种意义上使大脑与肌肉之间的联系断开，并最终导致人体死亡。

这种疾病最有名的受害者是已故的宇宙学家斯蒂芬·霍金。他的情况是不同寻常的，因为霍金的生命得以延续到 76 岁，而实际上，大多数患者很快就会死去。这种可怕疾病的受害者在确诊之后，通常只能再活 2~5 年。

霍金曾邀请我去剑桥大学做一个关于弦理论的演讲。当我参观他的房子时，我深感惊讶。尽管他罹患这种使人无比衰弱的疾病，但他的房子里面还是装满了能够保证自己正常开展工作的小工具。比如有一个机械设备，你可以在它上面放置一本物理期刊，按下一个按钮后，设备就会自动抓取一页，并可以翻页。

在我有幸与霍金共同度过的时光里，他的意志力和他渴望富有成效地参与物理界的愿望给我留下了深刻的印象。尽管他几乎已经完全瘫痪了，但他仍然坚守着继续从事研究并与公众接触的决心。正是霍金面对巨大障碍时的这种决心，彰显了他与众不同的勇气与力量。

在专业上，他的工作涉及量子理论在爱因斯坦引力理论中的应用，并希望有一天量子理论能真正回归到正轨上，依托量子计算机的力量来找到治愈这种可怕疾病的方法。目前，人们对肌萎缩侧索硬化知之甚少，因为这是一种相对罕见的疾病。但通过研究受害者的家族史，我们其实仍然可以发现这种病所涉及的一系列基因。

到目前为止，已经发现了大约 20 个与肌萎缩侧索硬化相关的基因，但其中 4 个基因解释了大多数病例：C9orf72、SOD1、FUS 和 TARDBP。当这些基因发生故障的时候，就会导致脑干和脊髓运动神经元的死亡。

特别值得注意的是 SOD1 基因。

据信，正是 SOD1 引起的蛋白质的错误折叠导致了肌萎缩侧索硬化。SOD1 基因会产生一种名为超氧化物歧化酶的酶，该酶能分解被称为超氧化物自由基的带电氧分子，这是潜在的危险。但当 SOD1 无法清除这些超氧化物自由基时，神经细胞可能会受到损伤。因此，SOD1 产生的蛋白质的错误折叠可能是导致神经元死亡的诱因之一。

了解这些缺陷基因所采取的分子途径可能是治愈这种疾病的关

键，量子计算机可能会发挥关键作用。使用这些基因作为模板，可以创建由该基因制造的缺陷蛋白质的 3D 版本。然后，通过研究蛋白质的结构，可能能够确定它是如何破坏我们神经系统中的神经元的。我们如果能在分子水平上确定缺陷蛋白质是如何运作的，或许就能找到治愈疾病的方法。

帕金森病

另一种大脑中的突变蛋白质导致的衰弱性疾病就是帕金森病，该病在美国折磨着大约 100 万人。这种疾病最著名的患者代表是迈克尔·J. 福克斯，他利用自己名人的身份筹集了 10 亿美元来对抗帕金森病。帕金森病通常会导致一个人的四肢无法控制地颤抖，还会导致行走困难、嗅觉丧失、睡眠障碍等症状。

我们对帕金森病的研究已经取得了一些实质性进展。例如，科学家发现，通过大脑扫描，可以确定神经元过度活动并导致手部颤抖的确切位置。这种帕金森病可以通过在神经元过度活跃的大脑区域中插入一根针来完成部分有效治疗。然后，再通过中和不稳定放电的神经元来阻止人体一些部位的震颤。

不幸的是，我们目前并没有掌握治愈帕金森病的方法。一些与帕金森病有关的基因已经被分离出来。我们有可能合成与这些基因相关的蛋白质，而量子计算机可以进一步破译这些蛋白质的 3D 结构。通过这种方式，我们可能会发现该基因的突变是如何导致帕金森病的。我们也许能够克隆出这种突变蛋白质的正确版本，并将其注射回体内。

因此，量子计算机可能会开辟一种全新方法来治疗这些折磨老年人的不治之症。也许在此基础上，量子计算机也可能解决有史以来最大的医学问题：人体衰老。如果一个人能够阻止衰老的过程，当然就可以同时治愈那些人体衰老而导致的许多疾病。

而如果量子计算机有一天能帮助人类实现不再变老的目标，那么是否也就意味着人类其实从根本上就可以避免死亡了呢？

第十三章

逆转衰老

人类可以追溯到的史前最古老的探索，就是寻求永生。无论一个国王或皇帝有多么强大，他们永远无法消除自己在镜子中看到的皱纹，因为这预示着他们的生命终将消亡。

人类已知的最早故事之一，甚至早于《圣经》，就是古代美索不达米亚战士吉尔伽美什的史诗，他在诗中记录了他在古代世界漫游时的英雄事迹。他在平原和沙漠上进行了无数次勇敢的冒险，甚至遇到一位目睹了大洪水的智者。而吉尔伽美什之所以踏上这段旅程，正是因为他肩负着一项伟大的使命：寻找永生的秘密。终于，他找到了可以使人长生不老的植物。但就在他还没来得及吃掉这种植物的时候，一条蛇突然从他手中抢走了植物并将其吞噬。于是，人类将注定不能长生不老。

《圣经》中也有类似故事，上帝将亚当和夏娃逐出伊甸园，因为他们违抗了上帝的命令，偷吃了禁果。但是，一个无辜的苹果能有什么危险呢？那可能还不仅仅因为苹果是知识的禁果。

还有另一个方面，那就是上帝害怕，吃了生命之树上的苹果之后，亚当和夏娃会“变成像我们之中的一个……并能够永远活着”——担心他们会因此而变得不朽。

秦始皇最终在公元前 200 年左右统一了中国，他痴迷于寻求永生。在一个著名的传说中，他派遣了强大的海军舰队去寻找传说中的青春之泉。他给舰队下了一道命令：如果找不到青春之泉，就不要回来了。很遗憾，舰队没能发现青春之泉。但被驱逐出中国后，他们意外发现了韩国和日本大陆。

根据希腊神话，黎明女神厄俄斯曾经爱上一个凡人——提托诺斯。因为凡人最终会死去，所以厄俄斯恳求宙斯赐予她的爱人永生。宙斯实现了她的愿望。但厄俄斯犯了一个致命的错误，她忘了同时为她的爱人祈求永恒的青春。于是非常可悲地，提托诺斯每年都会变得越来越老、越来越老，但永远不会死去。因此，如果有人替我们向上帝祈求永生的话，那么我们绝不能忘记还要向上帝祈求让我们能够逆转衰老。

时至今日，随着现代医学的进步，也许是时候从新的角度重新审视这一古老探索了。通过分析堆积如山的衰老基因的遗传数据，梳理生命本身的分子基础，人们或许有望通过量子计算机来解决衰老问题。事实上，量子计算机可能能够创造两种永生：生物永生和数字永生。因此，秦始皇所寻求的青春之泉可能根本就不是一个喷泉，而是一个量子计算机程序。

热力学第二定律

有了现代物理学，人类便可以从现代视角回溯这一古老探索。衰老的物理现象可以用热力学定律来解释。热力学有三大定律：第一定律简单地指出，物质和能量的总量是一个常数，能量不会从无到有，总是守恒的；第二定律是说，在一个封闭系统中，混乱和衰变总是倾向于加剧；第三定律是说，温度永远不可能达到绝对零度[①]。

正是热力学第二定律支配着我们的生命。这是一条物理定律，规定了所有存在最终都会生锈、解体和死亡。这意味着“熵”，也就是混沌的度量，总是在增加。这条铁律似乎就这样禁止了永生，因为在它的支配下，最终一切都会分崩离析。物理学似乎认定了地球上所有生命都必将走向死亡。

但热力学第二定律中实际上还是存在漏洞的。所有事物都必须衰变这一事实只适用于一个封闭系统。但如果是一个开放的系统，那么能量完全有可能从外部世界流入，混沌熵值增加的情况也就有望得以逆转。

例如，一旦像婴儿这样的新生命形式诞生之后，熵就会减少。一种新的生命形式包含大量精确组装到分子水平的数据。因此，生命似乎与第二定律相矛盾。但能量是以阳光的形式从外部流入的。因此，来自太阳的能量是地球上生命创造多样性和局部熵逆转的原因。

因此，永生并不违反物理学定律。第二定律中没有任何东西禁止一种生命永生，只要保证能量能够从外部流入。在我们的例子中，能量就是阳光。

什么是衰老？

那么究竟应该如何理解衰老呢？

根据第二定律，衰老主要是由分子、遗传基因和细胞水平上的错误积累引起的。也就是说，最终，第二定律的速度比我们熵值逆转的

---

① 热力学三大定律之第一定律为能量守恒定律，第二定律为熵增定律，第三定律为绝对零度定律。——译者注

速度更快，从而导致这种在我们的细胞和 DNA 中的错误积累得以呈现。我们的皮肤细胞开始失去弹性并形成皱纹，器官功能开始不正常甚至功能衰竭，神经元也会失灵从而导致我们忘记事情，还可能会患上癌症。简言之，我们会一直持续衰老，直至死亡。

而在动物王国中看到的一些情况则为我们理解衰老提供了一些线索。蝴蝶可以活几天，老鼠可以活几年，但大象可以活 60~70 年，格陵兰鲨鱼的寿命则可能长达 500 年。

这里的共同点是什么呢？与大型动物相比，小型动物失去热量的速度更快。因此，与笨重的大象总是悠闲地进食相比，老鼠总是匆忙躲避捕食者，其新陈代谢率相当高。但更高的新陈代谢率也意味着更高的氧化率，会在我们的器官中产生错误积累。

汽车就是一个明显的例子。汽车的老化发生在哪里？大多数情况下，它发生在发动机中，由于燃料的燃烧以及移动齿轮的磨损，发动机中会更容易发生氧化。但是人体细胞的发动机究竟在哪里呢？

细胞的大部分能量来源于线粒体。因此，我们怀疑线粒体正是衰老造成的大部分损伤积累的集中区域。如果我们通过增加来自外部的能量，以更好、更健康的生活方式，以及修复受损基因的基因工程，来规避第二定律，衰老很可能就会出现逆转。

现在，想象一辆装满高辛烷值燃料的汽车。这辆车还是很好开的，因为即使一辆汽车开始老化，如果能够使用增压汽油，它还是能跑得很好的。这个道理与雌激素和睾酮等激素对人体的作用是类似的。从某种意义上说，这些激素就像是长生不老药，给我们超越年龄的能量和活力。一些人认为雌激素是女性平均寿命比男性长的原因之一，而我们也必须为这额外的寿命付出代价。那就是癌症。额外磨损也就意味着更多的错误累积，其中包括产生导致癌症的基因。所以从某种意义上说，癌症代表着热力学第二定律在追赶着我们。

在人体内的 DNA 中，这些错误积累其实一直都在持续发生。例如，分子水平的 DNA 损伤在我们体内每分钟都要发生 25~115 次，即每天每个细胞发生 36 000~160 000 次。我们体内当然也有 DNA 修复机制，但当这些修复机制被我们 DNA 中大量的错误积累所淹没的时候，衰老就会加速。当错误的积累超过了我们修复它们的能力时，老化就会发生。

预测我们到底能活多久

我们如果确定衰老与 DNA 和细胞中的错误积累有关，那么就有可能通过粗略计算得到一个预测我们能活多久的数字。

英国剑桥大学韦尔科姆桑格研究所做了一项有趣的研究。假设衰老与基因损伤有关，那么应该可以预测出动物的基因损伤越多，其寿命就应该越短。不出所料，剑桥大学的科学家在分析了 16 种动物后，确实发现了这种负相关的关系：基因损伤越多，寿命越短。

他们发现，在截然不同的动物之间，这种负相关关系始终成立。微小的裸鼹鼠每年会发生 93 次突变，可以活到 25~30 岁。同时，巨型长颈鹿在 24 年的寿命内，每年可能发生 99 次突变。如果我们将这两个数字相乘，结果大约是裸鼹鼠有 2 325 个总突变，长颈鹿有 2 376 个总突变，这两者的突变数总体看上去是非常接近的。尽管这两种哺乳动物在各个维度上都差异很大，但它们一生中积累的突变数量却是大致相同的。

如此一来，通过分析很多动物的数据，我们就得到了一个可以大致预测人类寿命的计算公式。在分析小鼠时，科学家发现它们每年有 793 个突变，考虑其 3.7 年的平均寿命，那么突变总数也达到了 2 934.1 个。

人类的突变数量就相对有点棘手了，因为不同文化和地区的突变数量很可能是不同的。据信，人类每年有 47 个突变，而大多数哺乳动物一生平均都要达到 3 200 个突变。这就意味着，可以做出初步猜测，人类的寿命约为 70 岁。（即使假设的突变数量更少，也可以大约得出 80 岁这样的数字。）

这种简单计算的结果对研究的帮助是显著的。它们表明，人类 DNA 和细胞中的遗传错误积累正是导致衰老和最终死亡的主要驱动因素之一。

到目前为止，所有这些结果都是在野生动物的自然状态下取得的。但是，当我们把动物置于不同的外部条件下会发生什么呢？有可能人为地改变它们的寿命吗？

答案似乎是肯定的。

重置生物钟

通过医疗干预（例如基因工程、改变生活方式），有望通过纠正热力学第二定律造成的损害来达到延长人类寿命的目标。

有以下几种可能性。一种可能性是重置“生物钟”。当细胞自我繁殖时，染色体会稍微变短。对于皮肤细胞来说，在大约 60 次繁殖后，细胞便开始衰老，最终死亡。这个数字被称为“海弗利克极限”。这可以看作细胞死亡的一个原因，因为它们其实有一个类似于内置时钟的装置，会告诉细胞死亡的时间到了。

我采访过伦纳德·海弗利克，谈论他著名的“海弗利克极限”。然而，他谨慎地认为，有些人可能对这个生物钟下了过头的结论。他告诉我，我们才刚刚开始了解衰老的过程。他哀叹道，生物老年病学（即衰老科学）领域不得不频繁处理散布在公众之中的如此多的错误信息，尤其是最新的饮食时尚。

“海弗利克极限”的出现是因为染色体末端有一个被称为端粒的“帽子”，随着每次繁殖，端粒就会变短。但是，就像你的鞋带尖一样，经过太多操作之后，端粒“帽子”就会磨损，鞋带也会开始磨损。大约完成 60 次复制后，端粒磨损到极限，染色体磨损也到了极限，细胞进入衰老期，最终死亡。

但是这种时钟也有可能被停下来。有一种叫作端粒酶的酶，就可以防止端粒变得越来越短。乍一看，人们可能会认为这就是治疗衰老的良方。事实上，科学家已经能够将端粒酶应用于人类的皮肤细胞，帮助这些细胞分裂数百次，而不仅仅是 60 次。这项研究显然至少是我们走向“永生”所探索出来的一种形式。

但其中也存在危险。事实证明，癌细胞也使用端粒酶来获得永生。事实上，在 90% 的人类肿瘤中都检测到了端粒酶的存在。所以，在操纵体内端粒时，必须多加小心，否则我们就会意外地将健康细胞转化为癌细胞。

因此，如果我们找到了青春之泉，端粒酶可能是解决方案的一部分，但前提是我们能预防它的副作用。量子计算机也许能够解开端粒酶如何使细胞不朽又不发生癌变的谜团。一旦这种分子机制被揭秘，我们就有可能对细胞进行修正，使其寿命得以延长。

热量限制

尽管几个世纪以来，有各种各样的庸医疗法试图延长我们的寿命，但有一种方法经受住了时间的考验，似乎在任何情况下都有效。唯一被证实的延长动物寿命的方法就是通过热量限制。换句话说，如果你少摄入 30% 的卡路里，你就可以多活大约 30% 的时间，寿命基数取决于所研究的动物种类。这一普遍规律已经在昆虫、老鼠、狗和猫，甚至猿类等众多物种中进行了测试。摄入较少卡路里的动物比狼吞虎咽的动物活得更长。它们患的疾病较少，也不常因癌症和动脉硬化等老年问题而痛苦。

尽管这已经在整个动物王国的动物中进行了测试，但到目前为止，还没有使用这种方式对其中一种特殊动物展开系统分析，那就是：智人。（这可能是因为我们活得太久了，会抱怨斯巴达式的饮食太少，甚至会让修行的人感到饥饿。）没有人确切知道少吃东西为什么会有效，但有一种理论认为，少吃会降低氧化率，从而减缓衰老过程。

一个似乎证明了这一理论的实验结果可以在秀丽隐杆线虫等蠕虫身上找到。当这些蠕虫经过基因改造以降低其氧化率时，它们的寿命可以延长很多倍。事实上，科学家已经给其中一些基因起了名字，比如 Age–1 和 Age–2。降低氧化率似乎有助于细胞修复损伤。因此，热量限制能够降低我们体内的氧化率，从而可以减少错误的积累，这似乎是合理的。

但这留下了一个悬而未决的问题：为什么一些动物一开始就表现出热量限制？动物是否有意识地减少进食以延长寿命？（有一种理论认为，动物在其自然状态下有两种选择。一方面，它们可以繁殖并生育后代。但这需要稳定、充足的食物供应，而这是罕见的。更常见的是，大多数动物处于饥饿状态，不断地狩猎和觅食。因此，在食物短缺的时候，动物往往会本能地减少进食，以保存能量，活得更长，直到食物充足，它们可以繁殖的时候。）

研究热量限制的科学家认为，它可能通过化学物质白藜芦醇发挥作用，而白藜芦醇又是由 sirtuin（去乙酰化酶）基因产生的。白藜芦醇存在于红酒中。（这掀起了一场围绕白藜芦醇和红酒的小时尚，但白藜芦醇是否真的能延长人类寿命还没有定论。）

但在2022年，耶鲁大学的研究可能最终解开了为什么热量限制实际上有效的部分谜题。他们将精力集中在位于肺部之间的胸腺上。胸腺制造的T细胞，是我们白细胞中的一个重要角色，有助于抵御疾病。他们注意到，这些来自胸腺的T细胞比普通T细胞衰老得更快。例如，当我们到了40岁时，70%的胸腺是脂肪性的，没有功能。该论文的资深作者维什瓦·迪普·迪克西特说："随着年龄的增长，我们开始感觉到缺乏新的T细胞，因为我们剩下的T细胞不擅长对抗新的病原体。这也是老年人患病风险更大的原因之一。"[1] 如果这是真的，这可能解释了为什么老年人更容易衰老和死亡。

鉴于这一结果，他们进行了另一项实验，让一组人在两年内进行热量限制饮食。他们惊讶地发现，这群人的胸腺中脂肪较少，功能细胞较多。这是一个了不起的结果。

迪克西特补充道："在我看来，这个器官可以恢复活力的事实令人震惊，因为几乎没有证据表明这种情况发生在人类身上。这种可能性非常令人兴奋。"

耶鲁大学的研究团队开始意识到他们正在做一些重要的事情。接下来，他们必须调查根本原因：在分子水平上，热量限制是如何增强免疫系统的？

他们的最终发现是一种名为PLA2G7的蛋白质，这种蛋白质与炎症有关，炎症是另一种与衰老有关的现象。迪克西特说："这些发现表明，PLA2G7是热量限制影响的驱动因素之一。识别这些驱动因素有助于我们了解代谢系统和免疫系统是如何相互交流的，这可以为我们指明潜在的目标，而这些目标可以改善免疫功能，减少炎症，甚至有可能延长健康寿命。"

下一步将是使用量子计算机来研究这种蛋白质是如何在分子水平

上减少炎症并延缓衰老的。一旦了解这个过程，我们就有可能操纵PLA2G7，获得人体在热量限制下才能得到的好处，却又可以避免让自己处于真正的饥饿中。

迪克西特最后表示，他对相关蛋白质和基因的研究可能会改变衰老过程的研究方向。他总结道：“我认为这给了我们希望。”

衰老的关键：DNA 修复

但这引发了另一个问题：热量限制如何修复氧化造成的分子损伤？热量限制可能会减缓氧化过程，使身体有可能自然修复其造成的损伤，但身体首先是如何修复 DNA 损伤的呢？

罗切斯特大学正在对此进行研究，科学家正在研究是否可以通过检查动物王国来理解 DNA 修复机制。更具体地说，DNA 修复机制能解释为什么一些动物活得更长吗？有遗传的青春之泉吗？

他们分析了 18 种啮齿动物的寿命，发现了一些有趣的东西。老鼠可能只活两三年，但河狸和裸鼹鼠可以活到 25~30 岁的惊人年龄。他们的理论是，长寿的啮齿动物比短命的啮齿动物有更强的 DNA 修复机制。

为了研究这一点，他们将重点放在了参与 DNA 修复的 sirtuin–6（去乙酰化酶 6）基因上，该基因有时被称为“长寿基因”。他们发现并非所有的 sirtuin–6 蛋白质都是相同的。sirtuin–6 产生了五种不同类型的蛋白质，每种蛋白质的活性程度也不同。他们还注意到，河狸体内含有的 sirtuin–6 蛋白质比大鼠体内的蛋白质更有效，尽管不是裸鼹鼠。他们声称，这可能是河狸寿命如此之长的原因。

为了证明他们的理论，他们将各种 sirtuin–6 蛋白注射到不同的动物身上，看看它是否会影响它们的寿命。注射河狸 sirtuin–6 蛋白质的果蝇比注射大鼠蛋白质的果蝇活得更长。

当注射到人体细胞中时，他们发现了类似的效果。接受河狸 sirtuin-6 蛋白质的细胞比接受大鼠蛋白质的细胞维持着更少的 DNA 损伤。该研究的其中一位研究人员薇拉·戈尔布诺娃表示："如果疾病是由 DNA 随年龄增长而变得紊乱所导致的，我们可以利用此类研究来有针对性地采取干预措施，从而延缓癌症和其他退行性疾病的发生。"[2]

这一点很重要，因为修复可能受 sirtuin-6 等基因调控的 DNA 损伤可能是逆转衰老过程的关键。然后可以使用量子计算机来精准确定 sirtuin-6 是如何在分子水平上增强 DNA 修复机制的。

一旦这个过程被解开，就有可能找到加速它的方法，或者找到可以刺激 DNA 修复机制的新分子途径。因此，如果 DNA 损伤是衰老过程的驱动因素之一，那么了解如何使用量子计算机在分子水平上逆转 DNA 损伤就至关重要。

重新编程细胞，逆转衰老

然而，危险在于，当但凡有了试图活得更长的想法时，就会有很多庸医一拥而入。每个月总会有一种时尚：最新的维生素、草药或"奇迹疗法"。但有一个严肃的组织一直在大力宣传衰老过程。

俄罗斯亿万富翁尤里·米尔纳靠经营脸书和 Mail.ru 网站发家，他组建了一个由顶尖学者组成的蓝丝带小组，研究逆转衰老的问题。他是硅谷的知名人物，每年向杰出的物理学家、生物学家和数学家颁发 300 万美元的突破奖。

现在，他的注意力集中在一个名为 Altos Labs（阿尔托斯实验室）的新公司上，该公司希望利用"重新编程"的科学来重新激活衰老细胞。就连杰夫·贝佐斯也是排队支持 Altos 的财力雄厚的投资者之一。根据 Altos 提交的一份文件，这家刚刚起步的公司已经筹集了 2.7 亿美元。

根据麻省理工学院的《技术评论》，这项工作背后的想法是对衰老细胞的 DNA 进行重新编程，使其恢复到早期的形式。这项工作由日本诺贝尔奖获得者山中伸弥（Shinya Yamanaka）进行了实验测试，他将担任 Altos 科学咨询委员会主席。

山中伸弥是世界上研究干细胞的权威专家之一，干细胞是所有细胞之母。胚胎干细胞具有可转化为人体任何细胞的显著特性。山中伸弥发现了一种对成年细胞进行重新编程的方法，可以使其恢复到胚胎状态，这样理论上，它们就可以从头开始创造全新的、新鲜的器官。

关键的问题是：你能否重新编程一个衰老的细胞，让它重新变得年轻？促使人们对 Altos 产生兴趣的原因是，问题的答案显然是肯定的——在某些情况下，有 4 种蛋白质（现在被称为山中因子）可以执行重新编程过程。

从某种意义上说，衰老细胞的重新编程是司空见惯的。想想大自然是如何将成年人的细胞重新编程为胚胎干细胞的。因此，重新编程不是科幻小说，而是生活中的一个事实。当胚胎第一次受孕时，这种再生过程发生在每一代人的身上。

毫不奇怪，许多一直在寻找下一个大项目的初创企业已经加入了这股潮流，包括 Life Biosciences、Turn Biotechnologies、AgeX Therapeutics 和 Shift Bioscience。戈迪安生物技术公司的马丁·博尔奇·詹森说："如果你在远处看到一个看起来像一大堆金子的东西，那么你应该赶快跑起来。"[3] 事实上，他准备拿出 2 000 万美元来加速研究。

哈佛大学教授大卫·辛克莱说："投资者筹集了数亿美元用于重

新编程，专门用于恢复人体部分或全部的活力。”[4] 辛克莱能够使用这种重新编程细胞的技术来恢复小鼠的视力。他补充道：“在我的实验室里，我们正在勾选主要器官和组织，例如皮肤、肌肉和大脑，看看哪些可以恢复活力。”

瑞士洛桑大学的亚历杭德罗·奥坎波说：“你可以从 80 岁的人身上提取细胞，在体外将其年龄逆转到 40 岁。没有其他技术可以做到这一点。”[5]

威斯康星大学麦迪逊分校的一个独立小组采集了滑液样本（这是一种在身体关节中发现的黏稠液体），其中含有某些被称为 MSC（间充质干细胞 / 基质细胞）的干细胞。此前人们已经知道，可以对 MSC 细胞进行重新编程，使其变得更年轻。但这种年轻化是以什么方式发生的还不得而知。

他们能够填补许多缺失的步骤。将 MSC 细胞转化为诱导多能干细胞（称为 iPSC），然后再转化回 MSC 细胞。经过这一循环，他们发现经过再处理的 MSC 细胞恢复了活力。最重要的是，他们能够识别 MSC 细胞往返的特定化学途径。参与这一过程的是一系列被称为 GATA6、SHH 和 FOXP 的蛋白质。

这些了不起的突破曾经被认为是不可能的。因此，科学家开始了解衰老的细胞是如何再次变得年轻的。

但也有理由保持谨慎。我们之前看到，延缓或逆转衰老的方法包括诸如癌症等副作用。雌激素可以使女性在许多年里保持生育能力，直到更年期，但癌症可能也是这种激素的副作用之一。同样，端粒酶可以阻止细胞衰老，但也会增加癌症风险。

同样地，细胞重新编程的危险之一就是癌症。研究必须谨慎进行，以免产生危险的副作用。量子计算机可能会在这方面有所帮助。首先，量子计算机可能能够在分子水平上揭开细胞再生的过程，并找到胚胎干细胞背后的秘密。其次，量子计算机或许可以控制这一过程的一些副作用，例如癌症。

人体商店

另一项实验激发了人们对细胞再生的兴趣。

在最初的山中伸弥方法中，皮肤细胞暴露于 4 种山中因子长达 50 天，以便它们恢复到胚胎状态。但英国剑桥巴布拉汉研究所的科学家仅将这些细胞暴露了 13 天，然后让它们正常生长。

原始皮肤细胞取自一位 53 岁的妇女。科学家震惊地发现，这些恢复活力的皮肤细胞看起来和行动起来都像来自 23 岁的年轻人。

“我记得我得到结果的那一天，我不太相信其中一些细胞比预期年轻了 30 岁……这是非常激动人心的一天。”[6] 开展这项研究的科学家之一迪尔吉特·吉尔说。

结果很轰动。如果这一结果得到证实，那么很明显，这是医学史上科学家唯一一次成功地使衰老细胞恢复活力，使它们表现得像年轻了几十年。

然而，参与这项研究的科学家谨慎地提到了可能出现的副作用。由于与年轻化有关的巨大基因变化，就像许多有前途的治疗方法一样，癌症仍然是一种可能的副产品。因此，整个方法必须谨慎进行。

但是，还有第二种方法可以创造出年轻的器官，而且不会有癌症的危险：组织工程，科学家可以从零开始构建人体器官。

组织工程

如果一个成年人的细胞恢复到胚胎状态，它确实会恢复活力，但它只能在细胞水平上恢复活力。这意味着你不能重新调整整个身体，永远活下去。这只是意味着某些细胞系变得不朽，这样特定的器官就可以再生，但不是整个身体。

其中一个原因是，干细胞如果任由其自身生长，有时会产生一团无定形的随机组织。干细胞通常需要来自邻近细胞的提示，才能按顺序正确生长，从而形成最终的器官。

解决这个问题的方法可能是组织工程，这意味着将干细胞放入某种模具中，使细胞有序生长。

这种方法由北卡罗来纳州维克森林大学的安东尼·阿塔拉和其他人率先提出。我有幸为 BBC 电视台采访了阿塔拉。当我在他的实验室里走动时，我惊讶地看到了装有人体器官，比如肝脏、肾脏和心脏的大罐子。我几乎觉得自己走进了一部科幻电影。

我问他研究是如何进行的。他告诉我，他首先按照想要培育的器官的形状，用微小的塑料纤维制作了一个特殊的模具。然后，他将从病人身上提取的器官细胞植入模具。接下来，他使用生长因子“鸡尾酒疗法”来刺激这些细胞。细胞开始长入模具的纤维中。最终，这种可生物降解的模具消失了，留下了一个近乎完美的器官复制品。然后，人造器官就被放置到患者体内发挥作用。由于这些细胞是由患者自己的组织制成的，所以不会有排斥反应，而排斥反应正是当前器官移植面临的主要问题之一。同时也没有癌症的危险，因为没有操纵细胞微妙的基因。

他告诉我，大多数成功制造的器官只由几种细胞类型组成，包括皮肤、骨骼、软骨、血管、膀胱、心脏瓣膜和气管。他表示，肝脏的制造更难，因为它由几种不同类型的细胞组成。而肾脏由数百个微小的管道和过滤器组成，所以肾脏的制造仍然在进行中。

他的方法或许也可以与干细胞相结合，这样有朝一日，当身体的整个器官衰竭时，就有可能使其再生。例如，由于心血管疾病是美国的头号死因，也许有一天可能在实验室里培育出一颗完整的心脏。这就像创建了一个“人体商店”。

其他研究小组正在试验 3D 打印来创造人体器官。就像计算机打印机可以喷出微小的墨水滴形成图像一样，它也可以被修改为喷出单个人类心脏细胞，从而逐个细胞地创建心脏组织。如果细胞再生成功地创建了年轻的细胞系，那么组织工程就有可能使用干细胞来生长身体的任何器官，比如心脏。

这样，我们就可以避免希腊神话中提托诺斯面临的问题。

量子计算机的作用

量子计算机可能会对这些努力产生直接影响。在不久的将来，大多数人的基因组将被测序，并被纳入一个庞大的全球基因库。这个巨大的基因信息库可能会让传统的数字计算机不堪重负，但分析大量数据正是量子计算机的专长。这可能使科学家能够分离出受衰老过程影响的基因。

例如，科学家可以分析年轻人和老年人的基因，并对二者进行比较。通过这种方式，大约 100 个衰老集中的基因已经被识别出来了。事实证明，这些基因中的许多都参与了氧化过程。未来，量子计算机将分析更多的基因数据。这将有助于我们了解大多数遗传和细胞错误是在哪里积累的，以及哪些基因可能真正控制衰老过程的各个方面。

量子计算机不仅可以分离出大多数衰老发生的基因，还可以做相反的事情：分离出在异常衰老但健康的人身上发现的基因。人口统计学家知道，有些人是超级老年人，他们似乎战胜了困难，过着寿命比预期长得多的更健康、更富足的生活。因此，量子计算机通过分析大量原始数据，可能会发现表明免疫系统异常健康的基因，从而使老年人避免罹患可能使其崩溃的疾病，帮助其寿终正寝。

当然，也有一些人衰老得如此之快，以至于在童年时就老死了。像沃纳综合征和早老症这样的疾病是一场噩梦，孩子几乎在你眼前衰老。他们很少活过二三十岁。研究表明，除了其他问题，他们的端粒较短，这可能是他们加速衰老的部分原因。（同样，对阿什肯纳兹犹太人的研究却发现了相反的情况，长寿的受试者体内具有高度活跃的端粒酶，这可能解释了他们的长寿之谜。）

此外，对 100 岁以上人群的测试表明，他们的 DNA 修复蛋白多腺苷二磷酸核糖聚合酶的含量明显高于 20~70 岁的人。这表明，长寿的个体具有更强的 DNA 修复机制来逆转遗传损伤，从而寿命更长。这些百岁老人的细胞也与从更年轻的人的身上提取的细胞相似，这表明衰老已经减缓了。这反过来又可以解释一个奇怪的事实，即那些 80 多岁的人比正常人有更大的机会活到 90 多岁甚至更长。这可能是因为免疫系统较弱的人在 80 多岁之前就去世了，所以存活下来的人有更强的 DNA 修复机制，可以将寿命延长至 90 多岁甚至更长。

因此，量子计算机或许能够分离出几个类别的关键基因：

- 与同龄人相比特别健康的老年人
- 免疫系统可以对抗常见疾病，从而延长寿命的人
- 基因中的错误积累而加速衰老的个体
- 严重偏离正常标准的个体，例如那些因沃纳综合征和早老症等疾病而衰老极快的人

一旦与衰老相关的基因被分离出来，CRISPR 也许就能够修复其中的许多基因。我们的目标是利用量子计算机分离出衰老过程的精确

分子机制，从而修复大多数衰老发生的基因。

未来也许会开发出一种不同药物和疗法的混合物，减缓甚至逆转衰老。不同医疗干预措施协同作用，也许就有可能让时间倒流。

关键在于，量子计算机将能够在分子水平上攻克衰老过程。

数字永生

除了生物永生，我们还有可能使用量子计算机实现数字永生。

我们的大多数祖先在生活和死亡时都没有留下他们存在的痕迹。也许在教堂或寺庙的记录中，有一行记录了我们祖先的出生时间，还有一行记录了他们的死亡时间。或者在一个荒芜的墓地里有一块残破的墓碑，上面写着我们祖先的名字。

仅此而已。

一辈子珍贵的记忆和经历就这样被浓缩为一本书中的两行字和一些刻字的石头。使用 DNA 追踪祖先血统的人经常发现，他们的踪迹很快就会在一个世纪内消失。他们的整个家族历史在一两代人之后就被尘封了。

但今天，我们留下了令人生畏的数字足迹。仅凭我们的信用卡交易记录，就可以合理地了解我们的历史、个性、好恶。每一次购买、度假、体育赛事或礼物都被记录在电脑中。甚至在我们自己毫无意识的情况下，我们的数字足迹就已经塑造出了我们究竟是谁的镜像。未来，这些海量的信息可以让我们对自己的人格进行数字化的重塑。

人们在谈论通过数字化过程复活历史人物和知名人士，使他们能够面向公众。今天，你可以去图书馆查阅温斯顿·丘吉尔的传记。未来，你可能就直接可以和他聊聊天了。他的所有信件、回忆录、传记、采访等都将被数字化并向公众开放。你可能会和这位前首相的全息图像进行交谈，并花一个悠闲的下午与这位男士进行一场富有启发性的对话。

我个人很乐意花时间与爱因斯坦交谈，询问他的目标、成就和科学哲学。当他意识到自己的理论已经发展成大爆炸、黑洞、引力波、统一场论等庞大的科学学科时，他会怎么想呢？他会怎么看待量子理论的与时俱进呢？他留下了大量的书信和私人信件，揭示了他的真实性格和思想。

最终，普通人也可能实现数字永生。2021 年，《星际迷航》电视剧的主演威廉·沙特纳获得了一种数字永生。他被放在摄像机前，在 4 天的时间里，他被问到了数百个关于他的生活、目标和哲学的个人问题。然后，计算机程序分析了这些材料，并根据主题、地点等按时间顺序排列。将来，你或许可以直接向这个数字化的沙特纳提出个人问题，它会以连贯、合理的方式回答，就好像他就在你的客厅里和你交谈一样。

未来，你将不需要坐在电视摄像机前进行数字化。我们会在不知不觉中，不假思索地用手机的摄像头来记录我们的日常活动和生活。事实上，许多青少年在记录他们的恶作剧、笑话和滑稽动作（其中一些可能会永远存在于互联网上）时，已经创造出足够多的数字足迹。

通常，我们认为生活是一系列的意外、巧合和随机经历。但有了增强的人工智能，我们总有一天能够编辑这个记忆宝库，并将其有序排列。量子计算机将帮助我们对这些材料进行分类，使用搜索引擎查找丢失的背景材料，并编辑叙事。

从某种意义上说，我们的数字自我将永远不会消亡。

因此，也许当我们逝去时，我们珍贵的个人记忆和成就的遗产不必随着时间的流逝而消散。也许量子计算机会给我们带来一种永生。

总之，科学家现在开始确定延长人类寿命的一些途径。然而，这些途径在分子水平上是如何发挥作用的，仍然是个谜。例如，某些蛋白质如何加速 DNA 的分子修复过程？量子计算机可能会发挥决定性作用，因为只有一个量子系统才能完全解释另一个量子系统，比如分子相互作用。人们一旦知道了 DNA 修复等的确切机制，就可能对其进行改进，从而延缓甚至阻止衰老过程。

量子计算机也具备赋予我们以数字方式永生的能力。当与人工智能相结合时，我们应该能够创建一个准确反映我们自己的数字人。这一过程已经在逐步完善。

但量子计算机的下一个前沿可能不仅仅是将量子力学应用于我们身体的内部空间，而是将量子计算机应用于外部世界，解决诸如全球变暖、利用太阳的力量和破解我们周围世界奥秘等紧迫问题。我们的下一个目标就是使用量子计算机来理解宇宙。

第四篇
建模世界及宇宙

第十四章

全球变暖

我曾经在冰岛首都雷克雅未克的一所大学里做讲座。

当飞机接近机场时，我看着外面几乎没有植被的贫瘠火山景观，仿佛在进行一次时光倒流的旅行。机场附近的地区非常荒凉，是一个用来回顾数百万年前历史的完美地方。

后来，我在导游的带领下参观了校园，很想看看他们对冰芯的研究，因为它可以记录数千年来的天气。

他们的实验室在一个大房间里，模样就像一个巨大的冰柜，室内温度也像冰柜里一样。我注意到桌子上摆放着几根长长的金属棒。这些棒直径约 1.5 英寸，长数英尺，每根金属棒都包含一个从冰层深处采集的冰芯样本。

有些金属棒是打开的，你可以看到里面装着长长的白色冰柱。当我意识到自己看到的是数千年前降落在北极的冰时，不禁打了个寒战。我凝视的是一个早于历史记录的时间胶囊。

仔细观察这些冰芯，可以看到一系列薄薄的棕色横条纹。科学家告诉我，每一条横条纹都是由古代火山喷发释放的烟尘和灰烬形成的。

通过测量不同条纹之间的距离，你可以将它们与已知的火山喷发进行比较，以此来确定它们的年龄。他们还告诉我，在冰芯内，还有一些微小的气泡，它们就像数千年前大气的快照。通过测定它们的化学成分，人们可以很容易地确定当时大气中的二氧化碳含量。

（计算冰芯形成时的温度更困难，而且是间接计算的。水由氢和氧组成，即 H_2O。但还有一种较重的水，其中 O–16 和 H–1 原子被一种带有额外中子的同位素取代，产生 O–18 和 H–2。较重的水在相对温暖时蒸发得更快。因此，通过测量重水分子和正常水分子之间的比例，就可以计算出冰最初形成时的温度。较重的水越多，说明雪刚下的时候就越冷。）

最后，我看到了他们艰苦但发人深省的工作成果。在一张图表上，几个世纪以来的温度和二氧化碳含量就像一对过山车，齐头并进，忽上忽下。显然，地球的温度和空气中的二氧化碳含量之间存在着紧密而重要的相关性。（如今，这些冰芯可以追溯到更久远以前。2017 年，科学家在南极洲提取了 270 万年前的冰芯，揭开了一段以前未知的地球历史。）

在分析这张图表时，有几件事给我留下了深刻印象。首先，你会注意到温度的剧烈波动。我们眼中的地球是稳定的。然而，这些信息会提醒我们，地球是一个动态的物体，温度和气候会出现很大的波动。

其次，我们注意到，上一次冰河时期大约在 1 万年前结束，当时北美大部分地区被埋在将近半英里厚的坚冰下。但从那时起，大气逐渐变暖，才使得人类文明的兴起成为可能。由于我们可能会在 1 万年左右的时间内迎来另一个冰河时期，这完全有可能意味着，人类文明的兴起只是一个偶发事件，只是因为人类偶然进入了两个冰河时期之间的间冰期。如果没有这次间冰期，我们就仍然会生活在由猎人和拾荒者组成的游牧团体中，在冰上游荡，拼命寻找着各类食物残渣。

但有一件事情还是十分值得注意的，自 1 万年前上一次冰河时期结束以来，全球气温的上升一直是缓慢的，而在最近 100 年里，气温突然飙升，这与工业革命和化石燃料风靡的时期不谋而合。

一个事实是，通过分析地球的温度，科学家得出结论，2016 年和 2020 年是有史以来最热的年份。另一个事实是，1983—2012 年是过去 1 400 年中最热的 30 年。因此，近期地球的变暖并不是间冰期变暖的副产品，而可以说是一件十分不自然的事情。在众多因素中，最主要的一个因素就是人类文明的兴起。

人类的未来可能就取决于人类预测天气的模式和制定现实行动方案的能力。而这些需求现在正在挑战传统计算机的极限，所以我们特别需要借助量子计算机来准确评估全球变暖，并为未来提供“虚拟天气报告”，使我们能够观察一旦某些参数改变了，那么气候将随之受到怎样的影响。

其中一份虚拟天气报告可能是人类文明未来的关键。

正如阿里·埃尔·卡法拉尼在《福布斯》杂志上所写的那样：“量子计算机在环境方面也具有巨大潜力，专家可以通过量子模拟来实现对环境的预测，从而助力各国实现联合国的可持续发展目标。”[1]

二氧化碳与全球变暖

最重要的是，我们需要准确评估温室效应，以及人类活动是如何造成温室效应的。

太阳发出的光很容易穿透地球大气层。但一旦太阳光被地球表面反射之后，就会丧失原有的能量，而变成红外辐射。由于红外辐射不能很好地穿透二氧化碳，热量会滞留在地球上，从而导致全球温度升高。2018 年，全球使用的 80% 的能源是化石燃料，而化石燃料的燃烧会产生二氧化碳作为副产品。因此，20 世纪气温的突然飙升可能是由多种因素造成的，但主要是工业革命导致的二氧化碳积累。

近 100 年来，地球的快速变暖也从一个完全不同的来源得到了证实，不是来自地下冰芯的内部空间，而是来自外太空。这显然是一个带有上帝视角的有利角度，甚至让全球变暖的影响在视觉上呈现出一定戏剧性。

例如，美国国家航空航天局的气象卫星可以计算地球从太阳接收的能量总量。这些卫星还可以确定地球向外太空发送的能量总量。如果地球处于平衡状态，我们会看到能量的输入和输出大致相同。当仔细考虑所有因素时，人们会发现地球吸收的能量比辐射回太空的能量多，从而导致地球变暖。如果我们比较地球捕获的净能量，它与人类活动产生的能量大致相同。因此，最近导致地球变暖加剧的罪魁祸首似乎是人类活动。

卫星照片揭示了这种变暖的后果。今天的这些照片可以与几十年前的照片相比较，显示了地球地质的急剧变化。我们看到，几十年来，所有主要的冰川都在消退。

自 20 世纪 50 年代以来，潜艇一直在访问北极。它们已经确定，在过去的 50 年里，北极冬季的冰层变薄了 50%，厚度每年减少约 1%。（未来，当极地几乎没有冰的时候，孩子可能就会感到奇怪，为什么他们的父母总是说圣诞老人来自北极。）根据美国国家航空航天局科学家的说法，到并不遥远的 21 世纪中叶，北冰洋在夏天就完全不结冰了。

飓风活动可能也会发生变化。它们最初是非洲海岸的一股温和的热带风，一旦穿越大西洋来到加勒比海，它们就开始像加速的保龄球一样了。如果以一定的角度冲过去，它们就可以进入墨西哥湾温暖的水域，然后强度增加，成为巨大的风暴怪物。自20世纪80年代以来，袭击东海岸的飓风强度、频率和持续时间都有所增加，这可能正是由于水温的升高。因此，未来我们很有可能看到威力越来越大、破坏性越来越强的飓风。

预测未来

计算机对地球气候未来的预测相当黯淡。自1880年以来，全球海平面上升了8英寸。（海洋温度不断升高，导致海水总体积膨胀。）最有可能的是，到2100年，海平面将上升1~8英尺。2050—2100年的世界地图显示，沿海地区将发生惊人的变化。

美国国家航空航天局/美国国家海洋和大气管理局的一份报告指出："对当今以及未来几十年和几个世纪的美国来说，全球气候变化导致的海平面上升是一个明显而现实的风险。"[2]

但是，垂直方向上每损失1英寸，沿海地区的可用海岸线在水平方向就可能损失100英寸。因此，地球的地图正在逐渐改变。此外，由于大气中已经有大量的热量在循环，海平面将在22世纪继续上升。这至少意味着，随着海浪开始冲过大坝和屏障，沿海地区将经历大规模洪水。

美国国家航空航天局局长比尔·纳尔逊对最近的美国国家航空航天局/美国国家海洋和大气管理局的天气报告发表评论："这份报告支持了之前的研究，并证实了我们早就知道的事情：海平面正以惊人的速度持续上升，危及世界各地的社区……需要采取紧急行动来缓解正在发生的气候危机。"[3]

世界各地的沿海城市将不得不应对不断上涨的水位。威尼斯在一年中的某些时候已经被淹没了。新奥尔良的部分地区已经低于海平面。所有沿海城市都需要制订计划，以适应未来几十年海平面的上升，如水闸、征税、堤坝、疏散区、飓风预警系统等。

甲烷：一种温室气体

作为一种温室气体，甲烷的强度实际上是二氧化碳的 30 多倍。危险在于，加拿大和俄罗斯附近的北极地区有大片冻原可能正在融化，并释放出甲烷气体。

我在西伯利亚的克拉斯诺亚尔斯克做过一次演讲。那里的居民告诉我，他们实际上并不介意全球变暖，因为这意味着他们的家园可能不再被持续冻住了。他们还告诉我一个奇怪的事实：随着气温上升，数万年前死亡的猛犸象的巨大尸体正在从冰层中浮现出来。

尽管生活在西伯利亚的当地人可能不介意温室效应，但真正的危险在于全球其他地区，甲烷气体的释放可能会造成失控的连锁反应。地球越热，冻原融化得越多，释放出的甲烷气体就越多。但这些甲烷反过来又会使地球变得更热，进一步恶化并开始新的循环。因此，冻原融化得越多，我们的星球就变得越热。由于甲烷是一种强温室气体，所以这意味着，我们用计算机完成的许多对未来的预测实际上可能低估了全球变暖的真实进度。

对军事的影响

全球变暖的影响随处可见。例如，农民适应了天气的周期，他们很清楚夏天的平均时间比过去长了大约一周。这会影响他们当年播种的时间和种植的作物。

蚊子等昆虫一样也在向北移动，可能会带来热带疾病，比如西尼罗河病毒。

因为大气中循环的能量在增加，这意味着天气会发生更剧烈的波动，而不仅仅是温度的稳步上升。因此我们可以预测，森林火灾、干旱和洪水将变得越来越普遍。“百年风暴”描述过非常罕见但剧烈的气候事件，但现在它们发生的频率似乎更高了。2022 年，欧洲和美国遭遇了极端高温天气，打破了地球大部分地区的气温纪录，造成了大规模森林火灾、湖泊消失、脱水死亡等严重后果。

不幸的是，对天气产生巨大影响的南北两极，其升温速度比地球上其他地区更快。就在过去 20 年里，格陵兰岛的融化量所产生的液态水，足以覆盖美国全境 1.5 英尺的面积。

与此同时，南极冰盖已经形成了由新融化的雪组成的地下河流。现在看来，两极并不像以前想象的那样稳定。

美国国家航空航天局 / 美国国家海洋和大气管理局近年的一份报告重点关注了南极洲思韦茨冰川可能坍塌的问题，该冰川被戏称为“世界末日冰川”。俄勒冈州立大学的冰川学家埃林·佩蒂特表示：“东部冰架很可能会破碎成数百座冰山。突然之间，整个冰川都会坍塌。”[4]

这也将对地缘政治和军事造成影响。五角大楼起草过一份关于最坏情况的报告：如果全球变暖失控了会怎样。该报告确定孟加拉国和印度之间的边界是最危险的地区之一。由于海平面上升和洪水泛滥，全球变暖可能有一天会迫使数百万人逃离孟加拉国，并拥入与印度的边境。这么多绝望的人将很容易压倒边防部队。届时，印度军方将面临越来越大的压力，需要击退一群又一群试图逃离洪水的难民。作为最后的手段，印度军方可能会被要求使用核武器来保护边境。

虽然这只是对最坏情况的一种推演，但它形象地说明了如果事情失控可能会发生什么。

极地涡旋

一些人提到了近年席卷美国大部分地区的特大暴风雪，并断言全球变暖的威胁被高度夸大了。

但是，我们必须看到冬季天气不稳定的原因。每当出现巨大的冬季风暴时，天气报告都会详细描述急流的运动情况，从阿拉斯加和加拿大蜿蜒而下，并带来冰冻天气。

反过来，急流又会跟随极地涡旋旋转，极地涡旋是一个以北极为中心的超冷空气的狭窄旋转圆柱体。近年极地涡旋的卫星照片显示，它变得越来越不稳定，四处游荡，将急流进一步向南推进，并造成这些寒冷的冬季天气异常。

一些气象学家指出，涡旋的不稳定可能是由全球变暖造成的。通常情况下，极地涡旋相对稳定，不会飘移太多。极地涡旋和低纬度之间的温差相对较大，这增加了极地涡旋的强度，使其更加稳定。但是，如果极地地区的温度比温带气候增长得更快，温差就会缩小，从而降低涡旋的强度，反过来会将急流进一步向南推进，从而形成了得克萨斯州和墨西哥的异常天气模式。

因此，具有讽刺意味的是，全球变暖可能还是造成南方一些冰冻天气的部分原因。

该做点什么？

那么我们能做点什么呢？

人们可以寄希望于可再生能源和节能措施，使人类文明逐渐摆脱对化石燃料的依赖。也许超级电池将有助于开启太阳能时代，带来节能电动汽车。也许各国会认真对待这个问题。也许到 21 世纪中叶，聚变能就将投入使用。

但如果其他一切都失败了，一个后备计划是尝试使用地球工程来解决这个问题。以下是在最坏情况下使用的解决方案。

碳固存

最保守的方法是碳固存，或者在冶炼厂分离出二氧化碳，然后将其埋在地下。在小范围内，我们已经尝试过这种做法。另一个方法是将二氧化碳分离出来，然后将其与火山岩中的玄武岩混合处理。这个想法虽然在科学层面是严谨的，但底线仍囿于经济层面。碳固存需要花钱，一家公司必须证明这样做是合理的。因此，许多公司对碳固存持观望态度。这是否严格在科学意义上可行，尤其在经济上是否可行，目前还没有定论。

人工影响天气

当圣海伦斯火山在 1980 年喷发时，科学家能够计算出有多少火山灰被释放到环境中，以及随后对气温将产生的影响。火山喷发使大气“变暗”，显然会将更多的阳光反射回太空，从而产生冷却效果。

人们可能会计算一下全球气温下降可能需要多少颗粒物。

然而，也存在与此相关的危险。考虑这种操作所产生的规模性影响，我们很难对这个想法开展什么实验。而且即使火山喷发能帮我们将全球温度暂时降低几度，也是无济于事的，这并不能避免系统性的气候灾难。

藻华

另一种可行方法是在海洋中播种，让海洋吸收二氧化碳。

例如，藻类可以依靠铁生长。藻类反过来又可以吸收二氧化碳。因此，通过在海洋中播种铁，人们或许能够利用藻类来控制二氧化碳。这个方法的问题就是，我们在利用一种其实我们可能根本无法控制的生命形式。藻类不是静态的，而且会以一种人类不可预见的方式繁殖。我们不能像召回一辆有故障的汽车那样召回一种生命形式。

雨云

还有人建议使用一种古老的技术来改变天气：碘化银晶体。古代的人们可能试图通过跳舞和咒语来降雨，但如今国家和军队则试图通过向大气中喷射化学物质来降雨。例如，碘化银晶体可以加速水蒸气的凝结，可能会引发雨云，产生雷暴。据信，美国中央情报局在越南战争期间对这种方法进行了调查，认为这种方法能够在季风季节将敌军赶出避难所，从而挫败敌军。

另一种变化被称为“云增亮”，或播种云，使其将更多的太阳能量反射回太空。

不幸的是，人工影响天气只能作用于局部，而地球表面非常广阔。同时，播种雨云的记录并不好。这是非常难以预测的。

种树

也许可以通过基因改造植物，使其吸收比正常情况更多的二氧化碳。这也许是最安全、最合理的方法，但能否清除足够的二氧化碳来扭转整个地球的全球变暖趋势，还是值得怀疑的。由于地球上的大部分林地由各个国家控制，每个国家都有自己的议程，因此，要实施如此雄心勃勃的计划，需要许多国家基于共同的政治意愿，齐心协力。

计算虚拟天气

考虑所涉及的巨大风险，人们希望量子计算机能够计算出最佳选择。最重要的任务是汇编所有数据，使预测尽可能准确。

量子计算机与气候模拟

所有的天气计算机模型都是从将地球表面分割成小方块或网格单元开始的。早在 20 世纪 90 年代，计算机模型就开始采用每边约 311 英里的正方形网格。随着计算机能力的提升，这一尺寸一直在变小。（在 2007 年政府间气候变化专门委员会的第四次评估报告中，网格大小为 68 英里。）[5]

接下来，这些正方形网格被扩展到第三维度，因此它们成为描述大气各个层的正方形板块。通常，大气被分为十个垂直的板块。

一旦整个地球表面和大气层被划分为这些离散的板块，计算机就会分析每个板块内的参数（湿度、日照、温度、大气压等）。然后使用已知的大气层和能量热力学方程，计算相邻单元的温度和湿度如何变化，直到整个地球被覆盖。

通过这种方式，科学家可以对未来的天气做出粗略的估计。为了检验这些结果，可以通过所谓的“后报”来“测试”。计算机程序可以在时间上向后运行，这样，从当前的天气行为开始，我们就可以看到它是否可以“预测”过去的天气，当时天气状况是准确的。

天气“后报”表明，这些计算机模型虽然不完美，但已经能够正确地“预测”过去 50 年的整体天气模式。但数据量巨大，超出了普通计算机的极限。由于数字计算机最终会因这项任务日益复杂而不堪重负，因此需要向量子计算机过渡。

不确定性

无论我们的计算机程序多么强大，未知、意外的因素总是存在，这些因素很难建模。也许最严重的不确定性是云层的存在，云层可以将阳光反射回外太空，从而稍微减少温室效应。由于地球表面平均有70% 被云层覆盖，这是一个重要因素。

问题是，云层的形成每分钟都在变化，这使得长期预测非常不确定。云会立即受到温度、湿度、气压、气流和其他因素的快速变化的影响。气象学家根据过去的数据，对他们认为的云层活动进行了粗略估计，以此来弥补这一不足。

不确定性的另一个来源是前文提到的急流。当你观看天气报告时，北极附近的卫星照片会显示，一股冷空气在全球范围内游荡，通常局限于北部，但有时会向南延伸到墨西哥。由于急流的精确路径很难预测，气象学家对急流引起的温度变化进行了平均估计。

关键是，考虑到不确定性，数字计算机的能力是有限的。然而，量子计算机或许能够解决最大的不确定性来源。首先，量子计算机可以计算出，如果我们缩小气候模型的板块尺寸使我们的预测更准确会发生什么。天气可以在一英里的距离内迅速变化，但目前的板块的宽度有好几英里，所以会带来误差。但是量子计算机将能够适应更小的板块尺寸。

其次，这些模型目前以固定水平来估算急流和云层等因素。量子计算机将有能力将这些参数的变量考虑在内，这样人们就可以简单地转动旋钮并改变它们。通过这种方式，量子计算机将能够构建具有关键可变参数的虚拟天气报告。

当在电视上观看飓风的预测路径时，我们会发现传统计算机所能达到的极限。当不同计算机模型的预测结果显示在屏幕上时，你就可以看到它们的差异有多大。不同计算机程序的重要预测，如飓风何时何地登陆，以及飓风深入内陆的距离，往往相差数百英里。

但是，当我们过渡到量子计算机时，不确定性就将大大减少，这些不确定性通常会造成数百万美元的损失，并使很多无辜者付出生命的代价。

量子计算机生成的更准确的天气报告将为我们提供更好的预测，这将帮助人类为可能的情况做好准备。

但是，由于化石燃料的燃烧是导致全球变暖的主要因素之一，因此研究替代能源是至关重要的。未来廉价能源的一个重要来源可能就是聚变发电，即利用地球上的太阳能。而聚变发电的关键可能正是量子计算机。

第十五章

瓶中的太阳

自古以来，人们就把太阳视为生命、希望和繁荣的预兆。希腊人相信，太阳神赫里阿斯驾驶着燃烧的战车骄傲地驰骋天空，照亮了世界，给予下面的凡人温暖和安慰。

但近年来，科学家试图揭开太阳的秘密，并将其无限的能量带到地球上。这方面的主要成果被称为聚变，有人形容这个应用就好比把太阳装进了瓶子里。从理论上看，聚变似乎确实是解决人类所有能源问题的一个理想方案。因为它将产生无限能源，而不会出现化石燃料或者核能带来的各种问题。同时，聚变是碳中和的，能够使人类永远不用担心全球变暖带来的影响。

人类似乎是梦想成真了。

但不幸的是，物理学家对这项技术有点过于乐观。有一个笑话是：几乎每隔 20 年，物理学家就声称，核聚变在未来 20 年就能实现。时至今日，一些先进工业国家终于宣布，核聚变已经在人类掌握之中，它将兑现可以近乎免费提供无限能源的承诺。

而实际上，核聚变反应堆至今仍非常昂贵和复杂，因此这项技术真正实现商业化可能还需要几十年的时间。然而，随着量子计算机时代的到来，科学家又看到了希望，如果量子计算机能够解决阻碍核聚变投产的一些顽固问题，那么就可以为核聚变反应堆的实用化和经济化铺平道路。量子计算机可能会成为让核聚变进入千家万户和大城小市的一项关键技术。

我们希望，在全球变暖不可逆转地使地球升温之前，核聚变能够真正实现商业化。

太阳为什么会发光?

人们一直想知道是什么给太阳提供能量。太阳的能量似乎是无限的，甚至是神圣的。曾有人天真地猜想，太阳会不会是挂在天空中的一个巨大的熔炉。但其实只要通过一个简单的计算就可以知道，燃料的燃烧最多只能持续几个世纪或者几千年，而且我们都知道太空是真空的，所以根本没有产生火的条件。

既然这样，那么太阳为什么会发光呢?

爱因斯坦著名的方程 $E = mc^2$ 最终揭开了太阳的秘密。物理学家意识到，太阳主要由氢组成，通过融合氢原子核形成氦原子来获得巨大的能量。当原始氢的重量与后形成的氦的重量进行比较时，我们会发现两者之间存在一个微小的质量损失。在核聚变过程中，原始质量的一小部分损失了。正如爱因斯坦的公式揭示的那样，这种质量损失演变成了照亮太阳系的巨大能量。

当氢原子通过氢弹的爆炸释放出来之后，大家才意识到氢原子内部原来蕴藏着如此巨大的能量。从某种意义上说，就像太阳的一部分被带到了地球上，这对人类而言意义十分重大。

核聚变的优势

实际上有两种方法可以释放这种核火力。一种是通过核聚变将氢融合在一起形成氦，另一种是通过裂变将铀或钚原子分裂释放核能。在每一个过程中，当你将成分的重量与最终产品的重量进行比较时，都会发现少量的质量消失了，这些质量能够以核能的形式存在。

尽管所有商业核电站的能源都是通过铀裂变获得的，但核聚变有一些显著的优势。

首先，与核裂变发电站不同，核聚变不会产生大量致命的核废料。在裂变反应堆中，铀核分裂，释放能量，但同时也会产生数百种放射性裂变产物，如锶-90、碘-131、铯-137等。其中一些放射性副产品的放射性将持续数百万年，这就需要在未来很长一段时间内对巨大的核废料堆进行保护。例如，一个商业裂变工厂在一年内就能产生30吨高放废物。而核废料堆就像一个实实在在的巨大坟墓，全世界有37万吨致命的裂变产物需要被仔细监控。

相比之下，核聚变发电站将氦气作为废物，而氦气实际上也具有商业价值。核聚变发电站的一些辐照过的钢材在使用几十年后也可能具有放射性，但这些钢材很容易处理和掩埋。

其次，与核裂变发电站不同，核聚变发电站不会发生熔毁。在核裂变发电站中，即使反应堆关闭，废物也会继续产生大量热量。当核裂变发电站发生事故失去冷却水时，温度会飙升，直到反应堆达到5 000华氏度（2 760摄氏度）并开始熔化，从而引发灾难性的爆炸。例如，1986年在切尔诺贝利，蒸汽和氢气爆炸将反应堆的屋顶炸飞，使堆芯中约25%的放射性物质释放到大气和欧洲上空。这是历史上最严重的商业核事故。

相比之下，如果核聚变反应堆发生事故，核聚变过程就会停止，不会产生更多的热量，也就不会发生事故了。

再次，核聚变反应堆的燃料是无限的。相反，铀的供应有限，需要经过开采、研磨和浓缩的整个燃料循环才能生产出可用的铀燃料。而与此迥然不同的是，氢从普通海水中就可以提取出来。

又次，核聚变在释放原子能量方面的效率更高。1 克重氢可以产生 90 000 千瓦的电能，相当于 11 吨煤。

最后，核聚变和核裂变发电站都不会产生二氧化碳，因此不会加剧全球变暖。

建立核聚变反应堆

核聚变装置有两个基本组成部分。首先，你需要一个加热到数百万度的氢源，实际上比太阳还要热，然后将其转化为等离子体，等离子态也是物质的第四种状态（继固态、液态和气态之后）。等离子体是一种非常热的气体，所以一些电子会被剥离。它是宇宙中最常见的物质形态，常见于恒星、星际气体或者闪电。

其次，当等离子体被加热时，你需要找到一种控制等离子体的方法。在恒星中，重力足够压缩气体。但在地球上，重力太弱，无法做到这一点，所以我们通常会使用电场和磁场。

核聚变反应堆最受欢迎的设计被称为托卡马克（tokamak），是一种俄罗斯设计。从一个圆柱体开始，然后将线圈完全缠绕在圆柱体周围。将圆柱体的两端连接在一起，形成一个“甜甜圈”。向“甜甜圈”中注入氢气，然后通过圆柱体发射电流，将气体加热到极高的温度。为了容纳这种热等离子体，大量的电能被送到“甜甜圈”周围的线圈中，从而用强大的磁场控制等离子体，防止等离子体撞击反应器壁（见图 15.1）。

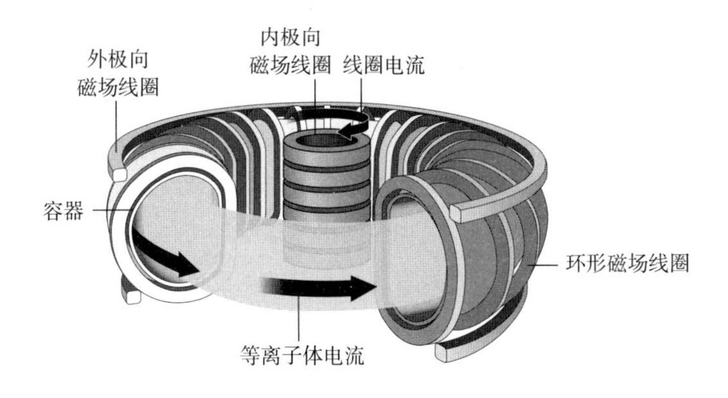

图 15.1　托卡马克

注：在核聚变反应堆中，线圈绕在一个甜甜圈形状的腔室上，形成强大的磁场，将热等离子体封闭起来。托卡马克装置的关键是加热气体，以使聚变释放大量能量。未来，量子计算机可能被用来改变甚至改进磁场的精确配置，从而提高其功率和效率，并大大降低成本。

最后，一旦核聚变开始，氢原子核结合形成氦原子，释放出大量能量。在一种设计中，氢的两种同位素氘和氚融合在一起，产生能量、氦和一个中子。这个中子又会将核聚变能量带到反应堆外，撞击托卡马克周围的一层材料"毯子"。

这层材料"毯子"通常由铍、铜和钢制成，加热后，"毯子"内管道中的水开始沸腾。以这种方式产生的蒸汽可以推动涡轮机的叶片，使巨大的磁铁旋转。这个磁场反过来推动涡轮机中的电子，从而产生电能，而这些电能最终作为能源进入了你的客厅。

为什么一直延迟?

既然所有这些优势都在等着被应用，那么是什么导致聚变能迟迟不能出现呢？从第一批核聚变装置建造出来，至今已经有 70 年了，为什么还需要这么长的时间呢？问题不在于物理学，而在于工程学。

氢气必须被加热到数百万度，比太阳还要热，才能使氢原子核结合形成氦并释放能量。但是，把气体加热到这么高的温度是很困难的。这种气体通常是不稳定的，核聚变反应也就会停止。物理学家花了几十年的时间，试图将氢气加热到恒星温度。

回想起来，物理学家可以看到，大自然在恒星中心释放核聚变能是多么容易。恒星从一团氢气开始，氢气在重力作用下被均匀压缩。随着这个球越来越小，温度开始升高，直到达到数百万度，氢开始融合，恒星就被点燃了。

请注意，这个过程是自然发生的，因为重力是单极的，也就是说，是从一个极点（而不是两个极点）开始的，所以最初的气体球是在自身的重力下自行坍缩的。因此，恒星是相对容易形成的，这也是我们用望远镜能看到数十亿颗恒星的原因。

然而，电和磁则不同。它们都是双极的。例如，条形磁铁总是有北极和南极。我们也不能用锤子敲掉南极而得到一个孤立的北极。因为如果把磁铁掰成两半，那么我们得到的也只能是两个较小的条形磁铁，而每个磁铁还是会有自己的北极和南极。

所以问题就在这里。要想创造一个强大的磁场，就要将超高温氢气挤压成甜甜圈形状，使时间长到足以产生核聚变，这对于工程设计而言是非常困难的。想知道为什么会如此困难，我们可以想象一个条状的长气球，就是那些用来制作气球动物的那种气球。现在连接气球的两端，使其形成一个“甜甜圈”。然后试着均匀地挤压它。无论你在哪里挤压气球，空气都会设法沿着气球挤出到其他地方。要使气球里面的空气在受到挤压的时候完全均匀地压缩，其实是非常困难的。

国际热核聚变实验堆计划

随着“冷战”的结束，以及人们意识到建造核聚变反应堆的成本高得令人望而却步，世界各国开始为和平利用原子积累知识和资源。1979 年，建立国际聚变反应堆开始为大国所重视。罗纳德·里根总统和米哈伊尔·戈尔巴乔夫总统会面并帮助达成协议。

ITER（国际热核聚变实验堆）就是这种国际合作的一个例子。有 35 个国家和地区参与资助这一雄心勃勃的项目，包括欧盟、美国、日本和韩国。

为了测量核聚变反应堆的效率，物理学家引入了一个称为 Q 的变量，Q 是反应堆产生的能量除以消耗的能量。当 Q = 1 时，我们达到盈亏平衡，所以它产生的能量和消耗的能量一样多。目前，世界核聚变装置的记录徘徊在 Q = 0.7 左右。预计到 2025 年，ITER 将达到盈亏平衡。但它的设计目标是最终达到 Q = 10，产生的能量比消耗的能量多得多。

ITER 是一台巨大的机器，重达 5 000 多吨，是有史以来最精密的科学仪器之一，与国际空间站和大型强子对撞机齐名。与以前的聚变反应堆容器相比，ITER 的体积是原来的 2 倍，重量是原来的 16 倍。它的环形结构是巨大的，直径达 64 英尺，高度为 37 英尺。为了限制等离子体，它的磁铁产生的磁场是地球磁场的 28 万倍。

ITER 是世界上最雄心勃勃的核聚变项目。根据设计，它的净发电量为 4.5 亿瓦，但不会连接到电网。它将于 2025 年开启测试，并可能在 2035 年达到满功率。如果成功，它将为下一代核聚变反应堆 DEMO 铺平道路，该反应堆计划于 2050 年完工。DEMO 的设计可以达到 Q = 25，并产生高达 2 000 兆瓦的能量。

因此，我们的目标是在 21 世纪中叶之前实现商业化核聚变发电。

但分析人士强调，核聚变发电不会很快解决全球变暖危机。BBC新闻的科学记者乔恩·阿莫斯说：“核聚变不是让我们实现2050年净零排放的解决方案，而是21世纪下半叶为人类社会提供动力的解决方案。”[1]

ITER的关键是巨大的磁场，超导性使其成为可能。超导性是所有电阻在超低温下消失之后达到的一种状态，从而能够产生最强大的磁场。将温度降到接近绝对零度可以降低电阻，从而消除废热，并提高磁场效率。

超导性于1911年首次被发现，当时汞被冷却到4.2开氏度（–268.95摄氏度），接近绝对零度。当时，人们认为原子的随机运动在绝对零度时会几乎停止，因此电子最终可以自由移动而没有阻力。因此，让人感到奇怪的是，有几种物质在更高的温度下也会变成超导体。这看上去就像个难解的谜题。

但直到1957年，约翰·巴丁、莱昂·库珀和约翰·施里弗最终创立了超导量子理论。他们发现，在某些条件下，电子可以形成所谓的“库珀对”，然后在没有任何电阻的情况下在超导体表面滑行。该理论预测超导体的最高温度为40开氏度（–233.15摄氏度）。

其实在ITER的磁铁被开启之前，类似但较小版本的ITER就已经证明了托卡马克设计的基本思路是正确的。2022年，ITER的设计得到了巨大的推动，当时有消息称，它的两个较小版本（一个位于英国牛津郊外，另一个位于中国）能够创造新纪录。

牛津聚变反应堆被称为JET（欧洲联合环形反应堆），能够在整整5秒内达到Q = 0.33，打破了24年前该反应堆创造的纪录。这大约相当于11兆瓦的电力，也就是加热60壶水的电力。

“JET实验使我们离核聚变商业化又近了一步，”实验室主任之一乔·米尔恩斯说，“我们已经证明，可以在机器内部制造一颗迷你恒星，并将其保持 5 秒钟，从而获得高性能，这真的将我们带入了一个新的领域。”[2]

核聚变权威专家亚瑟·特里尔说：“这是一个里程碑，因为他们成功地展示了历史上所有设备从核聚变反应中所能产生的最大能量。”[3]

然而，中国在几个月后宣布能够通过将等离子体加热到 1.58 亿摄氏度来维持整整 17 分钟的核聚变。中国的核聚变反应堆被称为 EAST（先进全超导托卡马克装置），与英国的聚变反应堆一样，同样基于原始的托卡马克设计。这也表明 ITER 的设计可能恰恰走在了最正确的轨道上。

竞争设计

由于风险如此之高，而且众所周知，大磁场很难操纵，因此人们提出了许多新的想法来控制等离子体。事实上，大约有 25 个后起之秀都在部署自己版本的聚变反应堆。

一般来说，所有托卡马克聚变设计都使用超导体，超导体是通过将线圈冷却到接近绝对零度时产生的，此时电阻几乎为零。但在 1986 年，一种新的超导体通过试错被发现。这是一个轰动性的发现。这种物质可以在 77 开氏度（–196.15 摄氏度）的温和温度下达到超导相。（这种新型超导体被称为高温超导体，是基于冷却像钇钡铜氧化物这样的陶瓷。）这是一个令人震惊的消息，因为这意味着人们发现了一种新的超导体量子理论，而且陶瓷可以通过使用普通的液氮变成超导体。这一点很重要，因为液氮的价格与牛奶差不多，因此可以大大降低超级磁体的成本。（干冰或凝固二氧化碳每磅售价 1 美元。液氮每磅售价约为 4 美元。然而，大多数超导体用作冷却剂的液氦每磅售价却要 100 美元。）

对于普通人来说，这听起来可能也没什么。但是对于物理学家来说，这无疑相当于打开了一座机会金矿。由于聚变反应堆最复杂的部件就是磁铁，而这一发展直接改变了核聚变的经济性特征，从而根本上改变了这项技术的商业化前景。

尽管高温陶瓷超导体的发现为时已晚，无法再纳入 ITER，但它为下一代聚变反应堆使用这项技术开辟了可能性。

使用这种新方法的一个有前景的项目就是 SPARC 反应堆，该反应堆于 2018 年宣布，并迅速吸引了比尔·盖茨和理查德·布兰森等著名亿万富翁的关注（和投资），使 SPARC 能够在短时间内筹集到超过 2.5 亿美元（当然，与迄今为止在 ITER 上花费的 210 亿美元相比，这只能算是一笔零花钱）。

2021 年，SPARC 成功测试了其高温超导磁体，跨过了巨大的里程碑，该磁体可以产生 40 000 倍于地球磁场的磁场。

麻省理工学院的丹尼斯·怀特说："这种磁铁将改变聚变科学和能源的发展轨迹，我们认为最终会改变世界的能源格局。"[4] 聚变工业协会首席执行官安德鲁·霍兰德表示："这是一件大事。这不是炒作，这是现实。"[5] SPARC 可能在 2025 年达到 Q = 1 的盈亏平衡点，大约与 ITER 相同，但成本和时间只是其一小部分。

SPARC 本身不会产生商业电能。但它的后继者 ARC 反应堆可能会成功。如果成功，它应该会改变聚变研究的重心，迫使下一代聚变反应堆采用最新的技术，比如高温超导体的进步，也许还包括量子计算机的进步，因为这两者都是增强磁场关键稳定性以容纳等离子体所必需的。

然而，随着最近宣布终于实现了室温超导体，超导体科学陷入了一片混乱之中。因为通常情况下，室温超导体的研制会被誉为低温物理学的圣杯，这是几十年辛勤工作的最终产物。然而，这一新的发现却引发了另一个巨大的问题。物理学家最终创造了一种室温超导体，但前提是将其压缩到 260 万倍大气压。即使是对这个天文数字的压力进行最简单的实验，也需要高度专业化的机器，而不是随随便便每个人都能做的。因此，物理学家正在采取观望态度，看看是否可以降低压力，使室温超导体成为一种真正有效的替代品。

激光核聚变

美国能源部采取了一种完全不同的聚变方法，使用巨大的激光束而不是强大的磁铁来加热氢气。我曾经在为 BBC 电视台主持的一个电视节目中，参观过 NIF（美国国家点火装置），这是加州利弗莫尔国家实验室的一个耗资 35 亿美元的大型设施。

因为这是一个设计核弹头的军事设施，我不得不经过几次安全检查才能参观该设施。最后，我经过了武装警卫，被带进了 NIF 控制室。即使在纸上看过 NIF 的蓝图，当我亲眼看到这台机器的巨大尺寸时，也深感震撼。因为它真的十分巨大，有 3 个足球场那么大、10 层楼那么高，让人望而生畏。

从远处看，我可以看到 192 束高功率激光束的路径，这些激光束是地球上功率最强的激光束之一。当这些激光束发射十亿分之一秒时，它们会击中 192 个反射镜。每一个都经过仔细定位，将光束反射到目标上，目标是一个豌豆大小的小颗粒，含有富含氢气的氘化锂。

这会导致颗粒表面蒸发和坍缩，从而将其温度提高到数千万度。当加热和压缩到这种程度时，就会发生核聚变，并发射出能说明问题的中子。

最终目标是通过激光核聚变产生商业能源。当目标蒸发时，会发射出中子，然后通过“毯子”将其发送出去。与在托卡马克中一样，我们希望这些高能中子能将其能量转移到“毯子”上，然后“毯子”加热并煮沸水，将水送入涡轮机以产生商业能量。

2021 年，NIF 达到了一个里程碑。它能够在 1 亿开氏度（等于 99 999 726.85 摄氏度）的温度下，在 100 万亿分之一秒内产生 10 万亿瓦的功率，打破了之前的纪录。它将燃料芯块压缩到 3 500 亿倍大气压。

最终在 2022 年 12 月，NIF 以其历史上第一次达到 Q > 1 的惊人宣布登上了世界各地的头条新闻，也就是说，它产生的能量比消耗的能量更多。这确实是一个历史性事件，表明核聚变是一个可以实现的目标。但物理学家也提醒，这只是第一步。第二步是扩大反应堆的规模，使其能够为整个城市供电。然后，它必须以盈利的方式，在世界各地复制和传播。NIF 能否商业化以创造实际的电量还有待观察。与此同时，托卡马克的设计仍然是最先进和最常见的。

核聚变的问题

尽管聚变能有能力改变我们在地球上消耗能源的方式，但顽固的问题导致了虚假的希望和破灭的梦想。

过去许多利用聚变能的努力都令人失望。自 20 世纪 50 年代以来，已经有 100 多个聚变反应堆，但没有一个产生的能量超过消耗的能量。许多反应堆后来被废弃了。一个基本问题是托卡马克设计的环形（甜甜圈形）构造。它解决了一个问题（在高温下容纳等离子体的能力），但也导致了另一个问题（不稳定性）。

由于磁场的环形性质，很难将稳定的聚变过程维持足够长的时间，以满足劳森判据，即需要一定的温度、密度和持续时间才能产生聚变反应。

如果托卡马克的磁场存在微小的不规则性，等离子体可能会变得不稳定。

等离子体和磁场之间的相互作用使问题变得更糟。即使外部磁场最初可以包含等离子体，等离子体本身也有自己的磁场，它可以与反应堆的较大磁场相互作用，从而变得不稳定。

等离子体和磁场的方程紧密耦合的事实产生了连锁反应。如果“甜甜圈”内的磁场线有轻微的不规则性，这就可能会导致“甜甜圈”内等离子体的不规则。但由于等离子体有自己的磁场，它可以增强原来的不规则性。因此，这样可能就会存在失控效应，每当两个磁场相互增强时，不规则性就会变得越来越大。这些不规则性有时会变得如此之大，以至于它们可能会接触到反应堆的墙壁，并在上面烧出一个洞。因此，这就是为什么很难满足劳森判据，也很难保持聚变过程稳定足够长的时间，从而创建一个自我维持的反应堆。

量子核聚变

这就是量子计算机的用武之地。磁场和等离子体的方程都是已知的。问题是，这两个方程是相互耦合的，因此它们以复杂的方式相互作用。无法预测的微小振荡可能会突然被放大。虽然数字计算机在这种情况下很难进行计算，但量子计算机或许能够用这种复杂的排列进行计算。

如今，如果一个聚变反应堆设计错误，从头开始重新设计这个反应堆就太麻烦了。然而，如果所有的方程都在量子计算机中，那么使用量子计算机来计算设计是否最优，或者是否有更稳定或更有效的设计，就变得很简单了。

改变量子计算机程序中的参数，要比重新设计一个全新的价值数十亿美元的聚变反应堆磁体便宜得多。

由于一个反应堆的成本可能在100亿至200亿美元之间，这可能会节省天文数字的成本。新的设计可以通过虚拟方式创建和测试，因为量子计算机可以计算其特性。此外，量子计算机可以很容易地调试一系列新的虚拟设计，看看它们是否能提高反应堆的性能。

如果与人工智能相结合，量子计算机的力量还可以被进一步放大。人工智能系统可以改变聚变反应堆的各种磁铁的强度。然后量子计算机可以分析这个过程中的大量数据，以增加Q因子。例如，人工智能程序DeepMind已经被用于改造瑞士洛桑联邦理工学院运营的热核聚变反应堆。

瑞士洛桑联邦理工学院的费代里奥·费利奇表示："我认为人工智能将在未来对托卡马克的控制和整个聚变科学中发挥重要作用。"[6]他补充道："释放人工智能的潜力巨大，可以更好地控制并找出如何以更有效的方式操作此类设备。"

因此，人工智能和量子计算机可以携手合作，提高聚变反应堆的效率，进而为未来提供能源，帮助减少全球变暖。

量子计算机的另一个应用是破译高温陶瓷超导体的工作原理。如前所述，目前没有人知道它们是如何拥有这种神奇特性的。这些高温陶瓷已经存在了40多年，但还没有达成共识。理论模型已经被提出，但它们只是"理论模型"。

然而，量子计算机可以改变这一点。因为量子计算机本身就是量子力学的，它可能能够计算陶瓷超导体内部二维层中电子的分布，从而确定哪种理论是正确的。

此外，我们看到，超导体的创造仍然是通过试错来完成的。在偶然的情况下，可能会发现新的超导体。但这意味着每次测试一种新材料时，都必须创建全新的实验。目前还没有系统的方法可以找到新的超导体。然而，量子计算机将能够创建一个虚拟实验室，在其中测试超导体的新方案。人们也许能够在一下午的时间里快速测试出许多有趣的物质，而不是花费数年和数百万美元来检测每一种物质。

因此，量子计算机可能是获得无污染、廉价、可靠的未来能源的关键。

但是，如果我们真的能在量子计算机中实现求解核聚变方程，也许我们就能求解恒星核心的核聚变方程了，这就意味着我们可以解开散布在夜空中的那些内核熔炉的秘密，了解这些恒星是如何在超新星中爆炸的，也知道它们最终是如何成为宇宙中最神秘的物体——黑洞的。

第十六章

模拟宇宙

1609 年，伽利略通过他亲手制作的望远镜凝望夜空，看到了前所未有的奇观。这是历史上第一次，宇宙那荣耀且威严的面纱被揭开。

伽利略被眼前的景象迷住了。每天晚上，他都会亲眼看到一幅新的、令人惊叹的宇宙图景，这让他眼花缭乱。他首次发现月球有很深的陨石坑、太阳有微小的黑点、土星有某种“耳朵”（现在被称为星环）、木星有四颗自己的卫星、金星有像月球一样的相位。这些都向他证明，地球是绕着太阳转的，而不是太阳绕着地球转。

伽利略甚至组织了晚上的观天派对，威尼斯的精英可以亲眼看到宇宙的真正辉煌。但这幅光辉的图景与宗教机构讲述的并不相符，因此他为这一宇宙启示付出了沉重的代价。教会教导说，天堂由完美、永恒的天球组成，这是上帝荣耀的证明，而地球则饱受肉欲和诱惑的折磨。然而伽利略可以亲眼看到宇宙是丰富的、多样的、动态的，而且是不断变化着的。

事实上，一些历史学家认为，望远镜恐怕算得上是科学史上引入的最具煽动性的仪器，因为它挑战了当权者，并永远改变了我们与周围世界的关系。

伽利略用他的望远镜颠覆了人类对太阳、月亮和行星的一切认知。最终，伽利略被捕受审，并尖锐地提醒人们，33 年前，前修道士焦尔达诺·布鲁诺在罗马街头被活活烧死，因为他声称太空中可能还有其他太阳系，其中一些可能还有生命。

伽利略的望远镜引发的革命永远改变了我们看待宇宙荣耀的方式。天文学家不再被烧死在火刑柱上。相反，他们发射了像哈勃和韦伯太空望远镜这样的巨型卫星来揭开宇宙的奥秘。（在罗马的鲜花广场上，甚至还有一尊布鲁诺的雕像，就在他被活活烧死的地方。每天，布鲁诺都会复仇，因为有新的行星在天空中环绕遥远的恒星。）

今天，环绕地球运行的卫星可以看到无与伦比的天空。这些仪器，比如距离地球 100 万英里的韦伯太空望远镜，从其在宇宙中有利的位置为天文学开辟了新的视野。

科学已经如此成功，以至于科学家现在淹没在数据的海洋中，量子计算机可能是组织和分析这场信息洪流所必需的。天文学家不再在寒冷的天气中独自颤抖，他们在每一个孤独的夜晚透过冰冷的望远镜，不厌其烦地记录着每一颗行星的运动。现在，他们为巨型机器人望远镜编程，使其可以自动扫过夜空。

孩子经常会问一个简单的问题：天上到底有多少颗星星？其实这是一个非常难回答的问题，仅我们所在的银河系就有 1 000 亿颗恒星。而哈勃望远镜原则上可以探测到 1 000 亿个星系。因此，据估计，在已知的宇宙中大约有 10^{22} 颗恒星。

这反过来意味着，如果我们想要出一本关于所有行星的百科全书，并对它们的位置、大小、温度等进行编目，就将耗尽一台超级数字计算机的内存了。因此，我们可能需要量子计算机才能对宇宙展开真正的测量。

量子计算机也许能够从这座天文数据塔中，筛选出有关天体的关键特征。只需按下按钮，它们便能够锁定关键数据，并从这些混乱的数据中提取重要结论。

此外，通过计算恒星内部深处的聚变，量子计算机或许能够预测下一次巨大的太阳耀斑何时会使电网瘫痪。量子计算机也许还能够求解方程，这些方程可以描述叛离的小行星、爆炸的恒星、膨胀的宇宙以及黑洞内部的情况。

“杀手”小行星

对这些离地球更近的天体进行分析是有实际原因的，其中一些天体实际上可能很危险，能够摧毁我们所知的地球。6 600 万年前，一个直径约 6 英里的天体撞击了墨西哥的尤卡坦半岛。爆炸释放了大量能量，形成了一个直径近 200 英里的陨石坑，产生了近 1 英里高的潮汐，淹没了墨西哥湾。它还引发了一场炽热的流星风暴，随后在整个地区点燃了熊熊大火。厚厚的尘埃云遮住了阳光，将地球笼罩在黑暗中，气温骤降，直到笨重的恐龙无法再狩猎或进食。也许 75% 的生命形式在这次小行星撞击中丧生。

不幸的是，恐龙没有太空计划，所以它们现在无法在这里讨论这个问题。但我们确实有，如果有一天外星物体与地球发生碰撞，我们可能需要它。

到目前为止，政府和军方已经仔细绘制了大约 2.7 万颗小行星。它们是近地天体，与地球的轨道相交，因此对地球构成长期威胁。它们大小不等，从一个足球场到几英里宽。但更令人担忧的是，数以千万计的小行星比足球场还小，根本没有被追踪到。它们可能会在未被发现的情况下运行，如果它们撞击地球，就会给地球造成相当大的破坏。另一个危险是长周期彗星，它们在冥王星之外的位置未知，有一天它们可能会在未经通知和未被发现的情况下接近地球。因此，不幸的是，只有一小部分潜在危险天体被研究人员真正追踪到。

我采访过天文学家卡尔·萨根，他因电视科普节目而闻名。我问他关于人类的未来。他回答，地球位于一个“宇宙射击场”的中心，所以迟早有一天我们会遇到一颗可能毁灭地球的巨型小行星。他告诉我，这就是为什么我们必须成为“两星球物种”。这就是我们的命运。他说，我们应该探索外太空，不仅是为了发现新世界，而且是为了在那里找到另一个安全的避难所。

阿波菲斯是一颗正在被仔细检查，并最终被认定为有威胁的小行星，它的直径约 1 000 英尺，将于 2029 年 4 月掠过地球大气层。

它与地球的距离近到只有月球与地球距离的 10% 以内。

事实上，它将离地球如此之近，正好从我们发射的一些卫星下面经过，以至于肉眼都能看到。

由于它将掠过地球大气层，所以不确定它是不是会遇到一些不可预测的大气条件，从而也无法进一步确定到 2036 年晚些时候，当它再一次绕地球飞行时，它的轨迹会是什么样子。它也很可能在 2036 年错过地球，但这只是猜测。

这里的重点是，量子计算机可能是跟踪和更好地推算潜在危险小行星轨迹所必需的。总有一天，一颗小行星将从地球附近经过，这会造成大规模恐慌，科学家试图确定它是会撞击地球还是无害地经过。这就是量子计算机可以发挥作用的地方。

在最坏的情况下，一颗来自深空的遥远彗星可能会开始前往我们太阳系内部的漫长旅程。如果没有尾巴，我们的望远镜将看不见它。当它在太阳后面掠过时，阳光最终加热了彗星的冰层，形成了一条彗尾。当它突然从太阳后面出现时，我们的望远镜最终会探测到彗星的彗尾，并在灾难性撞击发生之前向我们发出警告。但是，我们的望远镜能提前多久向我们发出多少警告呢？也许只有几个星期。

不幸的是，我们不能指望布鲁斯·威利斯乘坐航天飞机来解救我们。首先，旧的航天飞机计划已经取消，取而代之的航天飞机无法进入深空。但即使它可以，我们仍然无法拦截小行星，使其偏转或及时将它摧毁。

2021 年，美国国家航空航天局将 DART（双小行星重定向测试）探测器送入外太空，以真正拦截一颗小行星。这是历史上首次，人造物体成功地改变了小行星的轨道。这次拦截有望回答许多问题：这颗小行星是一堆松散的岩石，很容易破碎？还是一个坚硬的固体物质，可以保持完好无损？如果这次拦截成功了，其他类似 DART 的任务将撞击遥远的小行星，作为对有朝一日可能发生的事情的预演。

最终，可能要由量子计算机来探测危险的、会“杀死”地球的小行星，并绘制出它们的精确轨迹，因为可能有数百万颗小行星对地球造成重大破坏，其中许多小行星还未被发现。

我们还需要量子计算机对撞击本身进行建模，这样我们就可以估计这些天体撞击地球时的危险程度。小行星可能会以接近每小时 160 000 英里的速度撞击地球，而人们对计算它们在这些高超声速下可能造成的破坏知之甚少。量子计算机可能有助于填补这一空白，这样我们就知道，如果地球最终被一颗我们无法偏转或摧毁的“杀手”小行星撞击，会发生什么。

太阳系外行星

展望太阳系之外，使用量子计算机还有另一个原因，那就是对所有环绕其他恒星的行星进行编目。开普勒太空望远镜和其他卫星以及地面望远镜已经在我们银河系的后院探测到了大约 5 000 颗系外行星。

这意味着，平均而言，我们在夜间看到的每一颗恒星周围都有一颗行星。也许大约 20% 的系外行星是类地行星，因此，除了我们已经发现的行星，我们的银河系可能还有数十亿颗类地行星。

我清楚地记得，当我上小学的时候，我的第一本科学书是关于太阳系的。在对火星、土星、冥王星和更远的地方进行了一次奇妙的环游后，这本书说，银河系中可能还有其他太阳系，而我们的太阳系可能是一个普通的太阳系。可能所有的太阳系都有靠近太阳的岩质行星，还有更远的气态巨行星，比如木星，它们都以圆形轨道绕太阳运行。

现在我们意识到所有这些假设都是错误的。我们知道，太阳系有各种大小和形状。事实上，太阳系很奇怪。我们发现，太阳系的行星轨道高度近似椭圆。我们发现，比木星还大的气态巨行星在离太阳非常近的地方盘旋。我们还发现，有多个太阳的太阳系。

因此，有一天，当我们有了银河系行星的百科全书时，我们会惊讶于它们的丰富多彩。如果你能想象到一颗奇怪的星球，那么可能还真的存在一颗类似的星球。

我们将需要一台量子计算机来跟踪描述行星进化的所有可能路径。随着我们向太空发射更多的望远镜，这本行星百科全书的规模将激增，需要巨大的计算能力来分析它们的大气层、化学成分、温度、地质、风模式和其他特征，以及由此产生的堆积如山的数据。

ET（外星人）在太空？

量子计算机关注的一个目标是寻找其他智能生命形式。一个尴尬的问题出现了：我们将如何识别对我们而言可能是完全陌生的智慧生命呢？如果外星生命就站在我们面前，我们能认出它吗？我们可能需要量子计算机来识别那些传统计算机可能完全无法识别的模式。

20 世纪 50 年代，天文学家弗兰克·德雷克提出了一个方程，试图估计银河系中可能有多少先进文明。你从银河系中的 1 000 亿颗恒星开始，用一系列合理的假设来减少这个数字。你可以将其减去有行星的比例，有大气层的行星的比例，有大气层和海洋的行星的比例，有微生物生命的行星的比例，等等。无论你对这些行星的数量做出很多或很少的合理假设，最终的数字通常是成千上万个。

然而，SETI（搜寻地外文明计划）项目没有发现任何来自外太空的智能无线电信号的证据。确实没有。他们在旧金山郊外哈特克里克天文台的强大射电望远镜只能记录到死寂或静止。因此，我们陷入了费米悖论：如果宇宙中存在智慧外星生命的概率如此之高，那么它们在哪里？

量子计算机可能有助于回答这个问题。由于它们擅长研究大量数据以寻找隐藏的线索，而人工智能擅长学习通过提取模式来识别新事物，因此它们可能会学习挖掘大量数据以找到隐藏在其中的东西，即使这些东西很奇怪或完全出乎意料。

当我为科学频道主持一档关于外星智慧的节目时，我终于有了切身感受，在节目中我们分析了非人类的智力，比如海豚。我被安置在一个游泳池里，里面有几只活跃的海豚。我们的目标是让它们相互交流，看看我们是否可以测量它们的智力。水中有传感器，可以记录它们所有的鸣叫声和尖叫声。

计算机如何在这一大堆明显的噪声和胡言乱语中找到智能的迹象呢？像这样的磁带录音可以通过一个旨在寻找特定模式的计算机程序运行。例如，英语中最常用的字母是“e”。通过检查某人的书写，可以根据每个字母的使用频率对其进行排序。根据你使用字母的频率，对字母表中的字母进行排名是针对你个人的。两个不同的人的字母排序会略有不同。事实上，这可以用来寻找伪造品。例如，通过这个程序运行莎士比亚的作品，可以判断他的戏剧是不是别人写的。

当计算机对海豚的录音进行分析时，起初你只能听到随机的杂乱声音。但它是专门为找出某些声音被听到的频率而设计的。计算机最终得出结论，所有的鸣叫声背后都有其韵律和原因。

我们用同样的方法对其他动物进行了测试，结果表明，随着生物越来越原始，它们的智力也在下降。事实上，当人们对昆虫进行分析时，它们的智力迹象几乎为零。

量子计算机可以筛选大量数据，找到有趣的信号，人工智能系统经过训练，可以用于寻找意想不到的模式。换句话说，人工智能和量子计算机协同工作，即使是在来自太空的混乱信号中，也可能找到智慧存在的证据。

恒星演化

量子计算机的另一个直接应用是填补我们对恒星演化和恒星生命周期（从诞生到最终死亡）的认知空白。

当我在加州大学伯克利分校攻读理论物理学博士学位时，我的室友正在攻读天文学博士学位。每天他都会说再见，并宣布他要在烤箱里烤一颗恒星。我以为他在开玩笑。我们当然不能烤恒星，许多恒星比我们的太阳还要大。所以有一天，我终于问他，烤恒星到底是什么意思。他想了一会儿，然后告诉我，描述恒星演化的方程并不完整，但已经足够好，可以模拟恒星从出生到死亡的生命周期。

早上，他会将氢气尘埃云的参数（如气体的大小、气体含量、气体温度）输入计算机。然后，计算机会计算出气体云将如何演化。到午餐时间，气体云将在重力作用下坍缩、升温，并点燃成为一颗恒星。到了下午，它将燃烧数十亿年，就像一个宇宙烤箱，熔化或

“烹饪”氢，然后产生越来越重的元素，如氦、锂和硼。

我们从这样的模拟中学到了很多。以太阳为例，50亿年后，它将耗尽大部分氢燃料，并开始燃烧氦气。到那时，它将开始大幅膨胀，成为一个巨大的红巨星，布满天空，延伸到整个地平线。它将吞噬火星以外的行星。天空将燃起熊熊大火，海洋会沸腾，山脉会熔化，一切都会归于太阳。我们来自星尘，终将回到星尘。

正如诗人罗伯特·弗罗斯特曾经写的那样，

有人说人类将葬身于烈火，
有人说世界会毁灭于坚冰。
据我对欲望的亲身感受，
我赞成一把火烧个干净。
但是如果必须毁灭两次，
我想我对仇恨了解充分，
我认为坚冰也是十分伟大，
完全可以担负毁灭的重任。[①]

最终，太阳会耗尽氦，收缩成一颗白矮星，它只有地球那么大，但重量几乎和原始太阳一样重。当它冷却下来之后，就将变成一颗冰冷的死亡黑矮星。这就是太阳的未来，死在“冰”里，而不是“火”里。

然而，对于处于红巨星阶段的那些质量真的很大的恒星来说，它们将继续熔化越来越高的元素，直到最终遇到铁元素，由于铁元素的质子数量实在太多了，以至于它们之间会相互排斥，因此核聚变最终

① 相关译文摘自《未走之路：弗罗斯特诗选》（弗罗斯特著，曹明伦译，人民文学出版社2016年版）。——译者注

会停止。然后，一旦没有核聚变反应，红巨星阶段的恒星就会在重力作用下坍缩，温度可能会一下子飙升至数万亿度。在这种情况下，巨型恒星就会爆炸成超新星，这是自然界中最大的灾难之一。

所以一颗巨型恒星也可能死于“火”，而不是“冰”。

不幸的是，从气体云到超新星，这是一颗恒星的生命周期，而我们在这方面的计算能力仍存在许多差距。但随着量子计算机对核聚变过程实现建模，也许其中的许多未知过程就可以被计算出来。

这可能是一个关键的证据，因为我们面临着另一个不祥的威胁：一场可能将文明抛向数百年前的巨大太阳耀斑。要预测致命的太阳耀斑的发生，我们需要深度了解恒星内部的动力学，而这种探索已经远远超出了传统计算机的计算能力。

卡林顿事件

例如，我们对太阳内部知之甚少，因此很容易受到灾难性太阳能量爆发的影响，这些爆发将大量超高温等离子体送入外太空。2022年2月，一股巨大的太阳辐射爆发，袭击了地球大气层，导致埃隆·马斯克的SpaceX（太空探索技术公司）送入轨道的49颗通信卫星中的40颗毁于一旦。这是现代史上最大的太阳灾难，而且很可能再次发生，因为关于这些日冕物质大规模放电，我们还有很多东西需要学习。

1859年发生了有记录以来最大的太阳耀斑，称为卡林顿事件。当时，这场巨大的太阳耀斑导致欧洲和北美大部分地区的电报线起火。它在整个地球上造成了大气扰动，北极光覆盖了古巴、墨西哥、夏威夷、日本和中国的夜空。在加勒比海的夜晚，你可以借着极光阅读报纸。在巴尔的摩，极光比满月还要明亮。一位名叫C.F.赫伯特的金矿工人写下了对这一历史事件的生动的目击记录：

> 一个几乎无法用语言形容的美丽景象出现了……各种可以想象到的颜色的光从南方的天空中发出，随着一种颜色的光逐渐消失，另一种颜色的光就涌上前来，而且比前一种的颜色更美……这是一幅让人永生难忘的景象，当时被认为是有记录以来最伟大的极光……理性主义者和泛神论者看到了大自然穿着她最精致的长袍……迷信者和狂热者则对这种现象产生了可怕的预感，认为这是世界末日和最终解体的预兆。[1]

卡林顿事件发生在电气时代的萌芽阶段。从那时起，人们试图重建数据，然后估计如果现代再发生另一次卡林顿事件可能会发生什么。2013 年，伦敦劳埃德船级社和美国大气与环境研究所（AER）的研究人员得出结论，另一起卡林顿事件可能将造成高达 2.6 万亿美元的损失。

现代文明甚至会因此戛然而止。它将摧毁我们的卫星和互联网，导致电线短路，使所有金融通信瘫痪，并导致全球停电。我们可能会被迫倒退到 150 年前的文明程度。救援队和维修队将无法前来救援，因为他们也将陷入全球停电。没有电，就没办法阻止易腐食品的腐烂，也会进一步引发食物匮乏而导致的大规模骚乱，社会秩序将遭到破坏，政府甚至会解体，因为人们为了活下去必须为自己抢到一口吃的。

这种情况还会再次发生吗？会的。会在什么时间发生？没有人知道。一条线索可能来自对之前卡林顿事件的分析。我们已经对冰芯中碳 –14 和铍 –10 的浓度进行了研究，希望能找到史前太阳耀斑的证据。研究表明，公元 774—775 年和公元 993—994 年可能爆发过太阳耀斑。事实上，公元 774—775 年的冰芯数据表明，它的能量可能是

1859 年卡林顿事件的 10 倍。（公元 993—994 年的太阳耀斑爆发也非常强烈，以至于在古老的木头上都留下了永久印记，历史学家甚至可以用这些木头来确定美洲早期维京人定居的时间。）但当时，电气时代还没有来临，所以人类文明几乎没怎么注意到这些影响。

近代历史上最大的太阳耀斑发生在 2001 年。巨大的日冕物质以每小时 450 万英里的速度从太空朝我们抛射而来。幸运的是，这个火团没有击中地球。否则，它可能会在全球范围内造成堪比卡林顿事件的相当大范围的破坏。

科学家指出，如果拨出资金来加固我们的卫星，保护精密的电子设备，并建造备用发电站，那么就有可能为下一次卡林顿事件做好准备。这其实相当于是为未来拨付一笔小额首付款，以有效防止我们的电力系统遭受灾难性损失。但这些警告往往在尚未遭灾的时间里被完全忽略。

物理学家已经知道，当太阳表面的磁力线相互交叉时，就会发生日冕物质放电，向太空喷出大量能量。但是，太阳内部发生了什么才会产生这些情况，人类还不得而知。人们已经知道等离子体、热力学、聚变、对流、磁学等的基本方程，但在太阳内部求解这些方程，已经超出了数字计算机的能力范畴。

因此，有一天量子计算机或许能够解开太阳内部的复杂方程，并帮助预测下一次巨大的太阳耀斑何时可能威胁到人类文明。我们知道太阳深处一定有巨大的超高温等离子体对流，但我们不知道下一次太阳耀斑将何时爆发，也不知道它是否会击中地球。因此，如果量子计算机能够模拟研究已有记载的恒星，那么我们就可以提前为下一次卡林顿事件做好准备。

不过，量子计算机可能还可以走得更远一些，最终解决宇宙中最大的灾难。因为卡林顿事件可能至多只是让一个大陆陷入全面瘫痪，但伽马射线的爆发则可能造成更严重的后果，将整个太阳系付之一炬。

伽马射线暴

1967 年，一个谜团从太空传来。维拉号（Vela）卫星是美国专门为探测未经授权的核弹引爆而发射的，它接收到了巨大的伽马射线暴产生的奇怪辐射。这场巨大的射线暴来源未知，引发了一场严肃且致命的猜谜游戏。是苏联人在测试一种威力无与伦比的未知武器吗？是一个新兴国家在测试一种新的突破性武器吗？是美国情报部门的一次重大失误吗？

五角大楼警钟响起。随即，顶尖科学家被要求识别这种异常现象，并确定其来源。不久之后，科学家又探测到了伽马射线暴。现象起因最终确定后，五角大楼的人终于松了一口气。威胁不是来自苏联，而是来自遥远的星系。科学家惊讶地发现，伽马射线暴只持续了几秒钟，但释放的辐射却影响了整个星系。事实上，它们释放的能量比太阳在其整个 100 亿年的历史中所产生的能量总和还要多。伽马射线暴是整个宇宙中最大的爆炸，仅次于宇宙大爆炸本身。

由于这些伽马射线暴通常只会持续短短几秒钟就消退，所以很难建立预警系统。但最终，一个卫星网络还是被设计出来，能在这些现象发生时立即就检测到它们，并立即提醒地球上的探测器对它们进行实时跟踪。

我们对伽马射线暴的理解还存在很多空白，但最主要的理论认为，它们要么是中子星和黑洞之间的碰撞，要么是恒星坍缩成黑洞。它们可能代表了恒星生命的最后阶段。因此，量子计算机可能有必要准确解释为什么恒星在到达生命周期终点时会释放出如此多的能量。

其中一些来自恒星爆炸的潜在危险离地球不远。事实上，你体内的一些原子可能在数十亿年前被一颗古老的超新星“煮熟”了。正如我们前面提到的，像太阳这样的恒星本身没有足够的热量来产生铁以外的元素，如锌、铜、金、汞和钴。这些元素是在太阳诞生前数十亿年发生的超新星爆发的高温下产生的。因此，这些元素在我们体内的存在，本身就证明了一颗超新星爆发曾经就发生在我们银河系附近。事实上，一些科学家推测，5 亿年前的奥陶纪大灭绝正是由地球附近的伽马射线暴所引发的。当时，地球上 85% 的水生生物灭绝了。

在距离地球更近的地方，距离地球 500~600 光年的红巨星参宿四就很不稳定，恐怕在某个时间就会发生超新星爆发。参宿四是猎户座中第二亮的恒星。当它最终爆炸的时候，由于距离我们足够近，所以用肉眼就可以观察到，夜晚天空中会出现一颗比月亮还亮的星星，甚至会投下阴影。最近，参宿四的亮度和形状都发生了明显的变化，于是引发了科学家的一些猜测，他们认为参宿四可能即将爆炸，虽然针对这一猜测的争论仍然非常激烈。

然而，问题的关键在于，我们对超新星仍有很多不了解的地方，在量子计算机的帮助下或许可以填补这些空白。总有一天，量子计算机将能够解释包括太阳在内的恒星的整个生命史，以及探测出地球附近正在产生潜在威胁的不稳定恒星。

但是，在很大程度上引发人类好奇的仍然是超新星的终极产物——黑洞。

黑洞

模拟黑洞可以很快耗尽普通数字超级计算机的计算能力。一颗质量可能是太阳 10~50 倍的大恒星，有可能爆炸成超新星，接着变成中子星，甚至坍缩成一个黑洞。并没有人真正知道当一颗大质量恒星在引力作用下坍缩时会发生什么，因为爱因斯坦定律和量子理论将会失效，对这些的认知将需要新的物理学。

例如，如果我们简单地遵循爱因斯坦的数学原理，黑洞将在一个神秘的暗球后面坍缩，这个暗球被称为“事件视界”。事实上，这是在2021年通过将地球周围的一系列射电望远镜的光聚集在一起，创造了一个与地球本身大小相当的射电望远镜而拍摄到的。研究表明，在距离地球约5 300万光年的名为M87的星系中心，事件视界是一个被超高温发光气体包围的暗球。

事件视界内有什么？没有人知道。人们曾经认为，黑洞可能会坍缩成一个奇点，这是一个密度难以想象的超压缩点。但这种看法已经被改变，因为我们看到黑洞在以惊人的速度旋转。物理学家现在又认为，黑洞可能会坍缩成一个旋转的中子环，而不是精确定位，在那里，通常的空间和时间概念被颠倒了。数学表明，如果你从环中掉下来，可能根本不会死，而会进入一个平行宇宙。因此，旋转的环变成一个虫洞，一个通往黑洞之外另一个宇宙的门户（见图16.1）。

旋转环很像爱丽丝的镜子。一边是牛津温和的乡村景象，但一旦你穿过镜子，就会进入平行宇宙“仙境”。

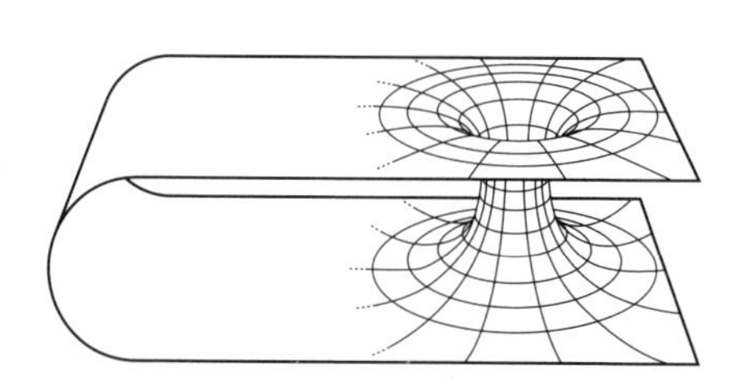

图16.1　量子计算机和黑洞

注：根据相对论，一个旋转的黑洞可能会坍缩成一个中子环，中子环可以连接两个不同的时空区域，在两个宇宙之间形成一个虫洞或通道。但可能需要一台量子计算机来确定它们在量子修正下的稳定性。

不幸的是，黑洞数学还停留在理论层面，因为其中还存在量子效应。只有当空间和时间在黑洞中心发生扭曲时，量子计算机可能才能为我们提供爱因斯坦理论和量子理论的模拟。在这些条件下，方程是高度耦合的。首先，我们有重力和时空折叠而产生的能量。然后我们得到了由各种亚原子粒子产生的能量。但这些粒子反过来又有自己的引力场，以复杂的方式与原始引力场混合。因此，我们有一堆方程，每一个方程都会影响另一个方程，这是传统计算机无法计算的，但量子计算机或许能够完成。

量子计算机还有可能帮助我们回答一个令人尴尬却由来已久的问题：宇宙是由什么组成的？

暗物质

经过长达 2 000 年的猜测和无数的实验，我们仍然无法回答希腊人提出的一个简单问题：世界是由什么组成的？

大多数小学课本都声称宇宙主要由原子组成。但现在大家都知道这种说法是错误的。宇宙实际上主要是由神秘的、看不见的暗物质和能量组成的。宇宙的大部分是黑暗的，我们的望远镜无法研究它，我们的感官也不能探测它。

1884 年，开尔文勋爵首次提出暗物质理论。他注意到，星系自转所需的质量远大于恒星的实际质量。他得出的结论是，大多数恒星实际上是黑暗的，它们并不发光。最近，像弗里茨·兹维基和薇拉·鲁宾这样的天文学家证实了这一奇怪的观测结果，他们意识到星系和星团旋转得太快了，根据我们的方程，它们应该就飞散开来了。事实上，我们银河系的自转速度比预想的要快 10 倍。但由于天文学家对牛顿引力理论抱有极大的信心，这一结果就这样在很大程度上自然而然被忽视了。

几十年来，人们发现不仅银河系，所有星系都表现出了同样奇怪的现象。天文学家开始意识到，这些星系包含着将它们维系在一起的看不见的暗物质。这个光环的质量是银河系本身的许多倍。宇宙的大部分似乎是由这种神秘的暗物质组成的。

（更神秘的是暗能量，一种奇怪的能量形式，填满了太空的真空部分，甚至导致了整个宇宙的膨胀。尽管暗能量占宇宙已知物质 / 能量含量的 68%，但人类对它几乎一无所知。）

表 16.1 总结了科学家认为世界是由什么组成的最新数据：

表 16.1　世界是由什么组成的

组成	占比（%）
暗能量	68
暗物质	27
氢和氦	5
质量较高的元素	0.1

我们现在意识到，组成我们身体的许多元素只占宇宙的 0.1%。我们才是真正的异类。但是，构成宇宙大部分的物质具有奇怪的性质。由于暗物质不会与普通物质相互作用，如果你把它拿在手里，它就会从你的手指缝中筛过，掉到地板上。但它不会就此止步，而是继续从泥土和混凝土中坠落，就好像地球不存在一样。它会继续从地壳中坠落，然后从美国落到中国。在那里，它会在地球引力的牵引下逐渐反转方向，然后原路返回，直到它最终再次到达你的手中。然后，它会继续在这个行星上来回走动。

今天，我们有了这种看不见的物质的图纸。我们确定不可见暗物质存在的方式，与你知道眼镜里有玻璃相同。玻璃会扭曲光线，所以你可以观察到它的影响。暗物质以同样的方式扭曲光。因此，通过校正光在暗物质中的折射，我们可以生成暗物质的3D图纸。果不其然，我们发现暗物质集中在星系周围，将星系固定在了一起。

但令人尴尬的是，我们并不知道暗物质是由什么组成的。它显然是由一种从未见过的物质构成的，而且这种物质是亚原子粒子标准模型之外的东西。

因此，揭开暗物质之谜的关键可能是了解标准粒子模型之外还有什么。

粒子的标准模型

正如我们所看到的，量子计算机是利用量子力学的反直觉定律进行计算的。而同时，量子力学自身仍然在探索和发展。随着更大的粒子加速器将质子相互碰撞以找出物质的基本成分，量子力学也在不断发展。目前，世界上最强大的加速器是瑞士日内瓦郊外的大型强子对撞机，这是有史以来建造的最大的科学机器。它是一个直径为 16.6 英里的管道，有强大的磁铁，可以将质子发射到 14 万亿电子伏特。

我曾经在主持的一个 BBC 系列节目中参观过大型强子对撞机，甚至在加速器还在建造时触摸了它的中心管道。这是一次激动人心的经历，因为我们知道，再过几年，质子将以惊人的能量在这个管道里飞驰。

经过几十年对大型强子对撞机的艰苦研究，物理学家终于找到了一种叫作标准模型或符合几乎所有理论的东西，这让我们看到，旧的薛定谔方程只可以解释电子与电磁力的相互作用，然而标准模型还可以将电磁力与强核力、弱核力统一起来。

因此，粒子的标准模型代表了量子理论最先进的版本。它是数十位诺贝尔奖获得者辛勤工作的结晶，也是耗资数十亿美元研究巨型原子加速器的最终产物。按理说，它应该是人类精神最崇高成就的光辉里程碑。

不幸的是，它其实一团糟。

它非但不是神圣灵感的最好产物，反而是一个相当粗糙的粒子大杂烩。它由一组令人困惑的亚原子粒子组成，这些粒子也没有什么规律或者逻辑因果。它有36个夸克和反夸克，9个以上可以随意调整的自由参数，三代相同的粒子，以及一堆被称为胶子、W玻色子和Z玻色子、希格斯玻色子和杨–米尔斯粒子等的奇异粒子。

这是一个只有母亲爱自己孩子的那种爱才能让人热爱它的理论。这就像用苏格兰胶带把土豚、鸭嘴兽和鲸鱼黏在一起，还一定要称之为大自然最美好的创造、数百万年进化的最终产物一样。

更糟糕的是，该理论没有涉及引力，也无法解释构成已知宇宙的绝大多数的暗物质和暗能量。

物理学家之所以研究这个尴尬的理论，只有一个原因：它还是有效的。不可否认，它描述了亚原子粒子的低能量世界，如介子、中微子、W玻色子等。标准模型是如此笨拙和丑陋，以至于大多数物理学家不得不安慰自己，它目前只是一个十分完美的理论的最初雏形阶段。（毕竟套用爱因斯坦的话，如果你看到狮子的尾巴，就应该联想到狮子迟早会出现。）

但在过去的50年里，物理学家没有发现任何偏离标准模型的现象。

直到现在。

超越标准模型

2021 年，芝加哥郊外的费米国家加速器实验室首次发现了标准模型中的裂缝。那里的巨大粒子探测器发现 μ 介子（常见于宇宙射线中）的磁性略有偏差。必须分析大量数据才能发现这种微小的偏差，但如果这一结果成立，它可能预示着标准模型之外确实存在着新的力量和相互作用。

这可能意味着我们正在窥探标准模型之外的世界，在那里可能会出现一种新的物理学，也许就是弦理论。

量子计算机是出色的搜索引擎，善于在大海里捞针。许多物理学家相信，我们的粒子加速器最终会发现超越标准模型的粒子存在的确凿证据，这也将揭开宇宙简单和美丽之下的真正面纱。

量子计算机已经被物理学家用在理解粒子相互作用的神秘动力学方面。在大型强子对撞机上，两束高能质子以 14 万亿电子伏特的能量相互撞击，产生了自宇宙诞生以来从未有过的能量。这种巨大的碰撞产生了巨大的亚原子碎片雨，并产生了每秒万亿字节的数据，然后由量子计算机进行分析。

除此之外，物理学家已经在起草大型强子对撞机的替代计划，即“未来环形对撞机”，将在瑞士的欧洲核子研究中心建造。它的周长为 62 英里，将使 16.6 英里的大型强子对撞机相形见绌；它将耗资 230 亿美元，并将达到 100 万亿电子伏特的能量；它将是迄今为止地球上最大的科学机器。

如果建成，它将重现宇宙诞生时的条件，让我们尽可能接近爱因斯坦在他生命的最后 30 年里寻找的终极理论——万物理论。从这台机器中涌现出的大量数据，将会压垮任何传统计算机。换句话说，也许创世纪的秘密会被量子计算机解开。

弦理论

到目前为止，超越标准模型的量子理论的领先（也是唯一）候选者就是弦理论[2]。所有与之竞争的理论都被证明是有分歧的、反常的、不一致的，或者遗漏了自然界的关键方面。这些缺陷中的任何一个对物理理论来说都是致命的。

（我收到了很多人的电子邮件，他们声称自己终于找到了万物理论，我会告诉他们，你的理论必须遵循三个标准：

1. 它必须包含爱因斯坦的引力理论。

2. 它必须包含粒子的整个标准模型，包括所有的夸克、胶子、中微子等。

3. 它必须是有限的并且没有异常。

到目前为止，唯一能满足这三个简单标准的理论是弦理论。）

弦理论认为，所有的基本粒子都只是微小振动弦上的音符。就像一根能够以不同频率振荡的橡皮筋一样，弦理论认为，这根小橡皮筋的每一次振动都对应于一种粒子，因此电子、夸克、中微子和标准模型中的所有其他粒子都只是不同的音符。然后，物理学对应的是人们可以在这些琴弦上演奏的和声。化学则对应于琴弦振动产生的旋律。宇宙则可以比作一首弦乐交响曲。最后，爱因斯坦笔下的“上帝的心智”将对应于宇宙音乐在宇宙中的共鸣。

值得注意的是，在计算这些振动的性质时，可以发现引力，这是标准模型中明显缺失的。因此，弦理论给了我们一个可信的理由，让我们相信它可能就是万物理论。（事实上，如果爱因斯坦从未出生，广义相对论就会被发现是弦理论的副产品，只不过是振动弦的最低音之一。）

但是，如果这一理论能够统一引力理论和亚原子力理论，那么为什么诺贝尔奖得主对这一理论的看法会出现分歧，有些人说这是一条死胡同，而另一些人则说这可能是爱因斯坦没有想到的理论？一个问题是它的预测力。它不仅包含了标准模型，还包含了更多。事实上，它可能有无限多的解，丰富得令人尴尬。如果是这样，那么哪种解可以描述我们的宇宙呢？

我们意识到所有伟大的方程都有无限多个解。弦理论也不例外。即使是牛顿理论也可以解释无限多的东西，比如棒球、火箭、摩天大楼、飞机等。你必须提前明确你正在研究的东西，也就是说，你必须指定初始条件。

但是弦理论是一个关于整个宇宙的理论。因此，你必须明确宇宙大爆炸的初始条件。但没有人知道是什么条件引发了最初的宇宙爆炸，从而创造了整个宇宙。

这被称为“景观问题”，弦理论似乎有无限多的解，创造了广阔的可能性景观。弦理论景观上的每一个点都对应着一个完整的宇宙，而其中的一点应该就可以解释我们所在的宇宙的特征。

但究竟哪一个是我们的宇宙呢？或者说，弦理论究竟是万物理论，还是任意之理（theory of anything）呢？

目前还没有解决这个问题的共识。一个解决方案可能是创造新一代粒子加速器，比如前面提到的“未来环形对撞机”、中国提出的“环形正负电子对撞机”，或者日本的“国际直线对撞机”。但即使是这些雄心勃勃的项目也不能保证可以解决这个重要问题。

量子计算机可能掌握着关键

我个人的观点是，也许量子计算机可以为这个问题提供最终答案。本书前文中讨论过，在光合作用中，大自然是如何利用量子理论，以“最小作用量原理”来排除大量可选路径的。有一天，也许有可能将弦理论应用到量子计算机上，以此来选择正确的路径。也许在可见景观中发现的许多路径都是不稳定的，并且很快就会消失，那么最后就只留下正确的解了。所以这样看来，也许我们所在宇宙是唯一稳定的宇宙。

因此，量子计算机可能是找到万物理论的最后一步。

这是有先例的。最能描述强核力理论的理论被称为 QCD（量子色动力学）。这是一种亚原子粒子的理论，它将夸克结合在一起，产生了中子和质子。最初，人们认为物理学家足够聪明，可以完全使用纯数学来求解 QCD。但这被证明是一种幻想。

如今，物理学家几乎已经放弃了手工求解 QCD，转而依靠巨大的超级计算机来求解这些方程。这被称为“格点 QCD”，它将空间和时间划分为数十亿个微小的立方体，形成格点。计算机先求解一个小立方体的方程，用它来求解下一个相邻立方体的方程。然后对接下来的所有立方体重复同样的过程。通过这种方式，计算机最终就能一个接一个地求解所有相邻的立方体的方程。

同样地，人们可能不得不求助于量子计算机来求解所有的弦理论方程。有一个可能性是，真正的宇宙理论可能会在这个过程中产生。因此，那把能够打开对宇宙创世纪认知的钥匙，可能就掌握在量子计算机的手中。

第十七章

2050 年的一天

2050年1月，早上6点。

闹钟响了，你醒来时头痛欲裂。

莫莉，你的私人机器人助理，突然出现在墙上的屏幕中。她兴致勃勃地宣布："现在是早上6点。我记得，是你让我叫醒你的。"

你睡眼惺忪，回答说："哦，我的头好痛。我昨晚到底做了什么，为什么头这么痛？"

莫莉说："我记得，你参加了庆祝新核聚变反应堆启用的派对。所以你一定是喝多了。"

慢慢地，你终于把注意力集中在自己身上。你想起来了，你现在是美国最大的量子计算机公司之一的量子技术公司的工程师。现在，量子计算机已经无处不在，昨晚的派对正是为了庆祝最新的核聚变反应堆的启用，那可是量子计算机促成的一个里程碑式的事件。

你又想起来，在聚会上，一位记者问你："这有什么特别令人兴奋的吗？我们为什么要对这些高温气体大惊小怪呢？"

你回答道："量子计算机最终确定了如何稳定核聚变反应堆内的高温气体，这样，人类就能够从氢原子聚变为氦原子的核聚变中提取几乎无限的能量。这可是我们人类社会解决能源危机的关键。”

这意味着世界各地将会有几十个核聚变反应堆陆续投入使用，也有更多的狂欢派对可以开了。由于量子计算机的出现，廉价可再生能源的新时代正在开启。

但现在这个时间，是时候看看新闻了。你告诉莫莉：“请打开关于科学发展的早间新闻。”

墙上的屏幕突然打开了。每当你听到最新消息之后，都喜欢和自己玩个游戏。听完每个科学故事之后，你都想确定一下到底哪些故事（如果有的话）竟然是量子计算机也无法实现的。

视频主持人说道：“政府已经批准了一支新的超声速喷气机队，大大缩短了穿越太平洋和大西洋的时间。”

你会意识到，正是量子计算机通过使用虚拟风洞，找到了正确的空气动力学设计，消除了音爆产生的噪声，为人类社会带来了超声速喷气式客机的新浪潮。

主持人接着说道：“我们在火星上的宇航员成功地建造了一块大型太阳能电池板和一组超级电池，为这个红色星球殖民地储存能量。”

你知道，这一切都要归功于量子计算机，它为火星前哨基地提供了超级电池，它也减少了我们对地球上煤炭和石油工厂的依赖。

接下来，主持人宣布：“世界各地的医生都在宣布一种新的阿尔茨海默病药物，它可以防止导致这种致命疾病的淀粉样蛋白的积累。这一成果可能会影响数百万人的生活。”

你感到自豪，因为你的公司在使用量子计算机分离阿尔茨海默病致病的特定类型淀粉样蛋白方面处于领先地位。

收听科学新闻时，你会心一笑，因为所有的科学故事都是通过量子计算机直接或间接实现的。

听完新闻后，你去了洗手间，洗了个澡，然后刷牙。当你看到水往下流时，你会意识到你的生活废水已经被默默地送到了生物实验室，然后在那里完成癌细胞分析。数以百万计的人都生活在浑然不知的幸福之中，他们每天都在使用一台悄无声息地连接到浴室的量子计算机完成几次全面体检。

由于量子计算机现在可以在肿瘤形成前几年就识别出癌细胞，所以癌症已经降级为类似普通感冒的疾病。因为癌症或许是你的家族遗传病，你会想："感谢上帝，癌症不再是过去那样的'杀手'疾病了。"

最后，当你穿好衣服时，墙上的屏幕又亮了起来。这一次，你的AI医生图像出现在了墙壁的屏幕上。

"医生，这次又有什么事情？是有什么好消息告诉我吗？"

你的私人机器人医生Robo-doc说："好吧，我有一些好消息和坏消息。首先是坏消息。通过分析上周废水中的细胞，我们确定你患有癌症。"

"哇哦，这可真是个坏消息，那么好消息又是什么呢？"你焦急地问道。

"好消息是，我们已经找到了源头，发现只有几百个癌细胞在你的肺部生长，所以没什么好担心的。我们已经分析了癌细胞的基因，并将为你注射增强免疫系统的疫苗以战胜这种癌症。我们刚刚收到贵公司量子计算机制造的最新一批基因改造的免疫细胞，专攻这种特殊癌症。"

你松了一口气，然后又问了对方一个问题："老实说，如果没有量子计算机能够在我体液中提前检测到癌细胞，比如在几十年前，我这种情况大概会发生什么呢？"

Robo-doc回答说："几十年前，在量子计算机普及之前，你体内的肿瘤会一直生长到数十亿个癌细胞才能够被发现，而在被发现之后，你大概只能活 5 年了。”

你咽了咽口水。你为能在量子技术公司工作而感到自豪。

莫莉突然打断了机器人医生的话：“刚刚收到这条消息。总部有一个紧急会议。请您立即出席。”

“哦。”你自言自语道。通常，绝大多数普通任务都是在网上完成的。但这一次，公司居然要求所有参与者亲自到场。这肯定是一个比较重要的会议。

你告诉莫莉：“取消我的约会吧，把我的车开过来。”

几分钟后，你的无人驾驶汽车到达，它会带你去办公室。交通并没有那么糟糕，因为嵌入道路中的数百万个传感器都连接在量子计算机上，量子计算机可以逐秒调整每个红绿灯，以消除交通障碍。

当你到达时，你下车说道：“自己去停车吧，然后随时准备接我。”你的车连接到监控城市所有交通的量子计算机，并找到最近的空停车位。

你进入会议室，可以通过智能隐形眼镜看到坐在你周围的人的履历。公司里的大人物都在那里。这一定是一次重要的会议。

公司总裁正在向这群杰出的高管发表讲话。

“我很震惊地宣布，本周，我们的量子计算机检测到了一种前所未有的病毒。我们下水道系统中的国际传感器网络是我们抵御致命病毒的第一道防线，它在泰国边境附近检测到了一种新病毒。这种病毒让我们措手不及。它具有高度致命性和高度传染性，可能起源于某种鸟类。上一次疫情在美国夺走了 100 多万人的生命，几乎摧毁了世界经济，这不用我再提醒大家了吧。所以我亲自挑选了一批高层人员立即飞往亚洲，分析这一威胁。我们的超声速运输机已经准备好起飞了。还有什么问题吗？”

大家踊跃发言。虽然许多问题都是用外语回答的，但是你的智能隐形眼镜已经把它们实时翻译成英语了。

你原本期待着一个美好、安静的周末，但眼下，所有的计划都泡汤了。这一次，一辆会飞的汽车将把你带到机场，那里有一辆超声速运输机在等你。你在纽约吃早餐，在阿拉斯加吃午餐，在东京吃晚餐，然后是晚上的会议。“超声速喷气式飞机比传统喷气式飞机有了很大的改进，毕竟传统喷气式飞机从纽约到东京要飞 13 个小时，想想都令人痛苦。”你沉思道。

你还记得，在小学时，你读过历史书上关于 2020 年大流行病造成的噩梦，当时世界完全没有准备好应对一种未知的病毒。事实上，你的一些亲戚也在那次大流行病中丧生了。但这一次，所有的提前准备都已到位。

第二天，你收到了一份简报。你的经理告诉你：“幸运的是，量子计算机能够识别这种病毒的基因，找到其分子弱点，并制订出能够有效对抗这种疾病的疫苗计划。所有这些都是在创纪录的时间内完成的，因为量子计算机还可以分析所有飞机和火车记录，以了解病毒可能是如何在国际上传播的。现在，所有主要机场和火车站的传感器都经过校准，可以闻到这种新病毒的独特气味。”

在公司的实验室待了一周后，你飞回纽约，确信你的团队已经控制住了新病毒。你为自己的努力可能挽救了数百万人的生命并阻止了世界经济的崩溃而感到自豪。

回家后，你问莫莉，你最近有什么约会安排。莫莉回答道：“好吧，这次我们收到了地球上最大的杂志对你的采访请求。他们正在做一个关于量子计算机的专题报道。需要我来安排一下吗？”

当记者萨拉来到你的办公室时，你感到十分惊喜。萨拉有备而来，知识渊博，非常专业。

萨拉问道：“我听说量子计算机现在无处不在。像恐龙一样笨拙的旧数字计算机都已经被丢进垃圾场里了。无论我走到哪里，量子计算机似乎都在取代硅时代的计算机。每次我打电话时，它们都告诉我，我实际上是在和云端某处的量子计算机通话。但我想请教的是，这些进步有助于解决我们紧迫的社会问题吗？我的意思是，让我们更现实一些。比如，有助于养活穷人吗？”

你马上开始回答：“事实上，答案是肯定的。量子计算机已经解开了我们每天呼吸的空气中的氮转化为肥料成分的秘密。这正在创造第二次绿色革命。反对者曾经声称，随着人口爆炸，将出现饥饿、战争、大规模移民、粮食骚乱等。但由于量子计算机的出现，这些都没有发生——”

“但是等一下，”萨拉打断道，“全球变暖的所有问题呢？只要眨眼的时间，你的智能隐形眼镜中的互联网上就会出现大规模森林火灾、干旱、飓风、洪水……气候似乎变得越来越糟糕。”

“是的，”你承认道，“20 世纪，工业企业向大气中排放了大量二氧化碳，我们终于付出了代价。所有的预测都成真了。但我们正在反击。量子技术公司一直走在制造可以储存大量电能的超级电池的最前沿，大大降低了能源成本，并帮助我们迎来了期待已久的太阳能时代。现在，即使太阳光不强烈、风也不吹，我们仍然有电可以使用。来自可再生技术的能源，包括目前在世界各地投入使用的核聚变发电厂的能源，现在比化石燃料的能源还要便宜，这在历史上还是第一次发生。我们正在扭转全球变暖的局面。希望我们还来得及，能超过气候恶化的步伐。”

“现在，让我问你一个私人问题。量子计算机是如何影响你的家人和爱人的？”萨拉问道。

你有些悲伤地回答道：“我的家人深受阿尔茨海默病的折磨。我目睹了这一切。起初，她会忘记几分钟前发生的事情。然后，她逐渐产生妄想，谈论从未发生过的事情。接下来，她忘记了所有她爱的人的名字。最后，她甚至忘记了自己是谁。但我很自豪地说，量子计算机现在正在解决这个问题。在分子水平上，量子计算机已经精确地分离出了畸形的淀粉样蛋白，这种蛋白质会使大脑受损。阿尔茨海默病的治疗方法指日可待。”

接下来，她问道：“这是一个纯粹的假设性问题。有很多传言说量子计算机即将找到减缓或阻止衰老过程的方法。能否告诉我，这些传言是真的吗？你是否即将找到青春之泉？”

你回答说：“好吧，我们还不知道所有的细节，但这是真的：我们的实验室已经能够使用基因疗法、CRISPR 和量子计算机来修复衰老造成的错误。我们知道，衰老是基因和细胞中错误的积累。现在，我们正在寻找纠正这些错误的方法，从而减缓甚至逆转衰老过程。”

“这让我想到了最后一个问题。如果你能再活一辈子，你想成为什么样的人？例如，虽然我现在是一名记者，但我其实很想下一辈子成为一名小说家。你呢？”

“好吧，”你回答，“活几辈子的可能性已经不那么离谱了。但如果我能再活一辈子，我想应用量子计算机来解决关于宇宙的终极问题。我的意思是，它从哪里来？为什么会发生大爆炸？之前发生了什么？人类太原始了，无法解决这些奇妙的问题，但我敢打赌，有一天量子计算机会帮助我们找到所有答案。”

“找到宇宙的意义？哇，这是一个很高的要求。但你不怕量子计算机让你失望吗？”她问道。

“还记得《银河系漫游指南》结尾发生的事情吗？在万众期待和兴奋之后，一台巨大的超级计算机终于计算出了宇宙的意义。但答案是数字 42。嗯，那是虚构的。但现在，我认为我们可能能够使用量子计算机来真正解决这个问题。”你回答道。

采访结束后，你和她握手，感谢萨拉的精彩访谈。然后你小心翼翼地邀请萨拉和你共进晚餐。这篇访谈文章取得了巨大成功，向数百万人讲述了量子计算机如何改变了经济、医学和我们的生活方式。另一个好处是你更了解萨拉了。

你高兴地发现，你和萨拉原来有很多共同点。你们都有自驱力，而且见多识广。后来，你邀请她参观量子技术公司新开的电子游戏厅，在那里，最强大的量子计算机可以创造出最逼真的虚拟游戏。你们两个在无聊的游戏中玩得很开心，这些游戏使用量子计算机的强大模拟能力，创造了奇妙的、具有异域风情的场景。在其中一个游戏中，你们正在探索外太空。而在另一个游戏中，你们是在海边的海滩度假胜地。接下来是在最高的山峰上。你会惊讶于这些场景的逼真程度，甚至是最微小的细节。但你最喜欢的旅行，还是看满月从远处的山上升起，看着皎洁的月亮照亮森林，你会不由自主地感到与大自然如此亲近。

你对萨拉说道："你知道吗，从看到登月计划的宇航员探索宇宙开始，我就第一次对科学产生了兴趣。"

萨拉回答说："我也是，但是对我来说，最激动的就是，有一天我会看到女性宇航员在月球上漫步。"

最终，随着时间的推移，你和她越来越亲密，你终于求婚了，向萨拉求婚。当她答应时，你非常高兴。

但是，你要选择去哪里度蜜月呢？

随着所有关于太空旅行成本下降和消费者飞往外太空的消息涌现出来，她向杂志社申请写下一篇报道。

"我知道去哪里度蜜月了，"萨拉说道，"我想在月球上度蜜月。"

结　语

量子谜题

宇宙学家斯蒂芬·霍金说过，物理学家是唯一能够说出“上帝”这个词而不会脸红的科学家。然而，倘若你真的想看到物理学家脸红也不是什么难事，因为你可以问他们一些深刻的哲学问题，毕竟这些问题本来就没有什么确切答案。

以下是一份简短的问题清单，这些问题困扰着大多数物理学家，因为它们处于哲学和物理学的交界处。所有这些问题其实都影响着量子计算机的存在，我们将依次进行讨论。

1. 上帝在创造宇宙时有选择吗？

爱因斯坦认为这是一个人可能提出的最深刻、最有启发性的问题之一。上帝会以其他方式创造宇宙吗？

2. 宇宙是模拟的吗？

我们只是生活在电子游戏中的机器人吗？我们所看到的和做的一切都是计算机模拟的副产品吗？

3. 量子计算机在平行宇宙中计算吗？

我们能否通过引入多元宇宙来解决量子计算机的测量问题？

4. 宇宙是量子计算机吗？

我们周围看到的一切，从亚原子粒子到星系团，是否能够证明宇宙本身就是一台量子计算机呢？

上帝有选择吗？

爱因斯坦一生中的大部分时间在问自己：宇宙定律究竟是独一无二的，还是只是几种可能性中的一种。当我们第一次接触到量子计算机的时候，它们的内部工作原理看上去疯狂又怪异。很多东西都令人难以置信，在基本层面上，电子表现出许多我们原有认知中根本无法想象的行为，比如同时出现在两个地方，穿过坚固的屏障，以比光更快的速度传输信息，以及即时分析出任意两点之间的无限多条路径。所以，我们当然会问问自己，宇宙非得这么奇怪吗？我们如果可以选择的话，难道就不能重新安排物理定律，使其看上去更合乎逻辑、更合乎情理吗？

每次当爱因斯坦陷入这种思考困境的时候，他都会说："上帝是微妙的，但不是恶意的。"而当他不得不直面量子力学悖论的时候，爱因斯坦恐怕有时候也会认为："好吧，上帝毕竟还是有恶意的！"

纵观历史，物理学家一直都在思考，是否有另一个遵循另一套基本定律的宇宙，以此来观察我们所在的宇宙遵循的自然定律是不是独一无二的，并思考是否有可能从头开始创造一个更好的宇宙。

就连哲学家也在致力于探讨宇宙的问题。智者阿方索说过："如果创世时我在场，我一定会为宇宙的更好秩序提供一些有用的提示。"

苏格兰法官和评论家杰弗里勋爵会抱怨我们宇宙中的那些不完美之处。他会说："该死的太阳系。糟糕的光线，太远的行星，还纠缠着彗星；真是一个不怎么样的发明；我自己可以创造一个更好的（宇宙）。"

然而，科学家无论多么努力，都无法改进量子物理定律。通常，物理学家发现量子力学的替代方案产生的宇宙要么并不稳定，要么存在某些隐藏的致命缺陷。

为了回答这个让爱因斯坦都着迷的哲学问题，物理学家通常首先会列出我们所期待的宇宙所具备的品质。

首先，也是最重要的，我们希望宇宙是稳定的。我们不希望它在我们手中分崩离析，最后一无所有。

令人惊讶的是，这一标准却极难实现。最简单的出发点可能是假设我们生活在一个常识性的牛顿世界中。这就是我们熟悉的世界。假设这个世界是由微小的原子组成的，这些原子就像微型太阳系，电子围绕原子核运行，遵循牛顿定律。如果电子以完美的圆形轨道运动，那么太阳系将是稳定的。

但如果你对其中一个电子稍加干扰，它可能会开始摆动，并呈现出不完美的轨迹。这意味着这些电子最终会相互碰撞或落入原子核。原子很快就会坍缩，电子也会到处乱飞。换句话说，牛顿的原子模型本质上就是不稳定的。

我们还可以想想分子会发生什么。在一个只受经典力学支配的世界里，围绕两个原子核的轨道是高度不稳定的，一旦受到扰动，就会迅速解体。因此，分子也不可能存在于牛顿世界，否则就不会有复杂化学物质形成了。而如果是一个没有稳定原子和分子的宇宙，那么最终注定要变成一团由随机亚原子粒子组成的无定形的雾了。

然而，量子理论解决了这一问题，因为电子是用波描述的，而只有这种波的离散共振才能围绕原子核振荡。在薛定谔方程中，这些电子碰撞和四处飞散的波是不允许的，因此原子是稳定的。在量子世界中，分子也是稳定的，因为当两个不同的原子共享电子波时，它们就形成了稳定的共振，从而将两个原子结合在一起。这就是分子之间的黏合剂。

因此，从某种意义上说，量子力学及其奇异特征是有“目的”或“原因”的。量子世界为何如此奇异？显然是为了让物质变得稳定和坚固。否则，我们的宇宙就会解体。

这反过来又对量子计算机产生了重要影响。如果人们试图修改作为量子计算机基础的薛定谔方程，我们预计，修改后的量子计算机将产生不合常理的结果，比如不稳定的问题。因此，换句话说，量子计算机创造稳定宇宙的唯一途径就是从薛定谔方程开始。一台量子计算机是独一无二的。也许有很多方法可以将物质组装起来，来创建量子计算机（例如，使用不同类型的原子），但只有一种方法可以让量子计算机在进行计算的同时还能描述稳定的物质。

因此，如果我们想要一台能够操纵电子、光和原子的量子计算机，那么我们很可能就只能使用一种独特的量子计算机架构。

作为模拟的宇宙

看过电影《黑客帝国》的人都知道，尼奥是天选之子。他有超能力，能飞上天，可以躲避高速的子弹，也可以让子弹停在空中。他只需按下一个按钮，就能立即学会空手道。他还可以穿过镜子。

而正是因为尼奥实际上生活在一个虚构的、由计算机生成的模拟世界之中，所以所有这一切才有可能。就像生活在一个电子游戏中一样，角色所处的“现实”其实只是一个幻想世界。

这引发了一个问题：随着计算机能力的指数级增长，我们会不会发现，人类世界实际上也是一个模拟世界，而我们所处的“现实”其实只是别人在玩的一个电子游戏呢？人类只是一行行代码，直到有人最终点击了删除按钮，这个人的人生闹剧也就此结束？如果数字计算机的功能不足以模拟现实，那么量子计算机能做到这一点吗？

让我们先问一个简单的问题：如上描述的经典宇宙可以用牛顿模拟实现吗？

假设我们现在有一个空玻璃瓶。瓶子里的空气可能含有超过 10^{23} 个原子。要用经典计算机精确建模，你需要处理 10^{23} 位信息，这远远超出了经典计算机的能力。要想对玻璃瓶子里的原子进行完美模拟，你还必须知道所有这些原子的位置和速度。就像如果现在准备模拟地球上的天气，就必须知道地球周围空气的湿度、气压、温度和风速，所以，很快我们就会耗尽任何已知经典计算机的内存容量。

换句话说，真正能够模拟天气的最小物体就是天气本身。

看待这个问题的另一种方法，就是思考所谓的蝴蝶效应。如果蝴蝶扇动翅膀，它可能会产生一股气流，如果条件合适，这股气流最终可能会形成强风。这反过来可能最终达到云层的临界点，引发暴雨。这是混沌理论的结果，该理论认为，尽管空气分子可能遵循牛顿定律，但数万亿个空气分子的综合效应是混沌且不可预测的。因此，想要预测暴雨形成的精确概率，几乎是不可能做到的。尽管单个分子的路径可能是确定的，但要想确定数万亿个空气分子的集体运动，是任何数字计算机都无法实现的，模拟也是不可能的。

但是，量子计算机呢？

如果我们试图用量子计算机模拟天气，那么情况恐怕会更糟糕。假设我们有一台有 300 个量子位的量子计算机，那么我们在量子计算机中就有了 2^{300} 个状态，比宇宙的状态还要复杂。我们可能要问，量子计算机有足够的内存来编码我们所知道的所有可能“现实”吗？

不一定。想象一个复杂的蛋白质分子，它可能有数千个原子。要想在没有任何近似的情况下模拟一个蛋白质分子，我们就必须拥有比宇宙中状态更多的量子计算机。我们的身体可能有几十亿个这样的蛋白质分子，因此为了真正模拟我们体内发现的所有蛋白质分子，原则上我们需要数十亿台量子计算机。这再一次说明，能够模拟宇宙的最小物体就是宇宙本身。组装数十亿台量子计算机来模拟复杂的量子现象显然是不切实际的。

唯一可能真正被模拟出来的“现实”并不完美，而且与真正的“现实”相比存在许多差距和缺陷。但也只有这样才能减少必须模拟的状态数量。如果不追求完美的模拟，那么还是可能达成的。例如，模拟出来的可能是并不完整的区域。你可能会看到模拟现实中的“天空”有裂痕和破损，就像古老的电影场景；或者，如果你是一名深海潜水员，你可能一直认为你的世界是整个海洋，直到你撞上了一堵玻璃墙，你就会意识到，原来你所处的世界只是海洋的一部分模拟。因此，一个有类似这样缺陷的不完美的宇宙，我们肯定是能够模拟出来的。

平行宇宙

过去，好莱坞电影和漫画可以通过将角色带入外太空来创造令人兴奋的想象世界。但近 50 多年来，由于我们不断向外层空间发射火箭，这个想法本身就有点过时了。因此，科幻小说作家需要一个全新的、前沿的游乐场来实现所谓的奇幻情节，时下最火的游乐场就是多元宇宙。近年的许多电影大片都以平行宇宙为背景，超级英雄或反派总是存在于多重现实中。

过去，每当看科幻电影时，我都要数一数到底有多少条物理定律被违反了。而当我又想起亚瑟 · C. 克拉克的话，我也就不再这么较真了：“任何足够先进的技术都与魔法并无二致。”因此，如果一部电影明显违反了一些已知的物理定律，那么没准有一天这个物理定律就真的被证明是不正确或不完整的了。

但现在，随着电影进入平行宇宙的多元宇宙，我又不得不重新思考，看看是否有任何物理定律被违反了。实际上，电影人一直在追随理论物理学家的脚步，他们认真对待着多元宇宙的概念。

个中原因便是休·埃弗里特的多世界理论正在卷土重来。如前所述，埃弗里特的多世界理论可能是解决测量问题的最简单、最有效的方法。通过简单地放弃量子力学的最后一个假设，即描述量子行为的波函数在观测时坍缩，多世界理论是解决这一悖论的最快方法。

但让电子波扩散是要付出代价的。如果薛定谔波被允许在不坍缩的情况下自行自由移动，那么分裂将会发生无限多次，从而创造出一个可能宇宙的无限级联。因此，与其坍缩为一个宇宙，我们不如让无限多个宇宙不断平行分裂。

对于这些平行宇宙，物理学家之间并没有达成普遍的共识。例如，大卫·多伊奇认为这是量子计算机如此强大的根本原因，因为它们能够在不同的平行宇宙中同时进行计算。这让我们回到了薛定谔的古老悖论，即盒子里的猫可以同时死了和活着。

当被问及这个令人沮丧的问题时，斯蒂芬·霍金会说："每当我听到薛定谔猫的叫声时，我都会伸手去拿我的枪。"

但还有一种替代理论也在考虑中，那就是退相干理论，该理论认为，与外部环境的相互作用会导致波坍缩，即波一旦接触到环境，就会自行坍缩，因为环境已经退相干了。

例如，这意味着薛定谔悖论可以简单地解决。最初的问题是，在你打开盒子之前，你无法判断猫是死是活。传统的答案是，在你打开盒子之前，猫既不死也不活。而这一新理论则认为，猫的原子已经与飘浮在盒子里的随机原子接触了，猫甚至在你打开盒子之前就已经选择了。所以，这只猫或者已经死了，或者还活着（却不是同时以两种状态存在）。

换句话说，根据传统的哥本哈根诠释，只有当你打开盒子并测量时，猫才会发生退相干。然而，在退相干方法中，猫已经退相干了，因为空气分子接触了猫的波，导致它坍缩了。在退相干方法中，盒子里的空气取代了准备打开盒子的实验者，成为导致波坍缩的原因。

物理学最终不是建立在推测和猜想的基础上的，物理学中的争论通常是通过做实验来解决的。确凿的证据才是决定性因素。于是我想，几十年后，物理学家肯定还是要对这个问题进行反复辩论，因为到目前为止，还没有什么决定性的实验可以真正排除其中某一种解释，至少目前还没有。

然而，我个人认为退相干方法是存在缺陷的。这种方法必须区分环境，即空气（是退相干）和被研究的物体（猫）。在哥本哈根诠释中，退相干性是由实验者引入的；在退相干方法中，它是由与环境的相互作用引入的。

然而，一旦引入量子引力理论，量子化的最小单位就是宇宙本身。实验者、环境和猫之间就没有区别了。它们都是一个巨大的波函数——宇宙波函数的一部分，并不能分成不同的部分。

在这种量子引力方法中，相干波和空气中的退相干波之间没有真正的区别。区别只是程度上的不同。（例如，在宇宙大爆炸时，整个宇宙在爆炸前是相干的。因此，即使在 138 亿年后的今天，我们仍然可以在猫和空气之间找到一些相干性。）

因此，这种方法消除了退相干，重新回到了埃弗里特的解释。不幸的是，也没有任何实验可以真正区分这些不同的方法。这两种方法都给出了相同的量子力学结果，只是它们对结果的解释不同。所以这看上去只是哲学层面的区别。

这意味着，我们无论使用哥本哈根诠释、退相干方法还是多世界理论，都会得到相同的实验结果，因此这三种方法在实验上是等效的。

这三种方法之间的一个可能区别是，在多世界的解释中，我们可能在不同的平行宇宙之间移动。但是，如果选择通过计算的方法，那么只能说我们能计算出来的概率非常小，无法通过实验进行验证。毕竟，人类只能通过等待比宇宙寿命更长的时间，才有可能进入另一个平行宇宙。

宇宙是量子计算机吗？

现在让我们分析一下宇宙本身是不是一台量子计算机。我们记得巴比奇问过自己一个明确的问题：你能制造出一台多强大的模拟计算机？用机械齿轮和杠杆计算的极限是什么？图灵通过问自己另一个问题来延伸这个问题：你能制造出多强大的数字计算机？电子元件的计算极限是什么？

因此，接下来很自然地会问：你能制造出多强大的量子计算机？如果我们能操纵单个原子，那么量子计算的极限是什么？既然宇宙是由原子组成的，也就自然要问：宇宙本身就是一台量子计算机吗？

提出这个想法的物理学家是麻省理工学院的赛斯·劳埃德。他是在量子计算机诞生之初就一直从事这方面研究的少数物理学家之一。

我问劳埃德他是如何与量子计算机结缘的。他告诉我，他年轻的时候，对数字十分着迷。他特别感兴趣的是，只需要几个数字，就可以用数学规则描述现实世界中的大量物体。

然而，他在攻读研究生时，却遇到了一个问题。一方面，有一些聪明的物理学学生在学习弦理论和基本粒子物理学。另一方面，也有学生在学习计算机科学。他被夹在中间，因为他想研究量子信息，而量子信息是介于粒子物理学和计算机科学之间的。

在基本粒子物理学中，物质的终极单位是粒子，比如电子。在信息论中，信息的最终单位是比特。因此，他一直关注粒子和比特之间的关系，这将我们引向了量子位。

他提出的有争议的观点正是：宇宙就是一台量子计算机。起初，这听起来可能有些古怪。毕竟每次提到宇宙的时候，我们想到的都是恒星、星系、行星、动物、人和 DNA 之类的。而提起量子计算机的时候，我们想到的都是机器。所以它们怎么可能是一样的呢？

事实上，两者之间有着深刻的关联。创造一个图灵机是可能的，它可以包含宇宙之中所有的牛顿定律。

例如，想象一下位于微型火车轨道上的玩具火车。轨道被分成一长串方格序列，我们可以在其中放置数字 0 或 1。0 表示该轨道上没有火车，1 表示玩具火车在该轨道上。现在让我们一个格子接一个格子地移动火车。每次我们把火车移动一个格子，就用 1 代替 0。这样，火车就可以沿着轨道平稳地行驶。数字 1 表示玩具火车的位置。

现在，让我们用带有 0 和 1 的数字带代替轨道，用处理器代替玩具火车。每次处理器移动一个方格，我们就用 1 替换 0。

通过这种方式，我们可以把乘坐玩具火车转换为图灵机。换句话说，图灵机可以模拟牛顿运动定律，这是建立在经典物理学的基础上的。

我们也可以改造玩具火车，来描述加速度和更复杂的运动。每次移动玩具火车时，我们都可以增加 1 之间的间隔，这样火车就会加速。我们还可以将玩具火车沿着 3D 轨道或网格行驶。通过这种方式，就可以对牛顿力学的所有定律进行编码。

现在我们可以精确地将图灵机和牛顿定律联系起来。一个经典的宇宙可以由图灵机编码。

接下来，我们可以将其推广到量子计算机。我们用带指南针的玩具火车代替了包含 0 和 1 的玩具火车。它的指针可以指向北方，我们称之为 1；也可以指向南方，我们称其为 0；或者指向两者之间的任何角度，代表北方和南方的叠加。因此，根据薛定谔波动方程，当玩具火车沿着轨道行驶时，指针会朝着不同的方向移动。

（如果想加入纠缠，那么可以在玩具火车上添加几个指南针。当火车沿着轨道行驶时，所有这些指南针都可以根据处理器的规则以不同的方式转动。）

当玩具火车移动时，指南针的指针开始转动。指针的运动追踪出薛定谔波动方程中包含的信息。这样，我们就可以用这个玩具火车推导出波动方程。

这里的重点是，量子图灵机可以对量子力学定律进行编码，而量子力学定律反过来又统治着宇宙。从这个意义上说，量子计算机可以对宇宙进行编码。因此，量子计算机和宇宙之间的关系是，前者可以编码后者。因此，严格地说，宇宙可以不是一台量子计算机，但宇宙中的所有现象都可以被量子计算机编码。

而由于微观层面的所有相互作用都是由量子力学控制的，也就意味着量子计算机可以模拟物理世界的任何现象，从亚原子粒子、DNA、黑洞到大爆炸。

所以量子计算机的游乐场就是宇宙本身。因此，如果人类能够真正理解量子图灵机，那么也许人类就能真正理解宇宙了。

唯有时间能告诉我们答案。

致 谢

我首先要感谢文学经纪人斯图尔特·克里切夫斯基，他多年来一直陪伴着我，帮助我把作品推向市场。我相信他在所有文学问题上的判断都是准确无误的。他的忠告帮助我的作品获得了成功。

我还要感谢编辑爱德华·卡斯滕迈尔。他在所有编辑事务上总是做出明智的判断。在这一过程的每一步中，他的工作都帮助这本书突出重点，使读者的阅读体验感更好。

我还要感谢我咨询或采访过的许多诺贝尔奖获得者，他们提供了宝贵的建议。

理查德·费曼
史蒂文·温伯格
南部阳一郎
沃尔特·吉尔伯特
亨利·肯德尔
利昂·莱德曼
默里·盖尔曼
戴维·格罗斯
弗兰克·维尔切克

约瑟夫·罗特布拉特

亨利·波拉克

彼得·多尔蒂

埃里克·奇文

杰拉尔德·埃德尔曼

安东·蔡林格

斯万特·佩博

罗杰·彭罗斯

我还要感谢这些杰出的科学家，他们一直是科学研究的领导者或重点科学实验室的主任，他们慷慨地与我分享了他们的智慧。

马文·明斯基

弗朗西斯·柯林斯

罗德尼·布鲁克斯

安东尼·阿塔拉

伦纳德·海弗利克

卡尔·齐默

斯蒂芬·霍金

爱德华·威滕

迈克尔·勒莫尼克

迈克尔·谢默

赛思·肖斯塔克

肯·克罗斯韦尔

布赖恩·格林

尼尔·德葛拉斯·泰森

丽莎·兰德尔

伦纳德·萨斯坎德

最后，我要感谢这些年来我采访过的400多名科学家，他们的见解对于我撰写本书亦十分宝贵。

选　读

对于熟悉计算机编程的读者而言，以下拓展阅读可能会很有帮助。

Bernhardt, Chris. *Quantum Computing for Everyone.* Cambridge: MIT Press, 2020.

Edwards, Simon. *Quantum Computing for Beginners.* Monee, IL, 2021.

Grumbling, Emily, and Mark Horowitz, eds. *Quantum Computing: Progress and Prospects.* Washington, DC: National Academy Press, 2019.

Jaeger, Lars. *The Second Quantum Revolution.* Switzerland: Springer, 2018.

Mermin, N. David. *Quantum Computer Science: An Introduction.* Cambridge: Cambridge University Press, 2016.

Rohde, Peter P. *The Quantum Internet: The Second Quantum Revolution.* Cambridge: Cambridge University Press, 2021.

Sutor, Robert S. *Dancing with Qubits: How Quantum Computing Works and How It Can Change the World.* Birmingham, UK: Packt, 2019.

注　释

第一章　硅时代的终结

[1] Gordon Lichfield, "Inside the Race to Build the Best Quantum Computer on Earth," *MIT Technology Review,*February 26, 2020, 1–23.

[2] Yuval Boger, interview with Dr. Robert Sutor, *The Qubit Guy's Podcast,* October 27, 2021; www.classiq.io/insights/podcast-with-dr-robert-sutor.

[3] Matt Swayne, "Zapata Chief Says Quantum Machine Learning Is a When, Not an If," *The Quantum Insider,* July 16,2020; www.thequantuminsider.com/2020/07/16/zapata-chief-says-quantum-machine-learning-is-a-when-not-an-if/.

[4] Daphne Leprince-Ringuet, "Quantum Computers Are Coming, Get Ready for Them to Change Everything," *ZDNet,* November 2, 2020; www.zdnet.com/article/quantum-computers-are-coming-get-ready-for-them-to-change-everything/.

[5] Dashveenjit Kaur, "BMW Embraces Quantum Computing to Enhance Supply Chain," *Techwire/Asia,* February 1, 2021; www.techwireasia.com/2021/02/bmw-embraces-quantum-computing-to-enhance-supply-chain/.

[6] Cade Metz, "Making New Drugs with a Dose of Artificial Intelligence," *The New York Times,* February 5, 2019; www.nytimes .com/2019/02/05/technology/artificial-intelligence-drug-research-deepmind .html.

[7] Ali El Kaafarani, "Four Ways That Quantum Computers Can Change the World," *Forbes,* July 30, 2021; www.forbes.com /sites/forbestechcouncil/2021/07/30/four-ways-quantum-

computing-could-change-the-world/?sh=7054e3664602.

[8] "How Quantum Computers Will Transform These 9 Industries," *CB Insights,* February 23, 2021; www.cbinsights.com /research/quantum-computing-industries-disrupted/.

[9] Matthew Hutson, "The Future of Computing," *ScienceNews;* www.sciencenews.org/century/computer-ai-algorithm-moore-law-ethics.

[10] James Dargan, "Neven's Law: Paradigm Shift in Quantum Computers," *Hackernoon,* July 1, 2019; www.hackernoon.com/nevens-law-paradigm-shift-in-quantum-computers-e6c429ccd1fc.

[11] Nicole Hemsoth, "With $3.1 Billion Valuation, What's Ahead for PsiQuantum?," *The Next Platform,* July 27, 2021; www.nextplatform.com /2021/07/27/with-3-1b-valuation-whats-ahead-for-psiquantum/.

第二章　数字时代的终结

[1] "Our Founding Figures: Ada Lovelace," *Tetra Defense,* April 17, 2020; www.tetradefense.com/cyber-risk-management/our-founding-figures-ada-lovelace/.

[2] "Ada Lovelace," Computer History Museum; www.computerhistory.org/babbage/adalovelace/.

[3] Colin Drury, "Alan Turing: The Father of Modern Computing Credited with Saving Millions of Lives," *The Independent,* July 15, 2019; www.independent.co.uk/news/uk/home-news/alan-turing-ps50-note-computers-maths-enigma-codebreaker-ai-test-a9005266.html.

[4] Alan Turing, "Computing Machinery and Intelligence," *Mind* 59 (1950): 433–60; https://courses.edx.org/asset-v1:MITx+24.09x+3T2015+type@asset+block/5_turing_computing_machinery_and_intelligence.pdf.

第三章　量子的崛起

[1] Peter Coy, "Science Advances One Funeral at a Time, the Latest Nobel Proves It," *Bloomberg,* October 10, 2017; www.bloomberg.com /news/articles/2017-10-10/science-advances-one-funeral-at-a-time-the-latest-nobel-proves-it.

[2] BrainyQuote; https://www.brainyquote.com/quotes /paul_dirac_279318.

[3] Jim Martorano, "The Greatest Heavyweight Fight of All Time," *TAP into Yorktown,* August 24, 2022; https://www.tapinto.net/towns /yorktown/articles/the-greatest-heavyweight-fight-of-all-time.

[4] quoted in Denis Brian, *Einstein* (New York: Wiley, 1996), 516.

第四章 量子计算机的黎明

[1] See Michio Kaku, *Parallel Worlds: The Science of Alternative Universes and Our Future in the Cosmos* (New York: Anchor, 2006).

[2] Stefano Osnaghi, Fabio Freitas, Olival Freire Jr., "The Origin of the Everettian Heresy," *Studies in History and Philosophy of Modern Physics* 40, no. 2 (2009): 17.

第五章 竞赛开始

[1] Stephen Nellis, "IBM Says Quantum Chip Could Beat Standard Chips in Two Years," Reuters, November 15, 2021; www.reuters.com /article/ibm-quantum-idCAKBN2I00C6.

[2] Emily Conover, "The New Light-Based Quantum Computer Jiuzhang Has Achieved Quantum Supremacy," *Science News,* December 3, 2020; https://www.sciencenews.org/article/new-light-based-quantum-computer-jiuzhang-supremacy.

[3] "Xanadu Makes Photonic Quantum Chip Available Over Cloud Using Strawberry Fields & Pennylane Open-Source Tools Available on Github," *Inside Quantum Technology News,* March 8, 2021; www.insidequantumtechnology.com/news-archive/xanada-makes-photonic-quantum-chip-available-over-cloud-using-strawberry-fields-pennylane-open-source-tools-available-on-github/.

第六章 生命之源

[1] Walter Moore, *Schrödinger: Life and Thought* (Cambridge University Press, 1989), 403.

[2] Leah Crane, "Google Has Performed the Biggest Quantum Chemistry Simulation Ever," *New Scientist,* December 12, 2019; www.newscientist.com/article/2227244-google-has-performed-the-biggest-quantum-chemistry-simulation-ever/.

[3] Jeannette M. Garcia, "How Quantum Computing Could Remake Chemistry," *Scientific American,* March 15, 2021; https://www .scientificamerican.com/article/how-quantum-computing-could-remake-chemistry/.

[4] Crane.

[5] Ibid.

第七章 绿化时代

[1] Alan S. Brown, "Unraveling the Quantum Mysteries of Photosynthesis," The Kavli Foundation, December 15, 2020; www.kavlifoundation.org/news/unraveling-the-quantum-mysteries-of-photosynthesis.

[2] Peter Byrne, "In Pursuit of Quantum Biology with Birgitta Whaley," *Quanta Magazine,* July 30, 2013; www.quantamagazine.org/in-pursuit-of-quantum-biology-with-birgitta-whaley-20130730/.

[3] Katherine Bourzac, "Will the Artificial Leaf Sprout to Combat Climate Change?," *Chemical & Engineering News,* November 21, 2016; https://cen.acs.org/articles/94/i46/artificial-leaf-sprout-combat-climate.html.

[4] Ali El Kaafarani, "Four Ways Quantum Computing Could Change the World," *Forbes,* July 30, 2021; www.forbes.com/sites/forbestechcouncil/2021/07/30/four-ways-quantum-computing-could-change-the-world/?sh=398352d14602.

[5] Katharine Sanderson, "Artificial Leaves: Bionic Photosynthesis as Good as the Real Thing, *New Scientist,* March 2, 2022; www.newscientist.com/article/mg25333762-600-artificial-leaves-bionic-photosynthesis-as-good-as-the-real-thing/.

第八章 养活地球

[1] "What Is Quantum Computing? Definition, Industry Trends, & Benefits Explained," *CB Insights,* January 7, 2021; https:// www.cbinsights.com/research/report/quantum-computing/?utm_source= CB+Insights+Newsletter&utm_campaign=0df1cb4286-newsletter_general-Sat_20191115&utm_medium=email&utm_term=0_9dc0513989-0df1cb4286-88679829.

[2] Allison Lin, "Microsoft Doubles Down on Quantum Computing Bet," Microsoft, *The AI Blog,* November 20, 2016; https:// blogs.microsoft.com/ai/microsoft-doubles-quantum-computing-bet/.

[3] Stephen Gossett, "10 Quantum Computing Applications and Examples," *Built In,* March 25, 2020; https://builtin.com/hardware/quantum-computing-applications.

第九章　让世界充满能量

[1] Holger Mohn, "What's Behind Quantum Computing and Why Daimler Is Researching It," Mercedes-Benz Group, August 20, 2020; https://group.mercedes-benz.com/company/magazine /technology-innovation/quantum-computing.html.

[2] Ibid.

第十一章　基因剪辑与癌症治疗

[1] Liz Kwo and Jenna Aronson, "The Promise of Liquid Biopsies for Cancer Diagnosis," *American Journal of Managed Care,* October 11, 2021; www.ajmc.com/view/the-promise-of-liquid-biopsies-for-cancer-diagnosis.

[2] Clara Rodríguez Fernández, "Eight Diseases CRISPR Technology Could Cure," *Labiotech,* October 18, 2021; https://www.labiotech.eu/best-biotech/crispr-technology-cure-disease/.

[3] Viviane Callier, "A Zombie Gene Protects Elephants from Cancer," *Quanta Magazine,* November 7, 2017; www.quantamagazine.org/a-zombie-gene-protects-elephants-from-cancer-20171107/.

第十二章　人工智能与量子计算机

[1] Gil Press, "Artificial Intelligence (AI) Defined," *Forbes,* August 27, 2017; https://www.forbes.com/sites/gilpress/2017/08/27/artificial-intelligence-ai-defined/.

[2] Stephen Gossett, "10 Quantum Computing Applications and Examples," *Built In,* March 25, 2020; https://builtin.com/hardware/quantum-computing-applications.

[3] "AlphaFold: A Solution to a 50-Year-Old Grand Challenge in Biology," DeepMind,

November 30, 2020; www.deepmind.com /blog/alphafold-a-solution-to-a-50-year-old-grand-challenge-in-biology.

[4] Cade Metz, “London A.I. Lab Claims Breakthrough That Could Accelerate Drug Discovery,” *The New York Times,* November 30, 2020; https://www.nytimes.com/2020/11/30/technology/deepmind-ai-protein-folding.html.

[5] Ron Leuty, “Controversial Alzheimer’s Disease Theory Could Pinpoint New Drug Targets,” *San Francisco Business Times,* May 6, 2019; www.bizjournals.com/sanfrancisco/news/2019/05/01/alzheimers-disease-prions-amyloid-ucsf-prusiner.html.

[6] German Cancer Research Center, “Protein Misfolding as a Risk Marker for Alzheimer’s Disease,” *ScienceDaily,* October 15, 2019; www.sciencedaily.com/releases/2019/10/191015140243.htm.

[7] “Protein Misfolding as a Risk Marker for Alzheimer’s Disease—Up to 14 Years Before the Diagnosis,” Bionity.com, October 17, 2019;www.bionity.com/en/news/1163273/protein-misfolding-as-a-risk-marker-for-alzheimers-disease-up-to-14-years-before-the-diagnosis.html.

第十三章　逆转衰老

[1] Mallory Locklear, “Calorie Restriction Trial Reveals Key Factors in Enhancing Human Health,” *Yale News,* February 10, 2022; www.news.yale.edu/2022/02/10/calorie-restriction-trial-reveals-key-factors-enhancing-human-health.

[2] Kashmira Gander, “ ‘Longevity Gene’ That Helps Repair DNA and Extend Life Span Could One Day Prevent Age-Related Diseases in Humans,” *Newsweek,* April 23, 2019; www.newsweek.com/longevity-gene-helps-repair-dna-and-extend-lifespan-could-one-day-prevent-age-1403257.

[3] Antonio Regalado, “Meet Altos Labs, Silicon Valley’s Latest Wild Bet on Living Forever,” *MIT Technology Review,* September 4, 2021; www.technologyreview.com/2021/09/04/1034364/altos-labs-silicon-valleys-jeff-bezos-milner-bet-living-forever/.

[4] Ibid.

[5] Antonio Regalado, “Meet Altos Labs, Silicon Valley’s Latest Wild Bet on Living Forever,” *MIT Technology Review,* September 4, 2021; www.technologyreview.com/2021/09/04/1034364/altos-labs-silicon-valleys-jeff-bezos-milner-bet-living-forever/.

[6] Allana Akhtar, "Scientists Rejuvenated the Skin of a 53 Year Old Woman to That of a 23 Year Old's in a Groundbreaking Experiment," *Yahoo News,* April 8, 2022; www.yahoo.com/news/scientists-rejuvenated-skin-53-old-175044826.html.

第十四章 全球变暖

[1] Ali El Kaafarani, "Four Ways Quantum Computing Could Change the World," *Forbes,* July 30, 2021; www.forbes.com /sites/forbestechcouncil/2021/07/30/four-ways-quantum-computing-could-change-the-world/?sh=398352d14602.

[2] Doyle Rice, "Rising Waters: Climate Change Could Push a Century's Worth of Sea Rise in US by 2050, Report Says," *USA Today,* February 15, 2022; https://www.usatoday.com/story/news/nation/2022/02/15/us-sea-rise-climate-change-noaa-report/6797438001/.

[3] "U.S. Coastline to See up to a Foot of Sea Level Rise by 2050," National Oceanic and Atmospheric Administration, February 15, 2022; https://www.noaa.gov/news-release/us-coastline-to-see-up-to-foot-of-sea-level-rise-by-2050.

[4] David Knowles, "Antarctica's 'Doomsday Glacier' Is Facing Threat of Imminent Collapse, Scientists Warn," *Yahoo News,* December 14, 2021; https://news.yahoo.com/antarcticas-doomsday-glacier-is-facing-threat-of-imminent-collapse-scientists-warn-220236266.html.

[5] Intergovernmental Panel on Climate Change, *Climate Change 2007 Synthesis Report: A Report of the Intergovernmental Panel on Climate Change;* www.ipcc.ch.

第十五章 瓶中的太阳

[1] Jonathan Amos, "Major Breakthrough on Nuclear Fusion Energy," *BBC News,* September 9, 2022; www.bbc.com/news/science-environment-60312633.

[2] Claude Forthomme, "Nuclear Fusion: How the Power of Stars May Be Within Our Reach," *Impakter,* February 10, 2022; www.impakter.com/nuclear-fusion-power-stars-reach/.

[3] Jonathan Amos, "Major Breakthrough on Nuclear Fusion Energy," *BBC News,* September 9, 2022; www.bbc.com/news/science-environment-60312633.

[4] "Multiple Breakthroughs Raise New Hopes for Fusion Energy," Global BSG, January 27, 2022; www.globalbsg.com/multiple-breakthroughs-raise-new-hopes-for-fusion-energy/.

[5] Catherine Clifford, "Fusion Gets Closer with Successful Test of a New Kind of Magnet at MIT Start-up Backed by Bill Gates," CNBC, September 8, 2021; www.cnbc.com/2021/09/08/fusion-gets-closer-with-successful-test-of-new-kind-of-magnet.html.

[6] "Nuclear Fusion Is One Step Closer with New AI Breakthrough," *Nation World News,* September 13, 2022; www.nationworldnews.com/nuclear-fusion-is-one-step-closer-with-new-ai-breakthrough/.

第十六章　模拟宇宙

[1] "The World Should Think Better About Catastrophic and Existential Risks," *The Economist,* June 25, 2020; www.economist.com/briefing/2020/06/25/the-world-should-think-better-about-catastrophic-and-existential-risks.

[2] For a discussion of string theory, see Michio Kaku, *The God Equation: The Quest for a Theory of Everything* (New York: Anchor, 2022).